人工智能与大数据：

工业聚丙烯智能制造

刘兴高
徐志鹏
王之宇
吕　露　著

化学工业出版社
·北京·

内容简介

本书系统阐述了烯烃聚合智能制造的自动化与智能化核心瓶颈生产难题与科学前沿问题——熔融指数预报的机理建模与数据驱动建模方法。从人工智能与数据解析的角度，针对聚丙烯工业生产的 MI 预报实际问题和实际生产数据，系统阐述了该领域国内外研究现状，特别是笔者二十多年来所指导的数十名硕士生、博士生、博士后从事该领域实际生产研究的相关方法、思路与成果，使读者近距离全面了解人工智能与数据解析方法在智能制造中的实际应用情况。

本书可作为高等院校自动化、控制科学与工程、控制系统工程、计算机科学与技术、数学与应用数学、化工工程、材料科学与技术等相关专业的教材，也可作为有关研究人员和工程技术人员的参考书。

图书在版编目（CIP）数据

人工智能与大数据：工业聚丙烯智能制造 / 刘兴高等著. --北京 ：化学工业出版社，2024.7. -- ISBN 978-7-122-44923-8

Ⅰ. TQ325.1

中国国家版本馆 CIP 数据核字第 2024UX7204 号

责任编辑：廉　静　　文字编辑：赵　越
责任校对：刘　一　　装帧设计：王晓宇

出版发行：化学工业出版社
（北京市东城区青年湖南街 13 号　邮政编码 100011）
印　　装：大厂聚鑫印刷有限责任公司
710mm×1000mm　1/16　印张 16　字数 250 千字
2024 年 10 月北京第 1 版第 1 次印刷

购书咨询：010-64518888　　售后服务：010-64518899
网　　址：http://www.cip.com.cn
凡购买本书，如有缺损质量问题，本社销售中心负责调换。

定　　价：88.00 元

前言
Preface

制造业，作为国民经济的主体，乃立国之本、兴国之器、强国之基，在国家经济与军事等诸多领域承担着不可或缺的作用。开启工业文明四百多年来，中华民族的奋斗史、世界强国的兴衰史一再证明：没有强大的制造业，就没有国家和民族的强盛。打造世界一流的制造业，是提升综合国力、保障国家安全、建设世界强国的必由之路。新中国成立后，我国制造业持续快速发展，在改革开放后更是步入了高速成长时期，逐渐形成了门类比较齐全、相对独立、相对完整的产业体系。然而，我国制造业一直大而不强，与世界先进水平相比，在自主创新能力、资源利用效率、产业结构水平、信息化特别是智能化程度、生产品质效益等方面差距明显，迫切需要转型升级，实现跨越发展。随着世界产业竞争格局的不断演进，我国在新一轮产业发展中面临巨大挑战。为了抵消国际金融危机造成的不良影响，发达国家纷纷实施“再工业化”战略，重塑制造业竞争新优势，加速推进新一轮全球贸易投资新格局。而部分发展中国家也在加快谋划和布局，积极参与全球产业再分工，承接产业及资本转移，拓展国际市场空间。面对发达国家和其他发展中国家“双向挤压”的冲击，我国制造业放眼全球、加紧战略部署、着眼建设制造强国，固本培元、化挑战为机遇、抢占制造业新一轮竞争制高点，迫在眉睫、刻不容缓。

其中，作为石化制造龙头产品之一的聚丙烯，是五种通用树脂之一，已广泛应用于家用电器、汽车工业、电子产品、包装、建材以及其他领域。聚丙烯是热塑性塑料的后起之秀，自 1957 年在意大利首次工业化生产以来，在通用热塑性塑料中的历史最短、发展最快，已成为世界支柱产业之一。大型聚丙烯生产装置是一个复杂的聚合反应生产系统，具有强的非线性、不确定性、大的纯滞后性，以及时变、分布参数和混合系统特性。熔融指数（MI）定义为每隔 10min 在一定温度和压力下流经标准孔径的热塑性塑料的质量，是聚丙烯生产产品质量控制最重要的质量指标，也是确定产品不同等级的最重要的质量指标。但是，MI通常是在线取样然后在实验室中通过离线分析的手段得到，既昂贵又费时（2～4h)，使得聚丙烯生产质量控制十分困难，往往导致产品不合格或产品品质下降，成为国际上聚丙烯智能制造长期以来的生产瓶颈与难点、研究前沿与热点。因此，开发MI在线估计模型具有重要意义，它不仅是聚丙烯智能制造的MI在线传感器，而且可以作为聚丙烯智能制造的预测系统，对于控制聚丙烯产品品质、缩短不同产品牌号间的切换时间从而减少过渡废料提升生产效益、反向设计与开发新颖的高附加值产品牌号都起着决定性作用。因此，国际上3万多名科学家、行业专家都投入到该前沿热点问题的研究中。包括机理建模、数据驱动建模以及二者的混合建模等在内的众多人工智能与数据解析方法被提出来，用以解决熔融指数预报这类烯烃聚合智能制造的自动化与智能化核心瓶颈生产难题与科学前沿问题。本智能制造专著，从人工智能与数据解析的角度，针对聚丙烯工业生产的MI预报实际问题和实际生产数据，系统阐述介绍了该领域国内外研究现状，特别是著者二十多年来所指导的数十名硕士生、博士生、博士后从事该领域实际生产研究的相关方法、思路与成果，作为中国制造2050的引玉之砖。

全书分为10章。第1章介绍了丙烯聚合工业及其建模的研究现状与研究难点；第2章从机理建模的角度，介绍了课题组从多尺度建模角度在国际上提出的MPMGM丙烯聚合分子量分布预报模型与之前国际四大分子量分布模型首位的PMGM模型预报结果的比较研究情况；第3章从人工智能与数据解析的角度，介绍了国内外包括课题组在MI预报研究上的整体情况、相关分支与原理基础；第4章介绍神经网络理论及其在MI预报上的应用研究情况，并与PCA方法相结合；第5章介绍了SVM、LSSVM、Weighted-LSSVM、RVM理论及其在MI预报上的应用情况；第6章介绍了模糊理论及其在MI预报上的应用情况；第7章介绍了混沌理论及其在MI预报上的应用研究情况，课题组在国际上首次发现并证明了MI序列是混沌的，也基于混沌律在国际上开展了MI高精度预报的先河；第8章介绍了MS、EMD理论及其在MI预报上的应用研究情况；第9章将前面8章的监督学习方法，尝试应用到MI的半监督或无监督学习中，以应对丙烯聚合不同的生产实际需求；第10章从群智能优化的角度，将前面8章的研究结果进一步提升，以解决机理或数据模型结构或模型参数选择上的人为因素影响，用自动寻优来取代目前AI领域普遍采用的调参师人为调参环节，进一步使得人工智能与数据解析方法走向自动化、智能化与最优化，进一步提升聚丙烯熔融指数预报智能制造水平。

本书是著者二十多年来从事烯烃聚合控制方面研究工作的一个结晶。博士生刘昭然、田子健、陈欣杰、曹艺之、郭文杰、李寅龙，硕士生黄雨昕、郑贤泽、宋怡晨、何群山、邝思威等参与了本书的编辑整理工作，在此一并致谢。由于著者水平有限，书中难免存在不当之处，敬请读者批评指正。

刘兴高

2022年12月于浙江大学求是园

目录
Contents

第1章 绪论

1.1 丙烯聚合工业介绍

1.1.1 聚丙烯及其熔融指数

聚丙烯（Polypropylene，PP）是由丙烯（$CH_3—CH═CH_2$）单体聚合而制得的一种热塑性树脂，是丙烯最重要的下游产品、五大通用塑料之一。世界丙烯的50%、我国丙烯的65%都用来制造聚丙烯。聚丙烯从组成上可以分为均聚聚丙烯和共聚聚丙烯两大类，从结构上说可以分为等规聚丙烯（iPP）、间规聚丙烯（sPP）及无规聚丙烯（aPP）三种[1]。聚丙烯主要依靠Ziegler-Natta催化剂按配位聚合而得，通常人们所说的聚丙烯树脂是指等规聚丙烯。

聚丙烯树脂的生产除聚合时加入的少量催化剂和造粒时加入稳定剂外，不含其他物质，因而属于无毒、无味材料，不仅可广泛用于食具、食品包装，也可用于医用材料。聚丙烯树脂是部分结晶聚合物，具有较高的强度、刚度、硬度和耐热性能，熔点可达165℃以上。聚丙烯树脂的化学组成和聚集态结构还赋予其良好的电性能和绝缘性能，并且耐酸和碱，也具有耐有机溶剂和耐潮湿的性能。聚丙烯树脂是塑料中密度最低的，只有0.9g/cm^3，在对材料密度要求较小的地方有突出优势。生产聚丙烯树脂的原料易得，制造成本不高，是一种性价比非常高的合成树脂，应用非常广泛。聚丙烯具有优异的可加工性能，下面基于聚丙烯的加工成型方法对其应用进行简单的介绍[2]。

① 采用挤出加工成型可以生产聚丙烯吹塑薄膜、双向拉伸薄膜（BOPP）、流延薄膜（CPP）、复合薄膜、单向拉伸薄膜、撕裂薄膜（捆扎绳）、打包带、扁丝及其编织袋、管材、片材、单丝及其绳索、各种普通及超细纤维、无纺布、挤出涂覆材料、挤出发泡材料和瓶子等制品。流延薄膜（CPP）广泛应用于食品、工业品的包装，双向拉伸薄膜（BOPP）则是聚丙烯最重要的应用领域之一。聚丙烯纤维又称丙纶，是一类重要的合成纤维产品。透明聚丙烯瓶子可被应用于热灌装，在瓶装茶水、果汁饮料等包装中已被大量应用。

② 采用注塑工艺可以制备各种聚丙烯家电、汽车、日用品和机械设备零部件等。家电行业使用大量聚丙烯树脂，特别是抗冲聚丙烯树脂，例如洗衣机中绝大多数部件、电冰箱中的大部分塑料件和电风扇扇叶等。汽车的保险杠、仪表盘、内门板等使用了大量的聚丙烯树脂。注射聚丙烯制品在人们生活中应用越来越多，微波炉中使用的容器必须是对微波透明，又有一定耐热性的透明聚丙烯容器；无论是采用环氧乙烷消毒灭菌，还是高能射线辐照消毒灭菌的医用一次性注射器都是采用透明聚丙烯制备的。

③ 具有长支链或极宽分子量分布的高熔体强度聚丙烯树脂被广泛应用于聚丙烯片材的热成型和发泡制品方面。生活中，电器的包装材料、工具箱、汽车顶棚、保险杠内的防震块，甚至轻钢建筑材料中的珠粒发泡材料也正在使用聚丙烯珠粒发泡材料。另一方面，聚丙烯经共混改性后应用更加广泛，在汽车、家电中使用的聚丙烯材料大多是经过共混改性的[3]。

熔融指数（melt index，MI）是反映塑料熔体流动特性的一个重要指标，聚丙烯主要通过熔融加工过程成型为产品部件，加工时需要升高到一定温度熔融流动才能完成成型过程。聚丙烯熔融指数（MI），又称聚丙烯熔体流动速率（MFR）或熔体流动指数（MFI），是指聚丙烯在一定的温度压力（230℃±0.4℃、2.16kgf±0.01kgf）下，熔体每 10min 通过规定的标准孔径（直径 2.0950mm±0.0005mm、长 8.00mm±0.02mm）的质量，单位为 g/10min。

熔融指数是聚丙烯产品的主要质量指标之一，它能够决定产品的不同用途，在生产过程中主要通过熔融指数来划分聚丙烯产品牌号，不同牌号产品的应用领域不一样。根据不同用途的需要及结构，可以生产制造出 MRF 从 0.1～100g/10min 以上的系列产品牌号的聚丙烯。熔融指数的大小能够反映产品分子量的大小，工业生产中，聚丙烯熔融指数和分子量之间存在如下关系：

$$\lg(\mathrm{MI})=a_1\lg(M_w)+a_2E_T+a_3 \tag{1.1}$$

式中，a_1、a_2、a_3 为常数，能够在现场数据的基础上使用模型参数辨识方法来确定；M_w 为分子量；E_T 为共聚反应中乙烯的含量，在丙烯均聚反应中，可以简化为：

$$\lg(\mathrm{MI})=a_1\lg(M_w)+a_2 \tag{1.2}$$

因此产品的分子量可以通过 MI 来进行推算得到，以用来指导对丙烯聚合反应过程的控制。

1.1.2 现代聚丙烯工艺

在现代化工树脂工业中，由于相关产品的快速迭代生产，聚丙烯的地位越来越重要，对其进行的工艺研究也变得十分迫切。丙烯聚合催化剂的进度促使 PP 生产工艺不断简化、合理，从而节能、降耗，不仅大大降低了生产成本，而且提高了产品质量和性能。PP 的生产工艺经历了低活性、中等规度的第一代（溶液法、浆液法），高活性、可省脱灰工序的第二代（浆液法及本体法），以及超高活性、无脱灰及脱无规物的第三代（气相法为主）等三个阶段[4,5]。20 世纪 80 年代初期，高活性、高立构定向性第四代聚丙烯催化剂的开发成功，促进了现代聚丙烯工艺的形成。

现代聚丙烯工艺通常具备丙烯均聚物、无规共聚物以及多相共聚物产品生产的能力。业界常根据均聚及无规共聚阶段聚合反应器的种类将其划分为液相本体工艺和气相工艺[6]。根据均聚及无规共聚阶段液相本体聚合反应器种类的不同，又将其分为环管工艺（即采用环管为聚合反应器）和釜式工艺（即采用连续搅拌釜为聚合反应器）。气相工艺中，根据聚合物在其中的状态，可分为流化床工艺和微动床工艺。

（1）环管聚丙烯工艺

环管聚丙烯工艺由美国原 Phillips 公司开发，由意大利原 Himont 公司将其完善并发展成为现代最主要的生产工艺类型——Spheripol 工艺。标准的 Spheripol 工艺采用一个或多个环管本体反应器和一个或多个串联的气相流化床反应器，在环管反应器中进行均聚和无规共聚，在气相流化床中进行抗冲共聚物的生产。它采用高性能 GF-2A 或 FT-4S 球形催化剂，无需脱灰和脱无规物，该工艺可生产宽范围的丙烯聚合物。

（2）釜式聚丙烯工艺

日本三井化学公司在 20 世纪 80 年代初期开发的 Hypol 工艺是现代釜式聚丙烯工艺的代表。Hypol 工艺是将釜式本体聚合工艺和气相工艺相结合，均聚物和无规共聚物在釜式液相本体反应器中进行，抗冲共聚物的生产在均聚后，在气相反应器中进行。该工艺采用高效、高立构定向性催化剂 TK 系列，是一种无溶剂、无脱灰工艺，省去了无规物及催化剂残渣的脱除。Hypol 工艺可生产包括均聚物、无规共聚物和抗冲共聚物在内的全范围 PP 产品。

（3）气相流化床聚丙烯工艺

原 Union Carbide 公司（UCC）开发的 Unipol 聚丙烯工艺技术是气相流化床聚丙烯工艺的代表，Unipol 工艺也是仅次于 Spheripol 工艺的第二大聚丙烯工艺技术。该工艺流程中没有预骤工序，而是采用两台串联的气相流化床反应器，第一反应器生产均聚或无规共聚产品，另一个较小的第二反应器生产抗冲共聚物。Unipol 工艺采用 SHAC 系列催化剂，流程简单，并且省掉了催化剂钝化、脱灰和脱无规物。

（4）气相搅拌床聚丙烯工艺

气相搅拌床与流化床工艺不同之处在于反应器内固体运动速度低于最小流化速度并且在搅拌作用下，处于缓慢的微动状态，靠喷淋进去的大量液态丙烯气化带走反应热。这类工艺典型的代表有 Ineos 公司的 Innovene 工艺、JPP 公司的 Horizone 工艺、NTH 公司的 Novolen 工艺。Innovene 工艺的主要特点是采用独特的接近平推流的卧式搅拌床反应器和高效 CD 催化剂，Novolen 工艺采用 BASF 公司开发的 PTK-4 催化剂。

不论采用何种工艺，产品的熔融指数测量都是一个亟待解决的问题。

1.2 过程建模

1.2.1 建模对象过程介绍

本节的研究对象是某石化企业已经投运的 Hypol 工艺丙烯聚合生产装置，Hypol 工艺的结构图如图 1.1 所示，一共由四个反应釜串联组成，前两个反应釜是液相连续搅拌釜（continuous stirred-tank reactors，CSTR）反应器，聚合反应主要在这两釜进行，生产均聚物；后两个反应釜则是气相流化床（fluidized-bed reactors，FBR）反应器，最终从第四个反应釜中出来的产品即为聚丙烯产品粉料。该工艺的主要流程包括了催化剂进料系统、反应器系统、单体闪蒸、循环、聚合物脱气及后续处理等工序。Hypol 工艺采用的主催化剂是 HY-HS-II 钛催化剂，为三井油化的专利产品。该工艺可生产包括均聚物、无规共聚物和抗冲共聚物在内的全范围 PP 产品，熔融指数范围跨度为 0.30～80kg/10min，所得到的产品都具有很高的立体规整度和刚性。

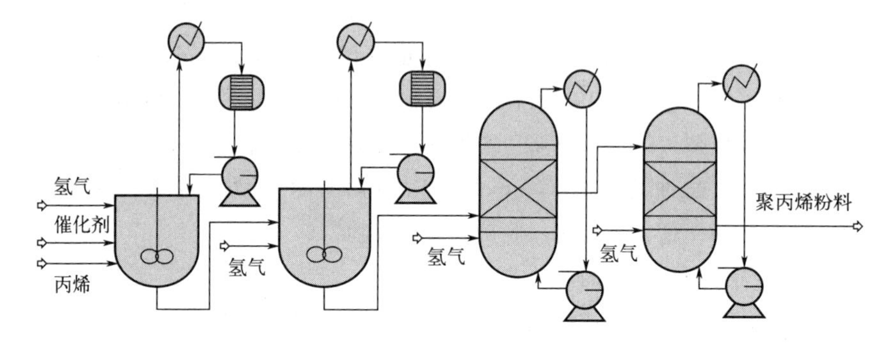

图 1.1　Hypol 聚丙烯生产工艺结构图

1.2.2　聚丙烯生产工艺流程及装置

以高等规度、高活性为代表的第三代催化剂在目前聚丙烯生产中占统治地位，随之工业化的技术也废弃了传统的脱灰、脱无轨物、溶剂再生等复杂工序，一个典型的工业聚丙烯装置通常由以下工段组成：原料精制、催化剂制备、聚合反应、分离、丙烯回收、干燥脱活、造粒、包装、辅助设施和公用工程等，工艺流程如图 1.2 所示。

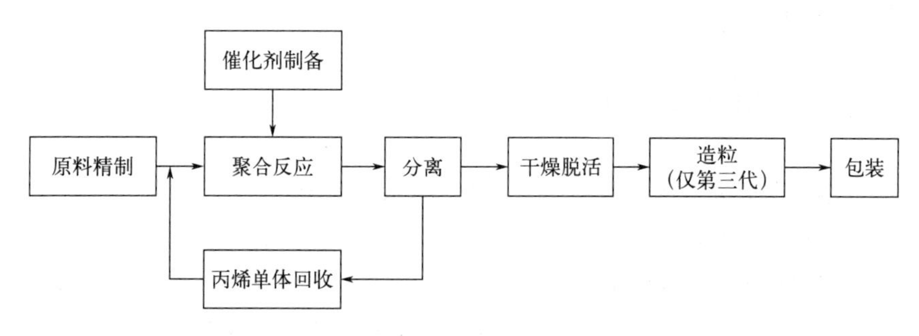

图 1.2　典型的工业聚丙烯生产工艺流程图

从图 1.2 典型工业聚丙烯装置生产工艺流程图可以看出，影响最终产品质量的因素很多，包括催化剂的组成和配比、原辅料的规格和杂质的影响、聚合反应阶段的工艺控制以及产品后处理工序，如在干燥阶段聚合物的降解、各种添加剂的影响、产品掺混等。本小节将建立丙烯聚合反应器的稳态模型，研究反应的温度、压力和反应器的料位、催化剂的特性及各种进料速率对反应的变化以及对产品质量的影响。

对于丙烯聚合装置，从反应器的形式进行划分，工业上广泛采用的聚丙烯反应器包括：液相连续搅拌釜反应器（CSTR）、环管反应器（loop），气相流化床反应器（FBR）、卧式搅拌床反应器（HSBR）和立式搅拌床反应器（VSBR）等。从反应的介质和状态可以划分为溶液法工艺、溶剂法淤浆工艺、液相本体法淤浆工艺、气相本体法工艺等。丙烯聚合工艺的发展历程与催化剂的发展有紧密的联系。

本节的宏观稳态建模对象是 Hypol 工艺。该工艺是多级聚合工艺，它把溶剂法聚合工艺的特点同气相法聚合工艺的优点融为一体，是一种不脱灰，不脱无规物，能生产多种牌号聚丙烯的工艺，主要包括单体精制、催化剂进料系统、反应器系统、单体闪蒸、循环、聚合物脱气和后处理等工序，如图 1.3 所示。该工艺采用 HY-HS-Ⅱ钛催化剂，催化剂可以从市场

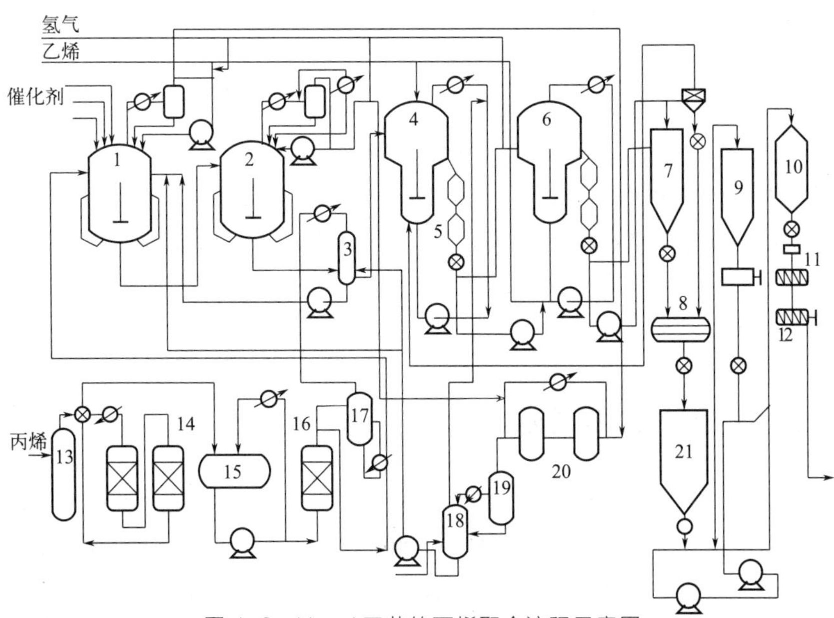

图 1.3　Hypol 工艺的丙烯聚合流程示意图

1—第一反应釜；2—第二反应釜；3—粉料洗涤槽；4—第三反应釜；5,10—粉料槽；6—第四反应釜；7—循环气体分离器；8—粉末加料器；9—气体干燥器；11- 混炼机；12—造粒机；13—丙烯分离器；14—吸附器；15—丙烯加料槽；16—丙烯脱水器；17—丙烯蒸发槽；18—第二反应釜凝液槽；19—排放分离器；20—循环气体压缩机；21—气体分离器

购买。

Hypol 工艺采用四个串联的反应器，前两个反应器是 CSTR 反应器，用于生产均聚物。反应器操作压力为 3.0～4.0MPa，反应温度为 60～75℃。丙烯聚合是一个强放热反应，主要通过汽化—冷凝—回流系统移走。CSTR 反应器的循环鼓风机维持丙烯气体的循环，经顶部的冷凝器冷却后，液态丙烯再回流至反应器中。另外反应器还装备有用于撤除反应热量的夹套冷却系统，在正常生产时其中通冷却水，而在开车阶段则可以通入热水，维持起始阶段的反应温度。为了控制生成的聚丙烯熔融指数，每个反应釜中都加入一定量的氢气作为分子量调节剂。对于 7 万吨/年的聚丙烯生产线，每个液相 CSTR 反应器的体积约 $32m^3$，总的停留时间在 1.5h 左右。

聚合工段后面采用两个气相流化床反应器，其操作压力为 1.0～2.0MPa，反应温度在 80℃左右。含有催化剂的聚丙烯细粉在循环丙烯气的吹拂下处于完全流化状态，在催化剂的作用下，丙烯单体继续反应生成聚丙烯。反应所放出的热量由循环气携带，通过换热器排出系统。聚丙烯粉料通过程序控制阀和旋转阀间歇排出反应器。第一气相流化床反应器的体积约 $109m^3$，第二气相流化床反应器的体积较大，约 $161m^3$，平均停留时间为 1.1～1.2h。在生产均聚物的情况下，各釜的进料主要是丙烯单体。在生产抗冲共聚物时，第四反应器中还将加入适量的共聚单体。如果要生产无规共聚物，则可以在四个反应器中都加入少量的共聚单体。工业化产品的均聚物熔融指数范围为 0.2～80，抗冲共聚物中乙烯含量可达 25％（40％橡胶体）。

1.2.3 建模变量的确定

为了对上述的丙烯聚合工艺进行建模以用来预报聚丙烯产品的熔融指数，需要确定以何作为模型的输入变量和输出变量。模型是用来预报熔融指数的，显然熔融指数就是模型的输出变量；输入变量需是容易测量得到的一些操作条件和变量，这样才能够实现模型的实时预报应用，否则对输入变量的测量将会有时间滞后性存在，输入变量越是难以测量时间滞后越严重，最后将影响到模型需要达到的实时测量的预期。对于任何复杂工业过程，最容易进行测量的变量无疑是温度 t、压力 p、液位 l、流量 Q。对于本书的流程工艺，建模前确定模型输入变量就是各个反应罐内的温度 t、压力 p、液位 l 以及各个反应罐的进料流量 Q 的情况。由于聚丙烯是通过丙烯的聚合来生成的，所以进入反应釜的丙烯流量肯定会影响到模型输出变量——熔融指数；进入反应釜的催化剂流量也会很大程度上影响产品熔融指数；氢气、丙烯比率也能显著影响最后产品的熔融指数。再综合考虑到生产过程中的一些化学反应和物理反应的原理及过程、热力学原理等，结合工厂手动调节控制熔融指数的经验，最后选定的模型输入变量有九个：三股丙烯进料流率，主催化剂流率，辅催化剂流率，釜内温度、压力、液位，釜内氢气体积浓度；温度、压力、液位和氢气浓度只选择了最主要的第一反应釜内的操作条件。这九个变量如表 1.1 所示，它们分别是第一反应釜内温度（t）、第一反应釜内压力（p）、第一反应釜内液位（l）、第一反应釜内氢气体积浓度（a）、3 股丙烯进料流率（f_1，f_2，f_3）、第一反应釜和第二反应釜的催化剂进料流率（f_4，f_5）。

表 1.1　建模所需工艺变量

变量符号	过程变量	变量符号	过程变量
t	釜内温度	f_1	第一股丙稀进料流率
p	釜内压力	f_2	第二股丙稀进料流率
l	釜内液位	f_3	第三股丙稀进料流率
a	釜内氢气体积浓度	f_4	主催化剂流率
		f_5	辅催化剂流率

罐内的聚合反应是物料经过反复混合后参与反应的，为此模型输入变量所涉及的这些过程变量的值都采用了前一段时间内的平均值，本书建模数据采用的是各个变量前 1h 内若干测量值的平均值；同时这些变量各个时刻的测量值是由工厂的 DCS 系统自动进行测量和记录的，而且测量的时间间隔是人工设定的；输出变量——熔融指数（MI）则是通过人工取样、离线化验分析获得，每 4h 分析采集一次，得到的化验结果会和与它相对应的生产操作条件一起记录在 DCS 数据库中。建模所使用的数据都是从该工厂的 DCS 数据库中获取的实际生产数据，包括 9 维输入变量和 1 维输出变量。

1.3 研究现状

在丙烯聚合工业中，对熔融指数的直接测量方法之一，是采用线上取样、线下化验的测量方法，即先在生产现场对待测量的聚丙烯进行取样，再在实验室进行化验分析，需要 2～4h 左右。此方法缺乏测量的快速性，因而限制了生产过程质量控制的可实现性。另一种方法是采用仪器对熔体自动取样、天平称量来测量熔融指数，但是在实际丙烯聚合生产过程中进行牌号切换时，当前牌号的聚丙烯熔体依然会存在仪器内，直接影响了对不同牌号聚丙烯的熔融指数的精确测量。

在关于熔融指数间接测量的文献中，考虑了以下两种类型的预测模型：基于过程变量之间的化学和物理关系的机理模型，和利用历史观测数据进行建模预测的统计模型。众多学者[7-11]基于能量和质量守恒建立了丙烯聚合过程的简化机理模型，但是丙烯聚合反应的机理相当复杂，动力学受催化剂和聚合条件的影响，催化体系的复杂性以及非均相特性使得准确地分析动力学参数非常困难，因此机理建模面临很大的挑战。

间接测量的另一种可选方案是软测量方法，即统计模型。统计模型避开了丙烯聚合生产过程中对相应产物的复杂机理分析，使用多种数学方法，对过去的熔融指数时间序列趋势进行吸收和学习，利用观测数据集来预测未来。软测量的结果误差在工业应用允许范围之内，满足工业测量的要求；同时软测量的实时性好，满足工业过程中实时测量的要求。因此熔融指数的软测量预报方法被广泛研究。

针对国内外对聚丙烯熔融指数预测模型的研究，我们可以将这些方法或模型大致分成三类：①基于线性统计理论的预测模型；②基于智能理论的预测模型；③基于非线性理论的预测模型。

1.3.1 基于线性统计理论的预测模型

田华阁等[12]针对聚丙烯装置熔融指数软测量中的非线性和多工况切

换操作问题，提出一种基于卡尔曼滤波-正交最小二乘（Kalman-OLS）的非线性自适应软测量方法。Ahmed 等[13]基于偏最小二乘进行统计数据建模，并将其应用于高密度聚乙烯工艺中的熔融指数预测，以实现节能操作。Farsang 等[14]将基于 PCA 的数据协调软测量方法用于熔融指数的估计。Liu 等[15]开发了一种基于局部概率建模方法的集合及高斯过程回归模型。Chan 和 Chen[16]提出了带嵌入集群和变量选择的混合高斯过程回归模型用于工业熔融指数的预报，该方法能够同时识别重要变量并确定重要的多牌号产品簇。魏宇杰等[17]提出基于动态过程划分的熔融指数软测量建模，在不同阶段分别采用机理模型和普通最小二乘法建模。

1.3.2 基于智能理论的预测模型

神经网络模型因能逼近任意复杂的非线性函数关系，具有很强的模式识别和自学能力，在非线性系统的函数逼近和模型辨识中发挥着重要的作用。孔薇和杨杰[18]采用径向基神经网络用于聚丙烯熔融指数预报。Zhang 等[19]提出按顺序训练的组合神经网络用于聚合物熔融指数的推理估计。Lou 等[20]提出基于嵌入先验知识和延迟估计的工业聚丙烯熔融指数预测推导模型，同时采用粒子群优化算法和序列二次规划算法来优化网络权重。Chen[21]提出基于复合基函数神经网络和隐马尔科夫模型的二次补偿模型用于聚丙烯熔融指数的测量。Liu 和 Zhao[22]采用粒子群优化算法（PSO）优化的模糊神经网络对熔融指数进行测量，并引入了在线校正策略以进一步提高预报精度。Li 等[23]采用基于改进蚁群优化算法的自适应组合 RBF 神经网络用于熔融指数预报。王宇红等[24]将基于深度置信网络-极限学习机（DBN-ELM）的软测量方法应用到熔融指数的软测量中，与支持向量机和单纯的深度置信网络模型相比，该方法具有更高的测量精度。Jumari 和 Mohd-Yusof[25]采用人工神经网络（ANN）、串行混合神经网络（HNN）和堆栈神经网络（SNN）对工业聚丙烯环流反应器中的熔体流动指数进行软测量建模，并对模型进行了比较分析。

20 世纪 90 年代，Vapnik 最先研究支持向量机（SVM），这是一种解决小样本、非线性的基于统计学理论的机器学习算法，因其基于结构风险最小化原则进行学习，进而从本质上提高了学习机的泛化能力。Shi 和 Liu[26]比较了标准支持向量机（SVM）、最小二乘支持向量机（LSSVM）

和加权最小二乘支持向量机（WLSSVM）模型在熔融指数预报方面的性能。Han 等[27]提出统计建模的方法对丙烯聚合过程进行建模优化，分别采用了人工神经网络（ANN）、偏最小二乘法（PLS）和支持向量机（SVM）方法建立了熔融指数预报的黑箱模型，其中支持向量机方法得到的模型预报精度最好。Park 等[28]在高密度聚乙烯工艺中使用偏最小二乘法和支持向量回归预测熔融指数。Wang 和 Liu[29]提出基于自适应变异果蝇优化算法和最小二乘支持向量机的软测量模型。Sun 等[30]提出一种基于稀疏贝叶斯概率推理框架的实时软测量方法用于熔融指数预报，该框架采用相关向量机（relevance vector machine，RVM）进行预报，采用粒子滤波算法用于模型参数优化。

1.3.3 基于非线性理论的预测模型

Zhang 等[31]首次将混沌理论与 RBF 神经网络相结合，在判断混沌特性的基础上进行相空间重构，然后基于 RBF 神经网络进行聚丙烯熔融指数的预报。

基于以上分析可知，虽然已经有大量学者针对聚丙烯熔融指数预报提出了多种预报模型，但大都集中在基于智能理论方面，目前基于非线性理论的预测模型还非常少。因此，本书重点展开基于混沌理论的聚丙烯熔融指数预报的研究。另一方面，基于智能理论的预测模型具有较强的拟合能力，能基于训练集数据进行学习得到预测模型，进而实现实时、准确的熔融指数预报。本书在对熔融指数时间序列进行混沌分析的基础上，将混沌理论与基于智能理论的预测模型相结合，来建立聚丙烯熔融指数预报的软测量模型。

1.4 研究难点

聚丙烯的工业过程非常复杂，机理建模中的参数与特定的过程数据相关，这会导致机理模型的可伸缩性和准确性受到影响。近年来，分布式控制系统（DCS）已在工业过程中得到广泛使用，并且可以精确记录大量的测量数据[32]。因此，基于记录的数据提出了数据驱动的建模方法。这些记录的数据（也称为历史数据）用作数据驱动器建模的输入信号。迄今为止，已经开发了用于预测熔融指数的不同数据驱动的建模方法[33]。Shi 和 Liu[26]对 SVM 的三种模型，最小二乘支持向量机（LSSVM）和加权最小二乘支持向量机（WLSSVM）进行了进一步的研究。Han 等人[27]使用支持向量机（SVM）、偏最小二乘（PLS）和人工神经网络（ANN）等三种方法在 SAN 和 PP 过程中进行 MI 估计。Helland 等人[34]通过递归并同时更新训练数据集提出了递归 PLS 模型。Zhang 等学者[19]提出了一个引导聚合神经网络模型，以解决单个 RBF 神经网络的一些缺点。Zhang 和 Liu [35]提出了基于带有 SVR 的 Takagi-Sugeno（TS）型 A-FNN（A-FNN-SVR）的模型，该模型具有自动修改模糊规则总数的能力。Zhang 等[31]将混沌嵌入到 RBF 神经网络中，并且比传统的 NNs 建模具有更好的性能。尽管这些工作已经实现了良好的预测精度，但是数据驱动的建模容易受到有害的零值和错误的增益信号的影响，这可能导致闭环系统中的安全问题。

机理建模和数据驱动建模都各有优缺点。将这两个模型组合在一起以跟踪趋势并实现更高的精度的方法称为混合建模。其优势在其他化学领域推论建模中也得到了验证。Embiruçu 等人[36]开发了一个详细的数学模型来预测 MI 指数，并基于历史数据获得了模型的最佳参数。Lou 等人[37]提出了一种基于神经网络并嵌入先验知识的熔融指数预测的新方法，该模型确保了控制熔融指数质量的安全性。

一方面，在聚丙烯制造过程中，熔融指数受到原材料、环境和操作条件等诸多因素的影响。此外，聚丙烯生产单元是一个非线性、不确定、延迟、强耦合、具有分布参数和混合系统特性的复杂工程系统。因此，很难使用简单的软传感器或推断模型来描述这些变化。

另一方面，尽管已经开发了多种用于直接测量 MI 的仪器，但这些仪器的维护成本太高，需要花费 2～4h 才能获得结果。挑战主要集中在以下几个方面：

① 丙烯聚合机理本身的复杂性以及反应过程机理的不同，这些因素导致建立机理模型困难。

② 该设备经常在不同品牌之间切换，并且一套机理模型很难适应设备中的变化，从而无法实现准确的质量预测目的。

③ 工业设备收集的数据包含由非线性引起的波动，并且由于测量数据的误差而导致变化。区分不同的变量以提取有用的信息是一项艰巨的工作。

④ 长期运行中的软测量建模方法难以适应工作条件的变化，需要定期进行模型维护和参数校正。

因此，有必要对聚丙烯熔融指数预测方法进行全面的研究。

思考题

1. 请简述现代聚丙烯工业的类型。
2. 怎么确定建模变量？
3. 基于非线性理论的预测模型有哪些难点？

第2章 机理模型

在过程控制领域，建立对象的模型是很多工作的基础[38]。例如，预测控制是一种基于模型的控制，需要利用内部模型预测对象的未来输出，作为非线性优化器的依据。对聚丙烯反应器，机理建模主要有以下一些主要用途[39]。

① 加深对实际过程的理解，正确预计聚合操作工况对产品性质的影响；

② 模型对于过程设计、参数估计、灵敏度分析、过程仿真具有很大的帮助。一个有效的模型可以利用仿真器检测到系统是否背离预定的过程运行轨道。

③ 模型为反应器控制和操作优化奠定基础，特别是处理一些非线性、耦合性强的问题，如有效解决聚丙烯间歇、半间歇、连续反应器的牌号切换中的问题。

④ 模型在线应用，实时监控聚合物属性，提出操作指导。

⑤ 动态模型用于仿真培训，模拟开、停车和各种异常情况，提高操作水平。

本章以丙烯聚合过程为主要研究方向，从微观模型、介观模型和宏观模型三级建模框架出发，通过多尺度建模方法建立丙烯聚合过程的机理模型，为聚合反应器的优化控制提供模型基础。

微观模型中，给出了丙烯聚合详细的反应基元方程，并确定了动力学参数。在介观模型框架中，本章提出了改进的 PMGM 模型，研究在催化剂-聚合物内部发生的反应。在不考虑催化剂多种活性中心及其失活的情况下，扩散作用也能够在较大范围内解释聚丙烯的平均分子量、分子量分布以及反应速率的变化，并为宏观反应器建模提供了重要的物性参数，从以上方面可以证明模型的参数物理意义明确。同时该模型利用了 CSA 求解算法，同时满足计算的准确性和敏捷性。

通过对汽液平衡、分子量与熔融指数的关系、聚合动力学方程以及物料平衡方程的重构分析，对工业聚丙烯反应器设立了稳态模型，通过介观模型获得多分散性指数等关键参数，并利用数据辨识确定模型参数，实现在生产某一具体牌号产品时精确计算反应器中聚丙烯的 MI 以及液相反应器的浆液浓度等。CSTR 汽液平衡计算中采用 BWR 模型结合改进的 Henry 定律，求解速度和稳定性都有很大改进，精度能够满足要求。为使模型能够长期在线运行，克服现场扰动的影响，采用递推预报误差方法利用离线 MI 分析数据进行参数自动校正。

2.1
丙烯聚合机理模型

链式结构是聚合物的基本特征，具有其他材料无法比拟的标度性，因此是最典型的多尺度体系。聚合物的多尺度包括空间尺度（单分子到最终的成型材料），也包括时间尺度（跨越了一二十个数量级的松弛时间谱）。目前一些相对成熟的理论体系和模拟方法在各个不同的尺度上都存在，但无论是理论模拟上还是实验上，迄今都没有一个较为完善的方法可以贯穿不同的尺度。因此，在多尺度建模研究领域，其科学目标主要有以下几个方面：

① 解决各个尺度上遗留的困难：如高阶涨落问题、非线性效应问题、流场中的本构方程问题等。

② 发展和建立不同尺度间的衔接方法：比如从微观到介观的衔接，从介观到宏观的衔接，从宏观到材料设计、加工间的衔接，研究界面相问题等。

③ 切实与国际保持同步，并在一些方面取得领先地位。在这一研究过程中，发展一系列理论、模拟方法，完善相应实验表征手段。

④ 建立从单分子设计到聚合物材料加工的一致贯穿的平台，以期对聚合物材料的设计、加工、应用给出理论上的指导。这是多尺度连贯研究的最终目标。

截至目前，现今国内外在这方面的研究内容可以从以下几个方向来进行。

① 建立和完善微观、介观、宏观尺度上的理论和模拟。

② 建立从微观到宏观的衔接。就是由小到大做粗粒化近似，建立理论/模拟上不同尺度之间的输入输出接口；发展和建立实验方法，实现微观与介观、介观与宏观过渡区的在线观测，用实验结果来填补不同尺度间理论、模拟上的断层。

③ 建立从宏观到微观的衔接。也就是由大到小做细粒化，实现从宏观到介观、再到微观的逆向衔接；体现在加工问题上，要能从构件来反推

出微观或介观的结构、形貌及化学环境。

④ 界面相的衔接与关联以及流场中的本构方程问题。主要是寻求普遍性规律来研究过渡层中的界面相问题；建立非线性非平衡态热力学理论与本构方程的结合；建立包含高分子内部自由度以及非连续相颗粒尺寸可变时的本构方程；发展聚合物体系的新的有限元方法。

⑤ 对弹性共混体系进行相应的多尺度理论、模拟、实验研究。参比实验结果对理论预测结果进行反馈与校正，以调整预测与结果的偏差。

⑥ 对聚烯烃共混体系进行相应多尺度的理论、模拟、实验研究。建立预测-实验反馈机制，实现全尺度材料设计上的突破。

由以上研究目标和研究方向可以看到，丙烯聚合建模大致存在两种分类。一部分集中在微观建模，进行丙烯聚合反应机理和反应动力学的研究。这是工业聚丙烯反应器建模工作的基础，也是研究得比较深入的领域，取得了丰富的成果。所建立的模型，详细地考虑了各种基元反应，并从实验数据中得到了动力学参数。另一方面的工作集中在反应器的动态特性研究，建模中所采用的方法主要是从反应动力学出发，利用物料平衡和能量平衡所建立的机理模型，以及采用神经网络方法，利用对象的输入输出数据所建立的统计模型。但真正能够用于生产现场，进行在线质量软测量，并具有一定鲁棒性和适应性的工业聚丙烯反应器模型还不多见。

随着过程控制领域的发展，对基于多相 Zeigler-Natta 催化剂的烯烃聚合动力学的研究逐渐增多。完整烯烃聚合过程包括大量的基元反应，需要对整个反应器的物料平衡和能量平衡有较强的把控。聚合反应器中发生的各种化学、物理现象是分布在不同尺度上的。从图 2.1 中可以看到催化剂粒子是烯烃聚合过程最主要的组成部分，整个聚合过程可以细分为五个部分，其建模相当复杂，需要从各个不同的尺度上进行考虑。Ray 在 1986 年提出，烯烃聚合过程的建模大致可以分三个尺度进行研究，分别是微观尺度（microscale）、介观尺度（mesoscale）和宏观尺度（macroscale）[40]。

2.1.1 微观尺度模型

微观化学动力学建模考虑与反应动力学有关的微观过程，在建模中需要明晰反应机理，研究单体在聚合物中的扩散以及聚合物分子的结晶化。工业聚丙烯生产采用的 Ziegler-Natta 催化剂，是由过渡金属化合物（烷基

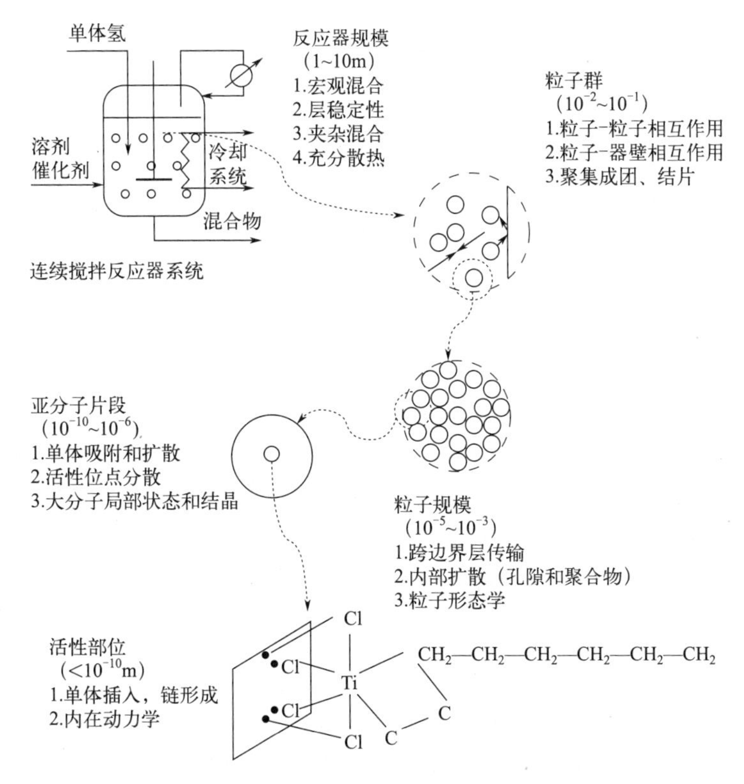

图 2.1　丙烯聚合多尺度连贯建模研究框架图

铝衍生物)/金属有机化合物（一般是钛、钒或钴盐）组成的一系列络合体系。聚丙烯催化剂从第一代低效低规整性的 $TiCl_3$ 经过几次更新换代。

催化剂多种成分之间相互作用，形成活性中心，非均相催化剂还常常具有多种不同的活性中心，分别对应不同的动力学常数。微观建模研究活性中心的形成、立构规整性的起因、多种活性中心之间的转化、催化剂的失活以及反应条件和杂质对活性中心的影响等。目前对丙烯聚合的微观机理还没有完全公认的理论，本书根据工业在线应用和过程控制的需要，选择研究比较成熟、形式简便的反应动力学方程，并采用适当的假设以简化模型，提高其求解速度。

2.1.2　介观尺度模型

介观模型主要研究粒子内部、粒子间、粒子与反应器壁之间的关系问题，特别是在热量和质量传递方面有比较深入的研究。高效载体催化剂是由大量固体颗粒构成的，由于配比和制备方法的差别，其颗粒形态、粒径分布和孔隙度都可能不同。一个催化剂粒子是由大量的初级催化剂粒子构成的，活性中心分布在初级催化剂粒子的表面。单体经过吸附、扩散等步骤到达活性中心上发生反应，生成聚丙烯。在此，本书提出了一种更为有效的单粒子模型，研究粒子内部的物料扩散、聚合物分子量分布、粒径分布等。更详细的模型还需要考虑粒子内部的温度梯度以及颗粒形态等问题。

许多文献对多相 Zeigler-Natta 聚合中的传递现象、吸附现象、颗粒形态进行了研究。针对反应物扩散对分子量分布的影响曾提出了许多模型，包括固体核模型（SCM）、聚合物核模型（PCM）、聚合物流动模型（PFM）、多粒模型（MGM）、聚合物多粒模型（PMGM）等。其中 PFM 把活性中心作为一个连续的整体，模型表明在反应控制状态下（低 Thiele 模数）PDI 约为 2；在扩散控制时（高 Thiele 模数）PDI 大于 2，与实验结果相符。SCM、PCM、PFM 模型过于简化，所使用的参数没有实际的物理意义，得到的有用结论也很少。理论分析和实验结果表明，聚丙烯非均相催化剂中存在着多种活性中心，单纯的物理扩散模型不能很好地解释聚丙烯的分子量分布情况。与上述模型相比，本书提出的改进后的 PMGM 模型所采用的假设完全基于实验数据和工业运行结果，参数物理意义更加明确。在保证运算速度的基础上，分析各种物性参数对于催化剂粒径分布、聚合速率、聚合度、PDI 的影响。结合具体反应器的停留时间分布，改进后的模型可以直接应用于宏观反应器模型的建立，为宏观反应器的稳态模型提供重要的物性数据。

2.1.3 宏观尺度模型

工业聚丙烯反应器具有多种形式，常见的有液相连续搅拌釜反应器（CSTR）、环管反应器、气相流化床反应器（FBR）、卧式搅拌床反应器（HSBR）以及立式搅拌床反应器（VSBR）等，并可以根据需要进行适当的组合，以生产范围广泛的聚丙烯产品。各不同生产流程中，物料的停留时间分布差别很大，质量平衡和能量平衡形式不同，因此最终产品的性质也不一样。

本书通过对丙烯聚合过程的基元反应方程的分析，详细考虑一个活性中心上发生的反应，进而利用改进的单粒子模型研究催化剂-聚合物粒子内部的扩散-反应过程，然后结合具体对象的停留时间分布，建立工业聚丙烯反应器的动态机理模型。

采用结构化方法所建立的模型通用性强，可以适应不同工艺的聚丙烯反应器，针对各种类型的催化剂，进行形式统一的建模。从理论上讲，只要详细考虑了影响聚合反应的各种因素，利用动力学数据和反应器设计参数，就可以根据现场运行的工况数据，准确地模拟反应器的各种稳态和动态特性。在对象行为发生大范围变化时，也无需修改模型的结构。由于机理模型的参数物理意义明确，因而可以采用有效的在线校正策略，克服外部扰动因素和对象特性时变的影响。由于丙烯聚合机理和工业对象的复杂性，通过机理方法建立模型的工作量很大，所得到的模型由微分方程组和代数方程组描述。根据生产工艺和所采用催化剂的不同，一些反应动力学常数难以直接获得，需要利用现场运行数据进行参数辨识。

2.2 丙烯聚合反应的动力学

丙烯聚合属于连锁聚合过程，由链引发、链增长、链转移、链终止等基元反应组成。由于聚合过程的复杂性，理论上还没有完全搞清楚每一步基元反应的详细情况。根据不同的应用目的，文献中采用了各种不同复杂程度的模型[41]。

用 $TiCl_4/TEA/DPMS/MgCl_2$ 作为催化剂，在庚烷中进行淤浆聚合，生成的聚丙烯多分散性指数大约为 5，并且数均分子量随着反应的进行略有下降。我们可以用两种活性中心来解释平均分子量、多分散性指数和聚合速率的变化。第一种活性中心活性较高但数量较少，并且可以转化为另一种活性中心。丙烯聚合反应是连锁聚合反应，整个聚合过程主要由链引发、链增长、链转移、活性中心死活、活性中心转化、活性中心复活等基元反应方程组成。另外，建模时还应该考虑丙烯与乙烯或其他 α-烯烃共聚的反应动力学。到目前为止，对二元共聚理论的研究已经比较成熟，而三元以上的共聚则过于复杂，理论上的分析较少。因此在这里，我们主要分析两种活性中心体系的聚合反应动力学模型，表 2.1 中详细列出了一般情况下针对第三代催化剂的反应动力学方程、反应影响组分和反应速率方程。其中，C_p 是催化剂中潜在的活性中心。典型的 Ziegler-Natta 催化剂中 Ti 的质量分率 w_{Ti} 一般为 2%～5%，其中只有一部分是潜在的活性中心。由于采用了高效 $MgCl_2$ 载体催化剂，可以有高达 80% 的 Ti 能够成为活性中心，这一比率用 x^*_{Ti} 表示。P^1_0 为第 1 种未反应的活性中心；$P^1_{n,i}$ 表示聚合度为 n，链末端为单体 i 的增长链，D^1_n 表示链长为 n 的死聚体；C^1_d 为失去活性的催化剂中心；上标 1 和 2 分别代表两种活性中心；下标 i 和 j 分别代表两种单体。另外反应速率参数 R 和反应动力学常数中的下标 a、P、c、d、t、r 分别代表活性中心活化、链增长、链转移、活性中心死活、活性中心转化、活性中心活化等基元反应。而反应基元方程中的 H_2、Al、E、M、X 分别代表氢、烷基铝、给电子体、聚合单体（包括丙烯、乙烯和其他 α-烯烃）以及毒物（CO、H_2O 等）。

表 2.1 聚丙烯反应动力学模型

反应机理	反应组分	基元反应	反应速率方程
活性中心引发	氢气	$C_p + H_2 \xrightarrow{k^k_{aH}} P^1_0$	$R^1_{aH} = k^1_{aH} C_p C^{1/2}_{H_2}$
	$AlEt_2Cl$	$C_p + A \xrightarrow{k^k_{aA}} P^1_0 + B$	$R^1_{aA} = k^1_{aA} C_p C_A$
	单体 i	$C_p + M_i \xrightarrow{k^k_{aMi}} P^1_0 + M_i$	$R^1_{aMi} = k^1_{aMi} C_p C_{Mi}$
	自发反应	$C_p \xrightarrow{k^k_a} P^1_0$	$R^1_{aSp} = k^1_a C_p$
链引发	单体 i	$P^1_0 + M_i \xrightarrow{k^1_{P0i}} P^1_{\Delta i,i}$	$R^1_{P0i} = k^1_{P0i} P^1_0 C_{Mi}$
链增长	单体 j	$P^1_{n,i} + M_j \xrightarrow{k^1_{Pji}} P^1_{n+\Delta j,j}$	$R^{1,n}_{Pji} = k^1_{Pji} P^1_{n,j} C_{Mj}$
链转移	氢气	$P^1_{n,i} + H_2 \longrightarrow P^1_0 + D^1_n$	$R^{1,n}_{cH_2} = k^1_{cHi} P^1_{n,i} C^{1/2}_{H_2}$
	单体 j	$P^1_{n,i} + M_j \longrightarrow P^1_{\Delta j,j} + D^1_n$	$R^{1,n}_{cMji} = k^1_{cMji} P^1_{n,i} C_{Mj}$
	自发反应	$P^1_{n,i} \longrightarrow P^1_0 + D^1_n$	$R^{1,n}_{cSpi} = k^1_{cSpi} P^1_{n,i}$
活性中心失活	氢气	$P^1_0 + H_2 \longrightarrow C^1_d$ $P^1_{n,i} + H_2 \longrightarrow C^1_d + D^1_n$	$R^1_{dH0} = k^1_{dH0} P^1_0 C^{1/2}_{H_2}$ $R^{1,n}_{dHi} = k^1_{dHi} P^1_{n,i} C^{1/2}_{H_2}$
	给电子体	$P^1_0 + E \longrightarrow C^1_d$ $P^1_{n,i} + E \longrightarrow C^1_d + D^1_n$	$R^1_{dE0} = k^1_{dE0} P^1_0 C_E$ $R^{1,n}_{dEi} = k^1_{dEi} P^1_{n,i} C_E$
	$AlEt_2Cl$	$P^1_0 + Al \longrightarrow C^1_d$ $P^1_{n,i} + Al \longrightarrow C^1_d + D^1_n$	$R^1_{dAl0} = k^1_{dAl0} P^1_0$ $R^{1,n}_{dAli} = k^1_{dAli} P^1_{n,i} C_{Al}$

续表

反应机理	反应组分	基元反应	反应速率方程
活性中心失活	毒物	$P_0^1+X\longrightarrow C_d^1$ $P_{n,i}^1+X\longrightarrow C_d^1+D_n^1$	$R_{dX0}^1=k_{dX0}^1P_0^1$ $R_{dXi}^{1,n}=k_{dXi}^1P_{n,i}^1C_X$
	自发反应	$P_{n,i}^1\longrightarrow C_d^1+D_n^1$ $P_0^1\longrightarrow C_d^1$	$R_{dSp0}^1=k_{dSp0}^1P_0^1$ $R_{dSpi}^{1,n}=k_{dSpi}^1P_{n,i}^1$
活性中心转化	给电子体	$P_0^1+E\longrightarrow P_0^2$ $P_{n,i}^1+E\longrightarrow P_0^2+D_n^1$	$R_{tE0}^{12}=k_{tE}^{12}P_0^1C_E$ $R_{tEi}^{12,n}=k_{tE}^{12}P_{n,i}^1C_E$
	自发反应	$P_0^1\longrightarrow P_0^2$ $P_{n,i}^1\longrightarrow P_0^2+D_n^1$	$R_{tSp0}^{12}=k_{tSp}^{12}P_0^1C_E$ $R_{tSpi}^{12,n}=k_{tSp}^{12}P_{n,i}^1$
活性中心复活	氢气	$C_d^1+H_2\longrightarrow P_0^1$	$R_{rH}^1=k_{rH}^1C_d^1C_{H_2}^{1/2}$

因此在反应控制状态下，忽略扩散作用的影响，各个组分的消耗速率我们可以表示如下：

氢气消耗速率：

$$R_H=\sum_{k=1}^{2}\left[R_{aH}^k+R_{rH}^k+R_{dH0}^k+\sum_{i=1}^{Nm}\sum_{n=\Delta i}^{\infty}(R_{cHi}^{k,n}+R_{dHi}^{k,n})\right] \tag{2.1}$$

给电子体消耗速率：

$$R_H=R_{dE0}^1+\sum_{i=1}^{Nm}\sum_{n=\Delta i}^{\infty}(R_{tEi}^{21,n}+R_{dEi}^{1,n})+R_{dE0}^2+\sum_{i=1}^{Nm}\sum_{n=\Delta i}^{\infty}(R_{tEi}^{12,n}+R_{tEi}^{2,n}) \tag{2.2}$$

单体的消耗速率：

$$R_p=\sum_{k=1}^{2}\left[R_{P0i}^k+\sum_{i=1}^{Nm}\sum_{n=\Delta i}^{\infty}(R_{Pij}^{k,n}+R_{cMij}^{k,n})\right] \tag{2.3}$$

从表 2.1 中可以看出，微观动力学建模中如果把基元反应的各个方面均考虑进去，建模的复杂度和难度相当大。在用动力学方法推导丙烯的均聚和共聚组成方程时，通常需要采用如下简化假设，在一定的误差范围内选择研究比较成熟，形式相对简便的反应动力学方程，以便提高求解速度，实现工业的在线应用和过程控制：

① 等活性理论，即活性中心的活性和聚合物链长无关；

② 拟稳态假设，即活性中心的总浓度和各种活性中心的浓度都不变；

③ 活性中心的活性仅取决于聚合链末端单元的结构，例如以单体 M_i

或 M_j 结尾，而与前末端（倒数第二）单元结构无关；

④ 无解聚反应，即丙烯的共聚合过程不可逆；

⑤ 由于共聚物的分子链长，聚合度大，共聚物的引发和链转移等基元反应对共聚物的组成无影响，仅链增长过程起决定性的作用。

由于微观化学动力学建模是研究聚合反应机理的基础，至今为止，在这一方面的研究已经取得了丰富的成果。针对国际上在动力学建模中的研究成果，可以把丙烯聚合系统中各个组分对的基元反应的影响做一个总的概括，如表 2.2 所示。

表 2.2 丙烯聚合反应动力学[42]

反应物	活化	链引发	链增长	链转移	活性中心转化	失活	复活
氢	Ö			Ö		Ö	Ö
烷基铝	Ö					Ö	
给电子体					Ö	Ö	
单体	Ö	Ö	Ö	Ö			
毒物						Ö	
自发	Ö			Ö	Ö	Ö	

丙烯聚合所采用的 Ziegler-Natta 催化剂由于配比和制备条件的差异，其动力学常数变化的范围很大。建模中还要考虑吸附、扩散作用、催化剂的多种活性中心的影响。这给确定丙烯聚合动力学方程中的参数带来了一定的难度，文献中所应用的动力学数据相差很大。针对现代高效载体催化剂 $TiCl_4/MgCl_2$ 所建立的模型[43]，反应动力学数据来自文献[44]的工业丙烯催化聚合数据，如表 2.3 所示。同时采用了如下的一些假设：

① 可以成为活性中心的 Ti 占总物质的量的 40%，催化剂中存在两种不同的活性中心，经过预处理后，其初始比例分别为 80.64%和 19.36%。

② 活性中心 1 不发生失活反应，只能转化成活性中心 2。与此对应，活性中心 2 不能转化成 1，只发生失活反应。这反映了催化剂 Ti 离子 Ti^{3+} 和 Ti^{2+} 之间的转化关系。同时假定，活性中心 1 向 2 的转化速率常数是活性中心 2 失活速率常数的三倍。

③ 活性中心 1 的聚合速率常数是活性中心 2 的十倍。

表 2.3　文献中采用的丙烯聚合动力学数据[44]

参数	数值	单位
k_{p11}^{1}	342.8	l/(mol·s)
k_{p11}^{2}	34.28	l/(mol·s)
k_{t}^{12}	2.385×10^{-4}	s^{-1}
k_{d}^{2}	7.950×10^{-5}	s^{-1}
$\mu_0^1(0)$	0.8064	—
$\mu_0^2(0)$	0.1936	—

由于聚丙烯工艺以及催化剂的多样性，丙烯聚合动力学参数各不相同，而且由于技术保密的原因，很难获得催化剂结构性能参数。离线辨识动力学参数十分困难，辨识出来的参数也很难适应千变万化的聚合过程。本书在建模时，综合文献发表的动力学数据、相关催化剂的数据、设计参数，在实际模拟计算中，利用离线的分析数据，对模型中的动力学常数进行校正，可以获得较好的模拟效果。

2.3
单粒子增长模型

本章将丙烯聚合过程的单粒子模型用于研究催化剂-聚合物粒子的增长过程。即使不考虑可能存在的催化剂多种活性中心，扩散作用也能够在一定范围内解释聚丙烯的平均分子量、分子量分布以及反应速率的变化。利用本模型分析了扩散系数、催化剂的活性以及催化剂颗粒大小对反应的影响。

本书利用结构化建模方法实现对丙烯聚合过程的研究，其总分成三个层次：微观化学反应动力学级、中间物理传输级和宏观反应器级。微观模型考虑各反应组分在一个“初级催化剂粒子”表面发生的反应，详细研究反应机理和基元反应方程。中间物理传输模型则研究一个“宏观催化剂粒子”进入反应器，分裂成大量“初级催化剂粒子”，丙烯单体通过扩散进入到其内部发生反应的过程。因此，提出了一个新的模型来研究这一过程。

近年来，人们对烯烃聚合的机理进行了深入的研究，取得了很多成果，但在如何解释聚合物分子量分布（MWD）的问题上仍未取得一致的意见。这一领域的研究工作可以分成两类[45]。一种是化学模型，认为聚合物多分散性指数（PDI）的大小主要是由非均相催化剂的多活性中心决定的，每一活性中心对应不同的聚合速率常数。与高活性中心接触的单体聚合生成高分子量的聚合物，而活性相对较低的则生成低分子量的聚合物，使得最终的聚合物分子量分布变宽。另一种理论认为，包裹催化剂粒子的聚合物所引起的对丙烯单体的扩散作用影响了分子量分布。实验证明，反应刚一开始，由于生成的聚合物的膨胀力，催化剂粒子就分裂为大量初级催化剂粒子，这些初级催化剂粒子分布在催化剂-聚合物粒子中，对单体的扩散阻碍使聚合物分子量分布变宽。这类模型称为物理模型。

针对反应物扩散对聚合物分子量分布的影响曾出现许多模型，现进行如下归纳[39]：

固体核模型（SCM），它不考虑催化剂粒子的分裂，认为聚合物在一个固体的催化剂核上反应生成，这个固体核的表面包含所有的活性中心，如图 2.2(a) 所示。研究[46,47]指出，对于单活性中心，此模型不能依靠单纯的扩散作用来解释工业中实际存在的较宽的分子量的分布（MWD）情况。对于一个给定的聚合时间，催化剂表面的单体浓度是保持不变的，因此生产得到的所有聚合物链的属性都是一样的。在聚合过程中，随着聚合物链的生成，聚合体内部会因为产生扩散控制现象而导致催化剂表面的单体浓度发生很大的变化，只有在这种情况下，固体核模型才可以预报到相对较宽的分子量分布（MWD）情况。更重要的是，固体核模型与试验观察到的催化剂粒子有孔隙度并且在聚合初期会产生分裂这一结果是完全矛盾的。

聚合物流动模型（PFM），最早是由 Schmeal 和 Street 等人[46,48,49]建立的。如图 2.2(b) 所示，它把活性中心看作一个连续体，分布在生成的聚合物中。当 Thiele 模数较大时，粒子处于扩散控制状态，可以得到较高的 PDI[49]。PFM 模型虽然同样没有考虑到粒子的分裂，也没有考虑非均相催化剂中含有多种活性中心这一特性，但其相对早期的固体核模型来说却有着显著的进展。到目前为止，虽然已经有足够的试验数据表明 PFM 不能够很好地描述大部分聚合物的分子形态，但是其简化假设却给很多宏观反应器模型提供了一个很好的应用（只有有效地估计到质量和热量传递系数的情况下才能够得到很好的应用)。

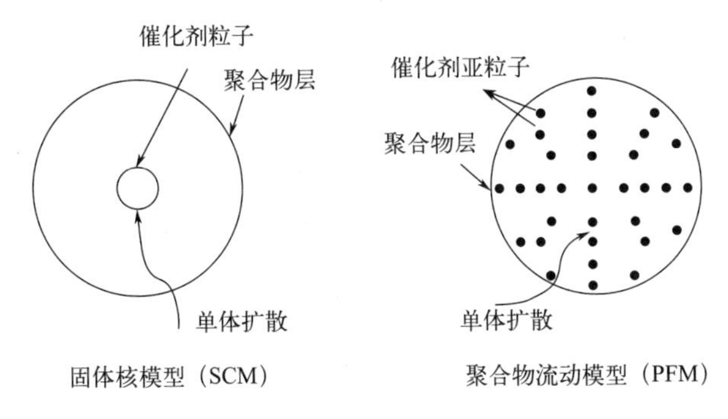

图 2.2　介观模型之固体核模型(SCM)和聚合物流动模型(PFM)

多粒模型(MGM)，如图 2.3 所示，是研究最多也是最重要的模型。它认为聚合物粒子由许多初级粒子组成，每个初级粒子相当于上面介绍的固体核模型。这样就同时考虑了两种尺度的扩散作用：催化剂大粒子和初级粒子中的扩散情况[41]。MGM 模型所给出的主要结论有：①在大部分情况下，粒子内的温度梯度可以忽略；②大粒子中的浓度梯度相对于淤浆聚合更加显著，而气相聚合里，初级粒子中的浓度梯度则占主导作用；③只有在高活性催化剂的情况下质量或者热量扩散的影响才比较显著，这与 PFM 模型的结论(高 Thiele 模数可得到高的 PDI)是一致的；④在聚合反应初期，扩散控制对粒子形态的影响则更加显著。

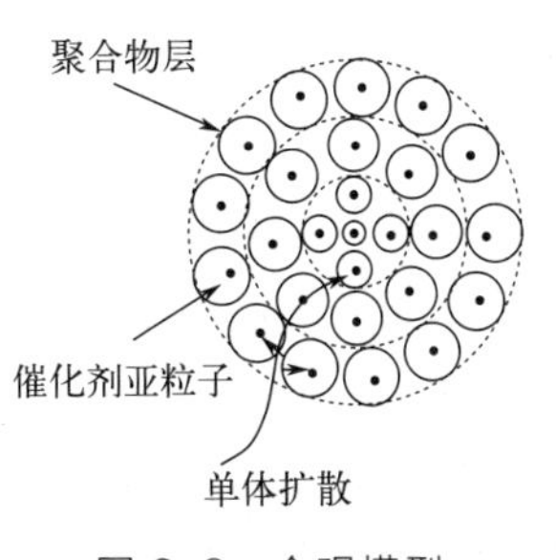

图 2.3　介观模型之多粒模型(MGM)

聚合物多粒模型(PMGM)，它认为催化剂粒子分散在连续的聚合物大粒子中，只考虑大粒子中的扩散作用。相对于 MGM 模型，PMGM 模型可以解释更高的 PDI，并且求解过程有所简化。结合聚层方法，计算速度可以显著提高[50,51]所得到的结论能够用于宏观反应器建模研究中[52]。但 PMGM 模型的假设脱离实际，对一些结果的解释与实验不符。比如模型得到的催化剂大粒子中心的单体浓度几乎为零的现象；聚合反应速率过低的现象等等。

理论分析表明，单纯的物理扩散模型并不能很好地解释聚丙烯的分子量分布情况。Buls曾假设存在两种活性相同的催化剂活性中心，它们在粒子中的分布相同。利用预先假定的单体浓度分布，得到的结果与实验数据一致，但对于所采用的假设缺乏相应的理论依据。Schmeal研究了固体核模型（SCM）、聚合物核模型（PCM）、聚合物流动模型（PFM），结果表明在反应控制的情况下（低Thiele模数）PDI约为2，在扩散控制时（高Thiele模数）PDI大于2。但模型中使用的参数没有实际的物理意义[39]。

为了研究扩散作用和催化剂多种活性中心对聚合反应的影响，利用文献中的实验数据，结合MGM的基本思想，提出了改进的单粒子模型。与文献中介绍的模型相比，PFM模型把整个催化剂粒子当作一个连续的整体，不考虑反应开始时催化剂粒子的分裂，与大量的实验现象不符；MGM模型考虑了大粒子和小粒子范围的扩散现象，是目前研究得最为深入的聚合物增长模型，也取得了较好的结果，但其最大的问题在于模型过于复杂，计算速度慢；PMGM模型是结合了PFM和MGM模型的长处而提出的模型，解决了MGM模型在计算速度上的问题，以运算速度排列，在大致相同的仿真条件下，上述三种模型所用运算时间MGM＞PFM＞PMGM[52]。

Kakugo对由δ-$TiCl_3$催化剂生成的聚丙烯粒子进行了小角度X射线散射、大角度X射线衍射和电子显微镜的观测。研究结果表明，初级催化剂粒子均匀地分布在聚合物粒子中，在聚合过程中保持其初始大小不变[53]。根据这一结论及其他大量实验结论[54,55]，本书提出的单粒子模型考虑了催化剂粒子的分裂，物理概念明确，同时考虑了扩散作用、催化剂的失活和多种活性中心对聚合反应的影响，并能方便地扩展到共聚的情况。改进后的PMGM中间物理传输模型运算速度快，精度较高，所得到的数据为建立宏观反应器模型奠定了基础。

2.3.1 改进的单粒子模型的建立

本书提出了一种新的模型，即改进后的PMGM（polymeric multigrain model）模型。本模型是基于MGM的建模思想和PMGM中的算法技巧所建。Kakugo发现催化剂大粒子在经过初期的反应瞬间分裂后所得到的初级催化剂粒子的半径相同，并在聚合反应过程中保持不变。随着反应的继续进行，丙烯单体逐渐扩散到大粒子内部的空隙中，并在初级催化剂粒子表面进行增长反应。为简化模型，便于模型分析，反应条件如SCM、PFM、MGM和PMGM一样做如下的约束：均聚、催化剂粒子为球形、只考虑单活性中心、忽略粒子内部的热传递、大粒子的分裂为瞬间分裂。

以下是著名的扩散反应微分方程，计算球形催化剂大粒子内部的单体的浓度梯度。其中 M 为单体浓度，r 为大粒子半径，t 为反应时间。

$$\frac{\partial M}{\partial t}=\frac{D}{r^2}\frac{\partial}{\partial r}\left(r^2\frac{\partial M}{\partial r}\right)-R_{pv} \tag{2.4}$$

$$\frac{\partial M}{\partial r}(r=0,t)=0 \tag{2.5}$$

$$D_{ef}\frac{\partial M}{\partial r}(r=R_p,t)=k_1(M_b-M) \tag{2.6}$$

$$M(r,t=0)=M_0=0 \tag{2.7}$$

这里 R_{pv} 为大粒子内部的聚合体积速率，D_{ef} 为大粒子内部的扩散反应系数，k_1 为外部相的质量传递系数，M_b 为反应器内的单体浓度，M_0 为大粒子内部的反应初始单体浓度，模型中的 R_p 为大粒子的半径。

小粒子内部的单体浓度梯度模型与SCM（solid core model）模型相同，具体如下所示。

$$\frac{\partial M_c}{\partial t}=\frac{1}{r^2}\frac{\partial}{\partial r}\left(D_s r^2\frac{\partial M_c}{\partial r}\right) \tag{2.8}$$

$$4\pi R_c^2 D_s\frac{\partial M_c}{\partial r}(r=R_c,t)=\frac{4}{3}\pi R_c^3 R_{pc} \tag{2.9}$$

$$M_c(r=R_s,t)=M^*=\eta^* M\leqslant M \tag{2.10}$$

$$M_c(r,t=0)=M_{c0} \tag{2.11}$$

这里 D_s 为小粒子内部的单体有效扩散系数，M^* 为小粒子和大粒子间的单体平衡浓度，M_c 为小粒子内部的单体浓度梯度，R_{pc} 为催化剂粒子表面活性中心与单体的聚合速率，R_c 为小粒子半径，随着聚合反应的进行逐渐增大。边界条件经过假设简化之后，聚合速率可简化成如下等式，其中 M_{SA} 是活性中心表面的单体浓度，$C^*(t)$ 是初级催化剂粒子表面的活性中心浓度：

$$R_{pc}=k_p(t)C^*(t)M_{SA} \tag{2.12}$$

利用拟稳态方程（QSSA）[41]，初级催化剂表面的单体浓度 M_c 可以由下式获得：

$$M_c=\frac{\eta^* M}{1+\frac{R_c^2}{3D_s}\left(1-\frac{R_c}{R_s}\right)k_p C^*} \tag{2.13}$$

假定催化剂大粒子内部每一层的小粒子数目（N_i）在聚合过程中保持不变，并且第 i 层的催化剂亚粒子半径相同。于是，计算粒子内部单体浓度的扩散反应方程可以转变为如下一组常微分方程（ODEs），式中每个变量所表示的物理意义如图 2.4 所示。

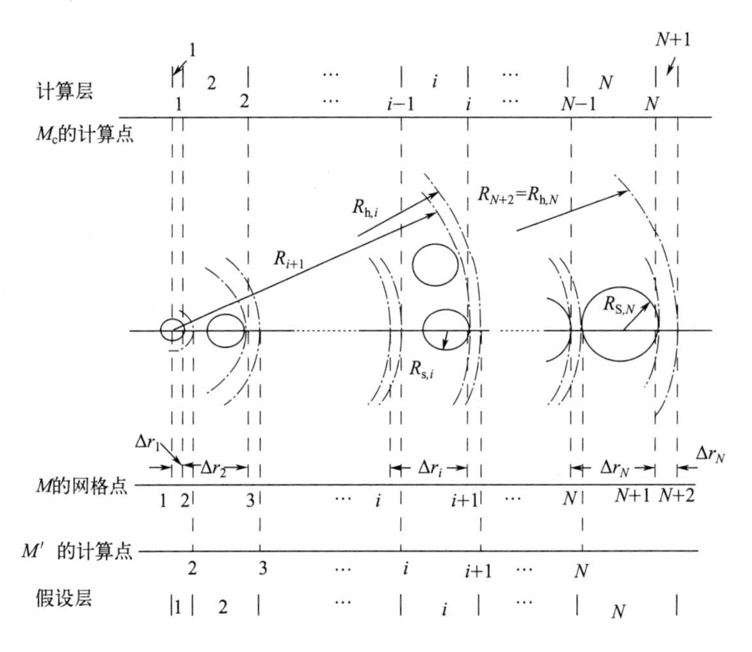

图 2.4　t 时刻催化剂亚粒子分布图

$$\frac{\partial M_1}{\partial t}=D_{\mathrm{ef},1}\frac{M_2-M_1}{\Delta r_1^2}-R_{\mathrm{pv},1} \tag{2.14}$$

$$\frac{\partial M_i}{\partial t}=D_{\mathrm{ef},i}\left[M_{i+1}\left(\frac{1}{\Delta r_i R_i}+\frac{1}{\Delta r_i^2}\right)-M_i\left(\frac{1}{\Delta r_i^2}+\frac{1}{\Delta r_{i-1}\Delta r_i}\right)+M_{i-1}\left(\frac{1}{\Delta r_{i-1}\Delta r_i}-\frac{1}{\Delta r_i R_i}\right)\right]-R_{\mathrm{pv},i};i=2,3,\cdots,N+1 \tag{2.15}$$

$$\frac{\partial M_{N+2}}{\partial t}=-M_{N+2}\left[\frac{k_1}{\Delta r_{N+1}}+\frac{D_{\mathrm{ef},N+2}}{(\Delta r_{N+1})^2}+\frac{2k_1}{R_{N+2}}\right]+M_{N+1}\left[\frac{2D_{\mathrm{ef},N+2}}{(\Delta r_{N+1})^2}\right]+M_b\left(\frac{k_1}{\Delta r_{N+1}}+\frac{2k_1}{R_{N+2}}\right)-R_{\mathrm{pv},N+2} \tag{2.16}$$

根据图 2.4 所示，第 i 层的初级催化剂在 $t=0$ 时刻的粒子数可以由以上公式计算得到，和早期的 MGM[56] 模型一样，其中的孔隙度 ε 为常数。

$$N_1=1 \tag{2.17}$$

$$N_i=24(1-\varepsilon)(i-1)^2;i=2,3,\cdots,N \tag{2.18}$$

我们可以得到在 t 时刻，大粒子的体积为 V_i，大粒子内部第 i 层的初级催化剂粒子的体积 V_{Si} 为：

$$\frac{\mathrm{d}V_i}{\mathrm{d}t}=0.001k_\mathrm{p}C^* M_{\mathrm{c},i}\left(N_i\ \frac{4\pi}{3}R_\mathrm{c}^3\right)(MW)/\rho_\mathrm{p} \tag{2.19}$$

$$\frac{\mathrm{d}V_{S,i}}{\mathrm{d}t}=0.001k_\mathrm{p}C^* M_{\mathrm{c},i}\left(\frac{4\pi}{3}R_\mathrm{c}^3\right)(MW)/\rho_\mathrm{p}\quad i=1,2,\cdots,N \tag{2.20}$$

其初始条件为，既未聚合前（$t=0$）催化剂大粒子和亚粒子的体积分别为：

$$V_i(t=0)=N_i\left(\frac{4\pi}{3}R_\mathrm{c}^3\right)/(1-\varepsilon);i=1,2,\cdots,N \tag{2.21}$$

$$V_{S,i}(t=0)=\frac{4\pi}{3}R_\mathrm{c}^3 \tag{2.22}$$

则每一层的单体浓度由下式计算得到：

$$M_{\mathrm{c},i}=\frac{\eta^* M'_i}{1+\dfrac{R_\mathrm{c}^2}{3D_\mathrm{s}}\left(1-\dfrac{R_\mathrm{c}}{R_{\mathrm{s},i}}\right)k_\mathrm{p}C^*}=\frac{\eta^* M_{i+1}}{1+\dfrac{R_\mathrm{c}^2}{3D_\mathrm{s}}\left(1-\dfrac{R_\mathrm{c}}{R_{\mathrm{s},i}}\right)k_\mathrm{p}C^*} \tag{2.23}$$

通过计算小粒子内部的单体浓度梯度，使其物理意义符合小粒子单粒子模型的试验发现，与 MGM 的建模思想吻合，从而完善了 PMGM 模型，使其既有较快的计算速度，同时具备合理的物理假设，这就是加入式 (2.23) 的主要原因。

为了计算单体浓度，必须知道催化剂大粒子内部每一个假定聚层距离圆心的位置 $R_{\mathrm{h},i}$，可以使用以下一组方程计算得到：

$$R_{\mathrm{h},i}=\left(\frac{3}{4\pi}\sum_{j=1}^{i}V_j\right)^{1/3};i=1,2,\cdots,N \tag{2.24}$$

这里的 $R_{\mathrm{h},0}$ 就是圆心，所以 $R_{\mathrm{h},0}=0$。在 i 层的初级催化剂粒子的半径为：

$$R_{\mathrm{s},i}=\left(\frac{3}{4\pi}V_{\mathrm{s},i}\right)^{1/3} \tag{2.25}$$

$$R_{1,i}=R_{\mathrm{h},i-1}+\frac{1}{2}(R_{\mathrm{h},i}-R_{\mathrm{h},i-1})\quad i=1,2,\cdots,N \tag{2.26}$$

$$R_1 = 0 \tag{2.27}$$

$$R_2 = R_c \tag{2.28}$$

$$R_{i+1} = R_{1,i} + R_{s,i}; \quad i = 2, 3, \cdots, N \tag{2.29}$$

$$\Delta r_i = R_{i+1} - R_i; \quad i = 1, 2, \cdots, N+1 \tag{2.30}$$

在本体聚合里面，大部分的模型都尝试把有效的扩散系数与模型中的扩散组分 D_l 联系起来，下式是非均相催化剂里面常见的有效扩散系数的计算方式：

$$D_{eff} = D_l \frac{\varepsilon}{\tau} \tag{2.31}$$

这里的 ε 和 τ 分别是大粒子内部的孔隙度和曲折度。我们可以注意到，由于大粒子的分裂和增长，空隙度和曲折度的值都是随着聚合的进行而发生相应的变化的。Sarkar 和 Gupta 把有效扩散系数进行了相应的校正，利用粒子内部的空间比例关系可以把式(2.31) 中的 ε/τ 项校正为如下一组方程：

$$D_{ef,1} = D_{ef,N+2} = D_l \tag{2.32}$$

$$D_{ef,2} = D_l N_1 \frac{R_c^3}{R_{h,1}^3} \tag{2.33}$$

$$D_{ef,i+1} = D_l \frac{(V_{cs,i} - V_{cc,i})}{V_{cs,i}} = D_l \frac{R_{h,i}^3 - R_{h,i-1}^3 - N_i R_c^3}{R_{h,i}^3 - R_{h,i-1}^3} \tag{2.34}$$

于是可以得到在大粒子内部任意单元的体积速率：

$$R_{pv,1} = R_{pv,N+2} = 0 \tag{2.35}$$

$$R_{pv,2} = \frac{k_p C^* M_{c,1} N_1 R_c^3}{R_{h,1}^3} \tag{2.36}$$

$$R_{pv,i} = \frac{k_p C^* M_{c,i-1} N_{i-1} R_c^3}{R_{h,i}^3 - R_{h,i-1}^3} \tag{2.37}$$

其中，$R_{pv,1} = R_{pv,N=2} = 0$。根据以上所有的方程，便可以得到总的聚和速率：

$$R_{overall} = \frac{0.001(MW) k_p C^* \sum_{i=1}^{N} (N_i M_{c,i})}{\rho_c \sum_{i=1}^{N} N_i} \tag{2.38}$$

对于非均相催化的丙烯聚合，得到了催化剂表面活性中心周围的单体浓度后，可以用式(2.38) 计算总的粒子聚合速率。在固体催化剂的连锁聚合里，聚合物的增长是随着链转移或者链中止反应的进行而中止的。

根据丙烯聚合的反应动力学机理，本书根据工业在线应用和过程控制的需要，针对国际上在动力学建模中的研究成果，选择了比较成熟、形式相对简便的反应动力学方程来进行计算求解。表 2.4 给出了简化后的丙烯聚合动力学反应方程及其经过拟稳态假定后的物料平衡方程。P_0 代表未反应的活性催化剂粒子浓度，而 P_n 和 D_n 则分别代表链长为 n 的活聚体和死聚体的浓度。k_p 和 k_{tr} 是链增长速率常数和链转移速率常数。在本书中，为了保证模型的简便性，只考虑氢气为主要的链转移剂，这也是符合实际的操作条件的一个假设。

表 2.4　丙烯均聚动力学及物料平衡方程

链引发：$P_0+M \xrightarrow{k_p} P_1$

链增长：$P_n+M \xrightarrow{k_p} P_{n+1}$

链转移：$P_n+1/2H_2 \xrightarrow{k_{tr}} D_n+P_1$

物料平衡：$\dfrac{dP_n}{dt}=k_pM\left[P_{n-1}-\dfrac{1}{\alpha}P_n\right]$

$$\frac{dD_n}{dt}=k_pMP_n\left[\frac{1}{\alpha}-1\right]$$

$$\frac{d\lambda_0}{dt}=k_pC^*M-(k_pM+k_{tr}H_2^{1/2})\lambda_0$$

$$\frac{d\lambda_1}{dt}=k_pC^*M-k_{tr}H_2^{1/2}\lambda_1$$

$$\frac{d\lambda_2}{dt}=k_pC^*M+2k_pM\lambda_1-k_{tr}H_2^{1/2}\lambda_2$$

$$\frac{d\Lambda_0}{dt}=k_{tr}H_2^{1/2}(\lambda_0-P_1)$$

$$\frac{d\Lambda_1}{dt}=k_{tr}H_2^{1/2}(\lambda_1-P_1)$$

$$\frac{d\Lambda_2}{dt}=k_{tr}H_2^{1/2}(\lambda_2-P_1)$$

$$\frac{dP_1}{dt}=k_pC^*M-k_pM\lambda_0-(k_pM+k_{tr}H_2^{1/2})P_1$$

其中增长概率为：$\alpha=\dfrac{k_pM}{k_pM+k_{tr}H_2^{1/2}}$

由表 2.4 中的结果可以得到在催化剂活性中心上生成的聚合物的数均分子量和重均分子量为：

$$M_{\mathrm{n}}=\frac{\lambda_1+\Lambda_1}{\lambda_0+\Lambda_0}(MW)$$

$$M_{\mathrm{w}}=\frac{\lambda_2+\Lambda_2}{\lambda_1+\Lambda_1}(MW)$$

其中，MW 是丙烯单体的分子量，两式相除从而可以得到整个聚合物粒子的多分散性指数 Q 为：

$$Q=\frac{M_{\mathrm{w}}}{M_{\mathrm{n}}}=\frac{(\lambda_2+\Lambda_2)(\lambda_0+\Lambda_0)}{(\lambda_1+\Lambda_1)^2}$$

2.3.2 CSA 基本思想

我们已经知道，介观物理传输级模型是用于研究催化剂-聚合物粒子的增长过程和粒子分子量分布情况的模型，其中多粒模型（MGM）是现今为止在介观建模中研究最多也是最重要的模型，因为 MGM 模型考虑了催化剂-聚合体中粒子的分裂、扩散控制以及非均相催化剂存在多种活性中心这三个最主要的物理-化学过程。本书中改进的单粒子模型也完全是根据多粒模型的思想来建立的。可是，在介观模型的研究中，有一个根本性的问题一直没有得到很好的解决，那就是计算时间问题。由于 MGM 模型通常具有相当高的复杂度和完整性，模型最终获取 PDI 的仿真计算需要耗费很多的时间来完成，较大的计算量使模型非常不利于在工业上反应器的仿真、优化和控制中进行应用。

在这一节里，利用 CSA 算法对改进的单粒子模型进行实际的应用和分析，算法的主要思想见图 2.5。在改进的模型中使用的是 PMGM 模型里面的聚层算法来实现各种仿真计算，利用 CSA 方法得到的新的模型其核心部分的改变主要还是在于单体浓度梯度计算上的差异，如下面几个微分方程所示：

$$\frac{\partial M_1}{\partial t}=D_{\mathrm{ef},1}\frac{M_2-M_1}{\Delta r_1^2}-R_{\mathrm{pv},1} \tag{2.39}$$

$$\frac{\partial M_i}{\partial t}=D_{\mathrm{ef},i}\left[M_{i+1}\left(\frac{1}{\Delta r_{\mathrm{c},i}R_{\mathrm{cg},i}}+\frac{1}{\Delta r_{\mathrm{c},i}^2}\right)-M_i\left(\frac{1}{\Delta r_{\mathrm{c},i}^2}+\frac{1}{\Delta r_{\mathrm{c},i-1}\Delta r_{\mathrm{c},i}}\right)+M_{i-1}\left(\frac{1}{\Delta r_{\mathrm{c},i-1}\Delta r_{\mathrm{c},i}}-\frac{1}{\Delta r_{\mathrm{c},i}R_{\mathrm{c},i}}\right)\right]-R_{\mathrm{pv},i};i=2,3,\cdots,N_{\mathrm{C}}+1 \tag{2.40}$$

$$\frac{\partial M_{N_c+2}}{\partial t}=-M_{N_c+2}\left[\frac{k_1}{\Delta r_{c,N_c+1}}+\frac{D_{ef,N_c+2}}{(\Delta r_{c,N_c+1})^2}+\frac{2k_1}{R_{cg,N_c+2}}\right]$$
$$+M_{N_c+1}\left[\frac{2D_{ef,N_c+2}}{(\Delta r_{c,N_c+1})^2}\right]+M_b\left[\frac{k_1}{\Delta r_{c,N_c+1}}+\frac{2k_1}{R_{cg,N_c+2}}\right]-R_{pv,N_c+2} \tag{2.41}$$

其中：$R_{pv,1}=R_{pv,N_c+2}=0$。

$$R_{pv,2}=\frac{k_p C^* M_{c,1} N_{nn,1} R_c^3}{R_{h,1}^3} \tag{2.42}$$

$$R_{pv,i}=\frac{k_p C^* M_{c,i-1} N_{nn,i-1} R_c^3}{R_{h,i}^3-R_{h,i-1}^3} \tag{2.43}$$

式(2.39)～式(2.41)关于单体浓度梯度的描述中，各个参数，如 R_h、R_{cg}、R_{ch}、Δr 等的具体物理意义可以从图 2.5 中得到。由于 CSA 的核心思想主要在于利用了比较科学合理的方法减少了原先聚层算法中的聚层数目，从而在保证模型精确度的前提下大大降低了计算过程中的迭代次数，使计算量成倍减少。可以从下一节对于模型的结果与分析中明确看到这一算法的有效性所在。

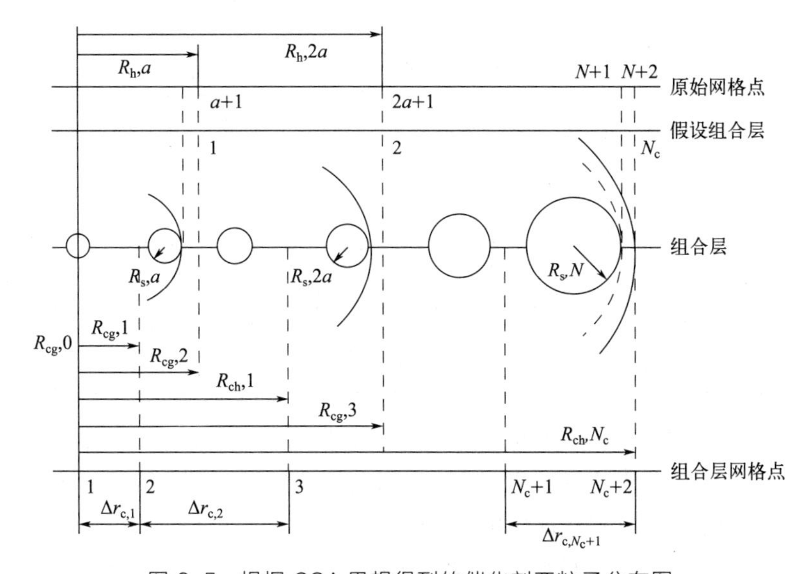

图 2.5　根据 CSA 思想得到的催化剂亚粒子分布图

2.3.3 模型结果与分析

以下所有的结果是用来解释在非均相催化剂聚合中分布较宽的分子量分布现象，并且研究改进的PMGM模型的优越性所在。还分析了不同的参数，如聚合反应速率常数 k_p，催化剂亚粒子的半径（R_c），催化剂大粒子的半径（R_0），催化剂活性中心浓度（C^*），总的聚合速率以及平均多分散性指数对分子量分布的影响。

为了使改进的模型方便与PMGM模型的结果相比较，表2.5中的这组参数值都是取自Sarkar文献中。可以通过改变各种参数值来分析这些参数对结果的敏感性。结合一些PMGM中不符合工业实际情况的结论，做了一系列的研究分析。

表2.5　丙烯淤浆聚合的参数值

参数	数值	单位
D_l	1×10^{-11}	m^2/s
D_s	1×10^{-12}	m^2/s
M_b	4×10^3	mol/m^3
R_c	2×10^{-7}	m
C^*	1	mol site/m^3cat
k_p	0.5	$m^3/(mol\ site\cdot s)$
k_{tr}	0.186	$m^{3/2}/(mol^{1/2}\cdot s)$
H_2	1	mol/m^3
k_1	1×10^{-3}	m/s
ρ_p	900	kg/m^3
ρ_c	2260	kg/m^3
R_0	1.42×10^{-5}	m

（1）平均多分散性指数（Q_{av}）和单体浓度（M）的比较

根据表2.5中的参数值，可以对以上模型进行仿真。PMGM和改进的模型中平均多分散性指数和大粒子内部单体浓度的曲线如图2.6所示。理论上来说，在介观模型中，扩散控制是普遍存在的，必须在模型中体现出来。我们的模型很好地显示了这一点。图2.6(a)中显示，比起PMGM模型中Q的预测值（4～15），它可以预报更高多分散性指数范围

(6～25)。这是由于模型考虑了小粒子内部的浓度梯度。由于扩散原理，催化剂大粒子在反应初期爆裂为无数个初级催化剂粒子之后，粒子内部越靠近外部，单体的浓度值越高，其聚合度也相应越大。而大粒子内部的单体浓度梯度越大，它的分布也就越宽，Q 值就相应增大。改进的模型符合实际的物理意义，而结果也更接近于工业的实际情况。

对于 PMGM 模型中的大粒子内部的单体浓度梯度，如图 2.6(b) 所示，它的浓度梯度过大，即便在反应 2h 以后，圆心处的单体浓度值依然接近于 0，也就是说单体几乎无法扩散到催化剂粒子的最内部，这个结论是不符合工业实际情况的[57]。改进后的模型如图 2.6(b) 中的虚线所示，在反应 1.5h 之后，粒子圆心处的单体浓度达到了 1800mol/m^3，很好地弥补了 PMGM 的这一不合理的结论。

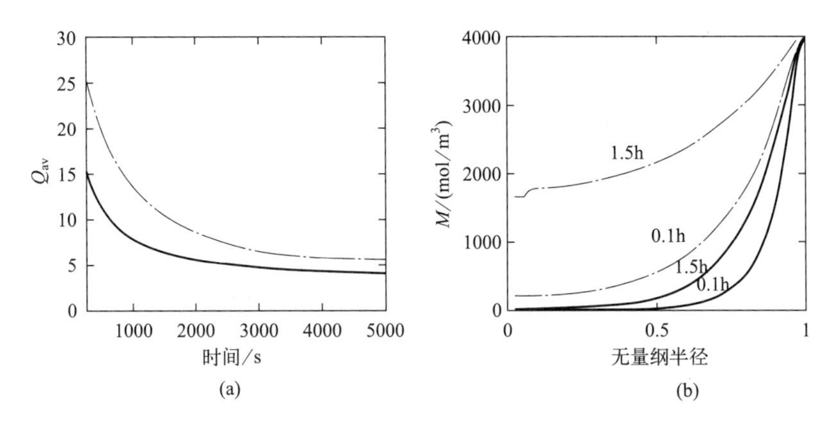

图 2.6　聚合物多粒模型（实线）和改进后的模型（虚线）得到的平均多分散性指数和单体浓度梯度的比较

(2) 催化剂粒子半径对结果的影响

在这一节里，主要分析初级催化剂粒子和大粒子半径对平均聚合度（DP_{av}）和多分散性指数（Q_{av}）的影响。Nagel 等在文献中明确指出，当改变初级催化剂的粒子数而其他变量保持不变时，PDI 的结果会发生很大的改变。模型证明了这一点。在其他条件相同的情况下，采用 R_0 较小的催化剂，产物的平均聚合度 DP 相应提高，如图 2.7 的曲线 1～3 所示。从图中可以看出 Q 随 R_0 的减小而降低，这是由于小粒子利于单体的扩散，使得内外丙烯浓度梯度变小。当 R_0 固定为 14.2μm，初级催化剂粒子半径 R_c 由 0.3μm 减小到 0.1μm，如图 2.7(a) 的曲线 1～3 所示，与增

大 C^* 的效果相似，DP 有所下降；单体浓度分布和多分散性指数略有下降，变化不大；由于增大了催化剂粒子的比表面积，聚合反应速率变大。如果假设活性中心浓度与催化剂的比表面积无关，则 R_0 固定、R_c 减小时，单体浓度 M 将增大，而梯度变小，使 DP 上升，Q 下降，但显然不如曲线 4 的变化大。这一结论与文献［50］给出的结论不同，当 R_0 固定、R_c 减小时，Sarkar 的 PMGM 模型则认为催化剂粒子的粒径大小不影响结果，显然不符合实际物理过程。本书改进的 PMGM 模型对此有所提高。

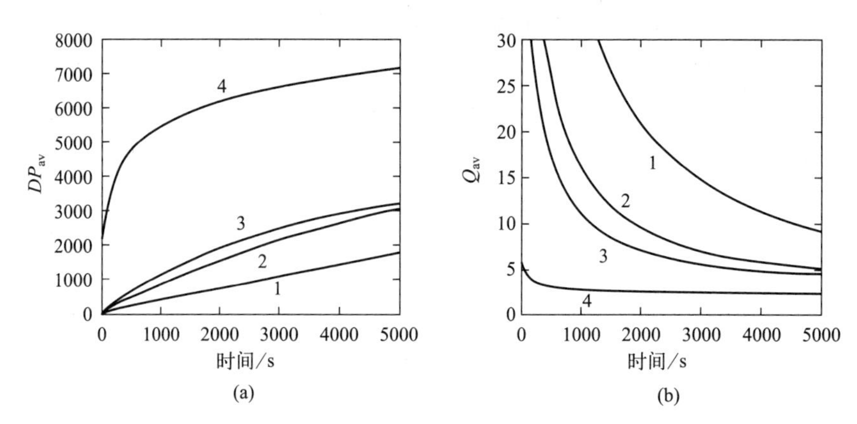

图 2.7　改变初级催化剂粒子半径 R_c，保持催化剂大粒子半径 R_0 不变对平均聚合度和多分散性指数的影响

1—$R_c=0.3\mu m$，$R_0=14.2\mu m$；2—$R_c=0.2\mu m$，$R_0=14.2\mu m$；

3—$R_c=0.1\mu m$，$R_0=14.2\mu m$；4—$R_c=0.1\mu m$，$R_0=7.1\mu m$

（3）链增长速率和活性中心浓度对结果的影响

这一部分主要针对三种不同的催化剂活性，k_p 分别为 0.25、0.5 和 1，同时还研究了在 k_p 保持不变的情况下，活性中心浓度 C^* 的影响。随着催化剂活性 k_p 的增大，扩散作用引起的单体浓度 M 变化影响减弱，k_p 的影响居主导地位，k_pC^*M 增大，使生成的粒子平均聚合度 DP 随催化活性的增强而变大，如图 2.8 所示，多分散性指数随着催化剂活性的增强而显著变大。

当保持 $k_p=0.5$，活性中心 C^* 由 1 降低到 0.5 时，通过图 2.9 中曲线 1、2 的比较，可以看到由于 C^* 的减小，链转移速率 $k_{trH}C^*H_2$ 相应降低，这时扩散作用对单体浓度的影响占主导地位，C^* 减小使粒子内 M 增大，从而使 DP 上升，这与文献［50］所得到的结论一致。随着 k_p 的增大，

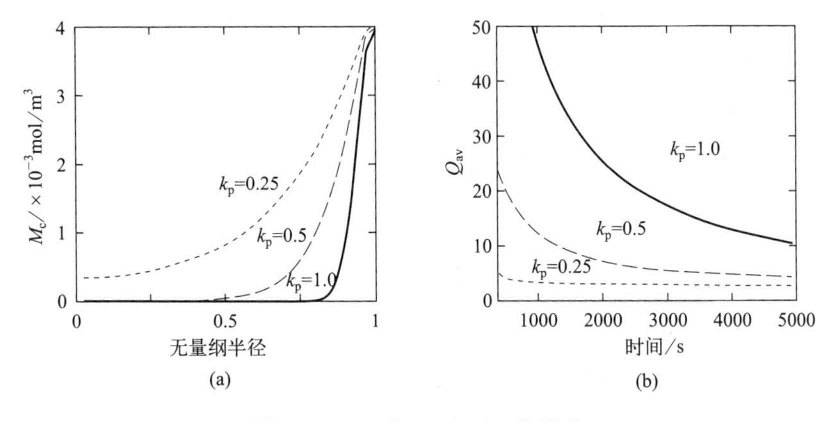

图 2.8　k_p 对 M_c 和 Q_{av}的影响

粒子内部的单体浓度梯度相应变大，导致多分散性指数 Q 变大，即扩散作用的影响对高活性催化剂更加显著。由以上分析可以看出活性中心浓度 C^* 和催化剂链增长速率常数 k_p 对反应的不同影响：改变 C^*，DP 和 Q 变化方向相反；而改变 k_p，DP 和 Q 的变化趋势相同。

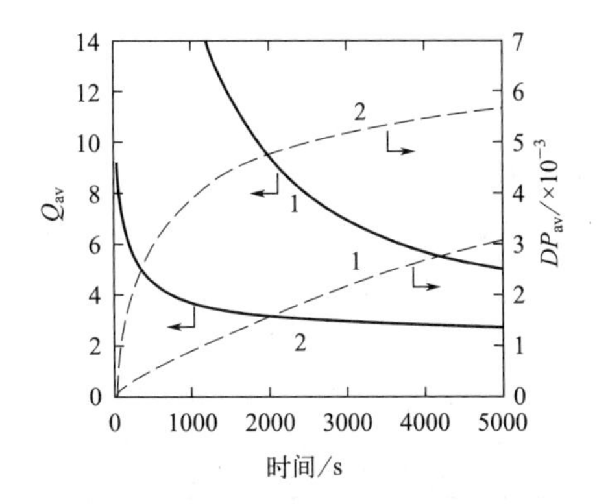

图 2.9　k_p 不变时，C_x 对 Q_{av}（实线）和 DP_{av}（虚线）的影响

1—C_x=1mol site/m^3；2—C_x=0.5mol site/m^3

（4）CSA 的精确度分析

图 2.10 是改进后的模型用两种算法得到的多分散性指数（Q_{av}）和大粒子内部的单体浓度梯度这两个结果的比较。用 CSA 算法得到的图（a）中的单体浓度和图（b）中的多分散性指数的曲线（实线表示）与原先得到的结果非常一致。相关误差由于算法上的改变是无法避免的。由于

CSA 得到的单体浓度梯度略有下降，因此它的多分散性指数的值也相应地有所降低，但是最终的结果几乎是趋于一致的。

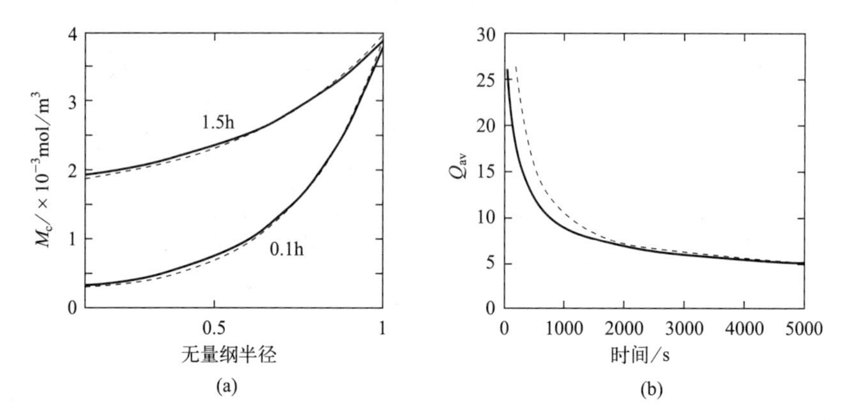

图 2.10 PMGM 模型（实线）与改进后的模型（虚线）得到的 M_c 和 Q_{av}的比较

（5）CSA 的扩展应用分析

另外一个表现 CSA 算法有效性的方面体现在可扩展应用上，我们已经成功地将 CSA 这一算法运用到目前在分子级模型领域研究比较多的对流扩散模型中来。这一模型可以预报纯扩散模型一些不可能精确预报的值，比如更如实地反映聚合过程中总的聚合反应速率值[58,59]。表 2.6 比较了纯扩散模型与扩散对流模型的计算得到的聚合速率的值。

表 2.6 纯扩散模型和扩散对流模型得到的总聚合速率的比较

基本聚合速率/[kgPP/(gcat・h)]	40	100
纯扩散对流模型总聚合速率/[kgPP/(gcat・h)]	27(29)	50(53)
扩散对流模型总聚合速率/[kgPP/(gcat・h)]	37(38)	95(96)

注：括号中的值是其他学者的结果。

众所周知，纯扩散模型得到的结论中，由于扩散控制的存在其反应效率通常比较低，它无法预测工业实际存在聚合速率相当快的情况。可以从表中看出，当它们的固有反应速率从 40kgPP/(gcat・h) 上升到 100kgPP/(gcat・h) 时，纯扩散模型得到的反应速率预报值大概在 25～50kgPP/(gcat・h)，也就是说，其反应效率从 63%下降到了 50%。而对流扩散模型则可以预测 37～95kgPP/(gcat・h)，其预报的误差不超过 5%。我们对现有文献中在这一方面研究的结论进行一个比较，结果可以看到，用

CSA 方法计算传递模型得到的聚合速率的峰值，无论其固有反应速率是 40 或者 100kgPP/(gcat・h)，与文献里面所得到的值基本吻合，最大误差不超过 7%，由此可以说明 CSA 模型算法的可扩展性。

2.4 聚丙烯反应器模型

2.4.1 聚丙烯生产过程建模的主要困难

在宏观反应器建模中，应考虑反应器中的汽液平衡、物料平衡、能量平衡以及反应器的动态特性，并从控制的角度出发，进行适当的假设和简化，以保证模型的计算速度，从而能够在线实时运行。针对聚合反应的机理建模，很多研究人员已经根据实际需要构造出了各种复杂程度不同的模型，这些模型提出了聚烯烃反应器机理建模的思路和方法，某些还利用现场数据进行了仿真研究，但大多存在以下问题。

① 对催化剂活性中心表面发生的各种基元反应考虑不周，动力学常数完全依靠经验确定，模型的通用性不强。

② 虽然丙烯聚合的机理模型可扩展性比较好，可终究不可能保证对每一种产品每一个反应器都可以使用，这就需要在现场对其进行参数的校验和修正，如何找到一组合适的参数来匹配大多数产品，这就需要花很大的工作量。

③ 没有考虑 Zeigler-Natta 催化剂的多种活性中心和扩散作用对聚合反应的影响。往往采用简单的聚合反应动力学方程，直接利用本体中的单体浓度进行计算，误差较大。模型只能给出平均分子量的大小，但无法解释聚丙烯分子量的分布特性，不利于对产品质量的全面分析。

④ 稳态模型易受外界扰动的影响，计算结果波动很大。尤其是在产品牌号切换的过程中，反应器从一个稳定工况过渡到另一个工况，这时稳态模型无法反映系统的动态特性，不能给出优化操作指导。模型没有在线校正能力，反应动力学参数是事先设定的，无法适应多变的现场环境。当催化剂的特性变化时，模型的误差会显著加大。

⑤ 由于聚丙烯聚合反应的机理问题至今还没有一个确定的结论，尤

其是对于共聚反应，所以对于反应器的建模，只能根据情况适当地简化和假设，这就不可避免地造成了一些误差和出入。

⑥ 在聚丙烯生产过程的测量方面，存在着较大的滞后时间，尤其是熔融指数 MI，取样频率一般为 2h 一次，但对样品熔融指数的确定所消耗的时间很长，一般为 10～40min，加上人为的误差，这给建模和控制都造成了不小的困难。

⑦ 模型计算聚丙烯的熔融指数方法复杂，稳定性差，无法满足生产现场实现在线测控和连续运行的需要。

2.4.2 反应机理的简化及其反应动力学

均聚反应一般是在两个串联的 CSTR 反应器内进行。由于丙烯聚合的反应机理比较复杂，并且涉及扩散-反应过程，有可能处于扩散控制状态，催化剂活性中心表面实际参加反应的物料浓度与本体中物料的浓度可能不同。从工业现场在线应用的角度出发，需要保证模型具有较快的运行速度，稳态模型采用了如下的简化假设：

① 聚合反应器处于稳定操作状态，此时 CSTR 看作全混流，反应器中催化剂活性中心浓度恒定不变；

② 反应系统包括汽、液、固三种状态，由于釜内强烈的搅拌作用，可以假设三相处于热力学平衡，各相内部组成、温度均匀，反应器出口组成与釜内浆液组成一致；

③ 聚合反应在固体催化剂表面进行，忽略汽、液、固三相间的传质传热阻力，丙烯单体在催化剂表面的浓度与液相中的浓度一致；

④ 反应中催化剂的相对用量小，在反应过程中可以忽略其质量和热量的变化；

⑤ 由于聚丙烯的聚合度大，用于引发的单体远少于链增长消耗的单体，因此聚合的总速率可近似等于链增长速率。

⑥ 在丙烯聚合中，同样可以作为链转移剂的单体和助催化剂的影响力相比氢气而言可以忽略不计。

因此丙烯聚合反应动力学方程简化如下所示[61]：

链引发：

$$P_0 + M \xrightarrow{k_p} P_1 \tag{2.44}$$

链增长：

$$P_n + M \xrightarrow{k_p} P_{n+1} \tag{2.45}$$

链转移：

$$P_n + 1/2H_2 \xrightarrow{k_{trH}} P_0 + D_n \tag{2.46}$$

式(2.44) 和式(2.45) 中，k_p 是丙烯聚合的链增长速率常数［$m^3/(mol \cdot s)$］。式(2.46) 中，k_{trH}是链转移速率常数。增长速率与形成大分子的所有终止速率（包括转移终止）之比就是反应的平均聚合度 DP。每个活性中心从引发到终止所消耗的单体分子数称为动力学链长 X_n，它是聚合物分子链中重复单元的数目，可以用下式表示

$$X_n = R_p / R_{trH} \tag{2.47}$$

其中，R_p 是链增长速率，R_{trH}是链转移速率。

$$R_p = k_p M_S C_1^* \tag{2.48}$$

$$R_{trH} = k_{trH} [H_2]^{0.5} C_1^* \tag{2.49}$$

其中，C_1^* 是液相丙烯本体中催化剂活性中心的浓度（mol/m^3），［H_2］和［Al］分别是氢和助催化剂的浓度，这些量需要通过物料的质量平衡方程来确定。聚合反应发生在固体催化剂粒子内部的活性中心表面，丙烯单体首先吸附在催化剂颗粒上，通过扩散作用穿过聚合物层，到达活性中心上发生反应生成新的聚合物。可以利用扩散-反应方程，针对一个催化剂-聚合物粒子，结合反应器的停留时间分布，进行详细的分析。另外，也可以利用一个综合参数——吸附因子 γ_S 来计算吸附在催化剂活性中心表面的丙烯浓度 M_S

$$M_S = \gamma_S M_b \tag{2.50}$$

吸附因子 γ_S 是温度 T 的函数，对于液相本体聚合，可以用下式计算[42]

$$\gamma_S = -1.1820 - 1.4938 \times 10^3 / T + 1.9434 \times 10^5 / T^2 \tag{2.51}$$

从而可以得到聚丙烯的重均分子量 M_w

$$M_w = M_n Q = X_n MW_{C3} Q \tag{2.52}$$

其中 M_n 是数均分子量，MW_{C3}是丙烯单体的分子量，Q 是聚丙烯的多分散性指数。

(1) 汽液平衡

CSTR 液相反应釜中，上半部为气相混合物料，其中主要包括丙烯单

体、分子量调节剂氢气、冲洗气体氮气，以及其他烃类气体如甲烷、丙烷、己烷等，在生产无规共聚物时，还会有少量的乙烯单体。CSTR的下半部为混合浆料，其中连续的液相主体是丙烯单体，其中悬浮着催化剂-聚合物固体粒子，氢气和其他烃类气体也通过汽液平衡或溶解的方式存在于液相之中。由于CSTR内剧烈的搅拌作用，汽液相基本达到了平衡状态。聚合反应发生在催化剂粒子的活性中心表面，反应物的浓度无法直接进行测量，需要利用气相色谱给出的气相组分浓度，通过汽液平衡方法计算液相中的反应物浓度。

计算汽液平衡的方法很多，包括Chao-Seader（CS）模型、Lee-Erbar-Edmister模型、Soave模型、Peng-Robinson模型、Starling-Han模型、Lee-Kesler模型等，但只有CS模型和Benedict-Webb-Rubin（BWR）模型可以应用于含氢系统[62]。虽然反应体系中氢的含量较低（根据不同牌号的需要，通常在百分之零点几到百分之几之间），但它作为链转移剂参与聚合反应，对聚丙烯的分子量和最终产品的熔融指数有决定性的影响，必须加以认真考虑。

由于CS模型在求液相活度系数 γ_i 时，需要先计算混合物的平均溶解度参数 $\bar{\delta}$，其中用到了液相的摩尔分率 x_i。因此，利用CS模型求解汽液平衡，无法得出汽液相间的显式关系，必须通过迭代方法。CSTR反应器中，包含多种烃类气体和氢气、氮气等，是一个复杂的多元汽液平衡问题，CS迭代求解速度很慢。另外，由于某些气体的含量很低，在多次迭代求解方程组的过程中，还可能出现病态情况，降低了模型的稳定性。为了保证模型能够投入在线运行，必须在保证模型精度的情况下，提高其求解速度和计算的稳定性。本书提出采用BWR模型计算液相丙烯浓度，利用改进的Henry定律计算其中溶解的氢浓度，成功地解决了这一问题。

工业生产中，CSTR反应器通常用于丙烯均聚反应，或加入少量的乙烯单体进行无规共聚。因此，CSTR中的组分主要是丙烯单体和反应生成的催化剂-聚合物固体粒子。这些固体悬浮在连续的液相丙烯之中，由于强烈的搅拌作用，它们不会影响到汽液相之间的平衡关系。在均聚反应时，CSTR汽相中丙烯的摩尔浓度通常在90%以上。其余包括作为分子量调节剂的氢气，浓度根据牌号的需要在百分之几以内。其他烃类气体如甲烷、丙烷、己烷等物质的含量很小，并且性质与丙烯近似，氮气的浓度则在0.5%以内，计算汽液平衡时可以忽略不计。这样，就使得一个多元组分的汽液平衡问题简化为一个仅包括丙烯单体和氢气的二元组分平衡问题，计算量下降至大约 1/100，模型求解速度显著提高。

求解液相丙烯单体浓度的 BWR 模型方程为：

$$\begin{aligned} P = & RT(10^{-3}M_b) + (B_0RT - A_0 - C_0/T^2)(10^{-3}M_b)^2 + \\ & (bRT - a)(10^{-3}M_b)^3 + a\alpha(10^{-3}M_b)^6 + \\ & C(10^{-3}M_b)^3/T^2[(1+\gamma(10^{-3}M_b)^2)e^{-\gamma(10^{-3}M_b)^2}] \end{aligned} \tag{2.53}$$

其中，P 为 CSTR 反应器中体系的压力，T 为体系温度，M_b 是丙烯单体的浓度（mol/m^3）。

氢气作为丙烯聚合反应的链转移剂，调节聚合物的分子量，对产品的熔融指数有决定性的影响，因此必须准确计算出液相中的氢浓度。本书在计算汽液平衡时，没有考虑氢气的影响，而是把它作为“溶质”，求解其在反应体系的温度和压力下，在液相丙烯单体“溶剂”中的溶解度。为此，必须首先得到在反应温度 T 下，丙烯的饱和蒸气压 P^s，然后用 Henry 定律计算氢气的溶解度。

丙烯的饱和蒸气压 P^s 用 Antoine 方程计算

$$\lg P^s = A - B/(T + C) \tag{2.54}$$

其中，P^s 的单位是 kPa，T 是体系温度（℃）。A、B、C 是丙烯的 Antoine 蒸气压系数，大小分别为 $A=5.9445$，$B=785$ 和 $C=247$。上式的适用范围为 $-112\sim-32$℃[63]。CSTR 中的聚合温度通常在 60～80℃，外推得到的结果分别是 $P^s(60)=2.441$MPa 和 $P^s(80)=3.499$MPa，实际测量到的值分别为 2.498MPa 和 3.664MPa，建模时需加以修正。这一修正系数也是温度的函数，$T=70$℃ 的工作点附近可以取为 1.037，这样能够保证对丙烯饱和蒸气压的计算误差在 1%左右。

应用改进的 Henry 定律计算液相丙烯中溶解的氢浓度

$$\ln x_{H_2} = \ln(1.6y_{H_2}P) - \ln(K_h) - 55.6(P - P^s)/(83.14T) \tag{2.55}$$

其中，x_{H_2} 是氢在液相中所占的摩尔分率，y_{H_2} 是汽相中的氢气摩尔分率，$y_{H_2}P$ 即氢气的分压。K_h 是氢气的 Henry 常数，文献［62］提供的数据是 1338，本书经过模型辨识，决定采用 $K_h=24251$。P 和 T 分别是体系的压力和温度，P^s 是利用式(2.54) 求得的丙烯饱和蒸气压。

通过 BWR 模型，由式(2.56) 可以很方便地计算出 CSTR 反应器中，在反应体系的温度和压力下液相丙烯本体的摩尔浓度 M_b。对式(2.53) 的求解可以采用对分搜索，计算速度和精度都能够满足在线运行的要求，并且模型的稳定性强。然后用式(2.54)，结合对计算结果的修正，可以得到计算误差在1%左右的丙烯饱和蒸气压 P^s。最后，利用式(2.55) 改进的 Henry 定律，计算出氢在液相中所占的摩尔分率 x_{H_2}。这样，各个变量之间不存在耦合，无需进行反复的迭代，计算效率很高。与采用 CS 方法求解复杂的多元汽液平衡问题得到的结果相比，在相同的条件下，对液相丙烯单体浓度和关键组分液相氢浓度的计算结果相差不超过1%，而求解速度则大为提高。

BWR 模型结合改进的 Henry 定律的方法可以应用于本书的 CSTR 反应器建模中。同时这一方法也可以用于求解环管反应器中液相丙烯单体的浓度。根据文献［42］中给出的结果，在70℃和35atm❶的压力下，环管反应器中丙烯单体的浓度 M_b 为 9.917mol/L。利用 BWR 模型式(2.53) 计算给出的结果是 9.923mol/L，相对误差仅为 0.06%。本书提出的方法具有很强的适应能力。

(2) 物料平衡方程

在反应釜稳态操作时，分别对釜内的丙烯单体、催化剂和聚合物进行物料衡算，可得到下列方程组：

丙烯浓度：

$$R_{pin}-R_{out}(1-\omega)\rho_P-R_{out}v\rho_{PP}=0 \tag{2.56}$$

催化剂：

$$R_{cin}k_c-R_{out}(1-\omega)C_1^*=0 \tag{2.57}$$

聚合体：

$$15.12k_pM_SC_1^*V_1=R_{out}v\rho_{PP} \tag{2.58}$$

式(2.56)～式(2.58) 中，R_{pin} 是丙烯单体的进料速率（kg/h），R_{out} 是反应器出料速率（m^3 浆料/h），ω 是浆液中固体部分的体积分率（m^3 固体/m^3 浆液），R_{cin} 是催化剂进料速率（kg/h），k_c 是表征催化剂性质的常数（mol 活性中心/kg 催化剂），它综合考虑了催化剂活性中心的比率和链引发反应的影响。式(2.58) 中，V_1 是反应的有效容积（m^3），在 CSTR 反应器中就是浆料部分的体积，方程左边的系数 15.12 用于单位换算，由 mol/s 到 kg/h。ρ_P 是丙烯单体和聚丙烯的密度（kg/m^3），ρ_{PP} 是浆液中固体物料的平均密度，由于固相中的催化剂含量很少，可以近似等于聚丙烯的密度。

---

❶ 1atm=101325Pa。

（3）分子量与熔融指数的关联模型

由流体力学可以得到，在一定范围内聚丙烯的零切黏度 η 与其重均分子量 M_w 之间存在如下关系

$$\eta \propto M_w^{\beta} \tag{2.59}$$

熔融指数 MI 反映了聚合物的流动特性与零切黏度 η 成反比

$$\mathrm{MI} \propto \eta^{-1} \tag{2.60}$$

因此 MI 与 M_w 之间满足

$$\mathrm{MI} \propto M_w^{-\beta} \tag{2.61}$$

$$\lg \mathrm{MI} = k_{\mathrm{MI}} - \beta \lg M_w \tag{2.62}$$

其中的常数 k_{MI} 和 β 需要通过参数辨识确定。在本书中 k_{MI} 和 β 分别可以确定为 18.56 和 3.36。仅仅当 MI 的值在 0.27～22.10 这个范围内。

2.4.3　模型求解步骤

从式(2.44)～式(2.62) 组成了描述聚丙烯反应器的稳态模型。实际应用时，模型的求解步骤如下：

① 根据在线测量到的反应器温度 T、压力 P 数据，利用 BWR 模型方程式(2.53) 计算出液相本体中的丙烯单体浓度 M_b，求解采用对分搜索法。

② 在反应体系温度 T 下，由式(2.54) 得到相应的丙烯饱和蒸气压，在 $T=70℃$ 的工作点附近，取修正系数 1.037，即 $P^s=1.037P^{s'}$。

③ 利用改进的 Henry 定律，由式(2.55) 计算氢在液相中所占的摩尔分率 x_{H_2}，进一步可以得到液相氢浓度 $[H_2]=x_{H_2}M_b$，这里用到了在线色谱给出的气相中氢浓度的分析值。

④ 已知丙烯单体进料速率 R_{pin}、催化剂进料速率 R_{cin}、反应器中的浆料体积 V_1，联立求解方程组 (2.56)、(2.57)，得到反应器出料速率 R_{out}、浆料固含率 ω 和液相丙烯本体中催化剂活性中心的浓度。

⑤ 根据丙烯聚合反应的动力学方程 (2.44)～(2.46)，由式(2.47)～式(2.49) 计算聚合物的平均链长 X_n。其中活性中心表面的丙烯浓度 M_S 可以用吸附因子，由式(2.50)、式(2.51) 得到。

⑥ 根据反应器操作条件，利用质量和热量传递模型得到物性参数 Q。

⑦ 由式(2.52) 计算出聚丙烯的重均分子量 $\overline{M}_w$，利用关联式(2.62) 得到产品的熔融指数 MI。

2.4.4 反应动力学参数的确定

在工业聚丙烯反应器稳态模型的建立过程中，有大量的参数需要确定。其中主要包括微观反应动力学参数，如催化剂的链增长、链转移常数等，它们随催化剂配比的不同、制备条件的差异而有很大的不同；各反应物质在催化剂-聚合物表面吸附，并通过扩散-反应过程在活性中心表面生成聚合物，其中涉及关于催化剂粒子物理方面的一些参数需要确定；各反应物料的物性数据，如丙烯单体、聚丙烯的密度、热容等参数；反应器的设计参数，如CSTR有效反应容积与料位的关系，反应热的撤除方式等。所有这些因素的影响，使得确定模型参数成为建模中的一个难点。

反应速率常数与温度之间关系遵从Arrhenius公式

$$k_{\mathrm{i}}=k_{\mathrm{i0}}\exp\left(-\frac{E_{\mathrm{ai}}}{R}\left(\frac{1}{T}-\frac{1}{T_0}\right)\right) \tag{2.63}$$

其中，k_{i}代表链引发、链增长和链转移等基元反应的动力学常数，E_{ai}是反应的活化能，T和T_0分别表示反应器温度和参考温度。在不同反应器的建模时必须考虑温度对催化剂活性的影响，同时要考虑催化剂活性随时间的变化。聚丙烯反应器稳态建模中所用到的反应动力学常数，及典型的工况数据见表2.7。

由于反应器形式和采用的催化剂来源不同，以及建模中是否考虑扩散、多活性中心效应的影响，文献中给出的动力学数据差别很大。文献［64］中，通过对乙烯聚合机理模型的简化，得到如下形式的模型

$$\ln\mathrm{MI}=k_1\left(\frac{1}{T}-\frac{1}{T_0}\right)+k_2\ln\left(k_3+\sum_i k_{i+3}x_i\right) \tag{2.64}$$

其中，x_i为操作变量，分别是丁烯、氢气、乙烯分压和催化剂加料速率等，然后利用实际运行数据，通过离线辨识的方法确定出参数k_i。这样使得模型形式简单、便于现场实施，当数据量比较丰富时，结果具有一定的精度。但这样得到的参数，没有明确的物理含义。即使认为各个k_i对应于不同的物理、化学现象，但与严格的机理模型数据有很大的差别，不能充分利用机理研究取得的大量结果，有较大的局限性。

本章直接利用了丙烯聚合微观机理和UMGM模型得到的反应动力学参数，特别是UMGM模型所给出的聚合物粒径分布、分子量分布、多分

散性指数、扩散系数的数据，结合具体工况，通过现场运行数据进行适当调整，其中链增长速率常数 k_p 是通过聚合率数据确定的，向氢的链转移速率常数 k_{trH} 通过稳态熔融指数数据确定。本书把杂质的影响都归结到自发链转移常数 k_{trS}，进行参数辨识和在线校正。参数调整的目标是：极小化模型对聚丙烯熔融指数的计算结果与实际分析数据之间的误差，可以利用稳定生产情况下的一段工况数据与熔融指数离线分析数据，通过标准的梯度校正参数辨识方法来实现[65]。这样既可以验证模型结构的正确性，参数的物理意义明确，有利于进行模型参数在线校正，又使得模型的适应性强，能反映出对象的本质。

这里对表 2.7 中的数据推导作出说明。CSTR 反应器的温度 T、压力 P 和料位 L 是由生产需要确定的，浆料体积 V_l 可根据反应器的设计数据得到，某装置可用下式计算

$$V_l = 3.58 + 0.26L \tag{2.65}$$

CSTR 中浆液浓度典型数值是 $\rho_L = 150\text{kg/m}^3$，得到浆料的固含率 $F=0.149$。CSTR 反应器的典型聚合率 R_{pd} 是 4t/h，平均停留时间 $\tau = 0.53\text{h}$。关于催化剂的数据，一方面来自工艺设计手册中给出的数据，另一方面用不同牌号生产的稳态数据进行了辨识。结合文献中的数据，由式(2.48)和式(2.49)，可以得到 k_p 和 C_1^* 的值，催化剂中的钛含量 $\omega_{Ti} = 3\%$，活化分率 $x_{Ti} = 10\%$。由催化剂的进料速率和密度等就可以得到催化剂中活性中心的浓度为 $C_1^* = 137.5\text{mol/m}^3$。

表 2.7　聚丙烯模型中的参数及典型工况数据

参数	数值	单位	参数	数值	单位
T	70	℃	F_p	15000	kg/h
P	3.1	MPa	F_C	0.364	kg/h
L	50	%	k_p	0.5	$\text{m}^3/(\text{mol}\cdot\text{s})$
V_l	16.58	m^3	k_{trH}	1.0	$\text{m}^{1.5}/(\text{mol}^{0.5}\cdot\text{s})$
M_b	9810	mol/m^3	k_{trS}	0.325	1/s
ρ_P	412	kg/m^3	ω_{Ti}	3%	—
ρ_L	150	kg/m^3	x_{Ti}	10%	—
ρ_{PP}	900	kg/m^3	τ	0.533	h
ρ_C	2200	kg/m^3	f_C	9.1×10^{-5}	—
F	0.143	m^3/m^3	W	31	m^3/h

2.4.5 模型参数在线自动校正

稳态模型在运行中受到各种干扰的影响，使聚丙烯反应器对象具有时变性。这就要求在实际运行中采用状态估计和参数校正技术。文献［66］分析了扩展 Kalman 滤波器（EKF）和递推预报误差方法（RPEM），从模型的计算复杂性和可维护性考虑，本书采用了简单的 RPEM 方法，利用离线的 MI 分析数据，对模型参数进行在线校正。

MI 的分析数据每 2h 一次，由于测量困难及人为误差的影响，实际上没有必要每次分析之后都进行参数校正，只有在模型计算结果与分析值存在持续偏差，并且可以保证分析数据准确性的情况下才运行参数在线校正功能。通过对模型结构的离线仿真分析发现，可以把各种不可测扰动的影响归结到聚合反应的自转移常数 k_{trS} 中，使得校正算法简便易行。

以第一釜 CSTR 反应器为例，设在 t 时刻得到了 t^*（$t^*<t$）时刻的熔融指数分析值 $MI^*(t^*)$，利用这一数据进行参数校正。$MI^*(t^*)$ 给出 t^* 时刻釜内聚丙烯的累积熔融指数的信息，可以进行如下滤波[67]

$$\lg(MI_C^1(t^*))'=\lg(MI_C^1(t^*))+K_1[\lg(MI^*(t^*))-\lg(MI_C^1(t^*))] \tag{2.66}$$

$$k_{trS}(n)=k_{trS}(n-1)+K_2[\lg(MI^*(t^*))-\lg(MI_C^1(t^*))] \tag{2.67}$$

K_1、K_2 是利用历史数据离线求出的滤波器增益，n 代表在线校正的次数。

采用递推的预报误差方法（RPEM），无需估计未测状态变量，也不考虑测量误差的影响，大大简化了参数校正的实施。针对非线性模型

$$y=f(\theta,u(t-1),y(t-1)) \tag{2.68}$$

递推辨识算法为：

$$\theta(t)=\theta(t-1)+K(t-1)e(t) \tag{2.69}$$

$$e(t)=y_{meas}(t)-y[\theta(t-1)] \tag{2.70}$$

$$K(t-1)=P(t-1)Z(t)[\lambda+Z^T(t)P(t-1)Z(t)] \tag{2.71}$$

$$P(t)=\lambda^{-1}P(t-1)-K(t-1)Z^T(t)P(t-1) \tag{2.72}$$

$$Z(t)=-\frac{\partial e}{\partial\theta}=\frac{\partial y}{\partial\theta} \tag{2.73}$$

$$P(t)=\mathrm{Cov}(\theta(t))/\sigma_e^2 \tag{2.74}$$

式(2.68) 中 y 代表聚丙烯的产品质量指标 MI，θ 是模型参数向量。式(2.71) 和式(2.72) 中 λ 是遗忘因子，应该在过程变化剧烈时取值较小，而在预报误差较小时趋向于 1，可取如下形式：

$$\lambda(t)=1-\frac{Z^{\mathrm{T}}(t)K(t-1)}{\gamma}e^{2}(t) \tag{2.75}$$

其中 γ 是可调变量，决定了参数校正的速度。

2.4.6 模型运行结果分析

利用本章建立的丙烯聚合稳态模型，可以利用现场的工况数据，在线实时计算出各釜的熔融指数、聚合率、浆液浓度等参数。所用到的现场数据主要有聚合釜的压力、温度、液位、丙烯进料速率、催化剂进料速率、气相中的氢含量分析值等。

图 2.11、图 2.12 是 Hypol 工艺聚丙烯生产装置的两个 CSTR 反应器中，一组 MI 实际分析数据与模型计算结果的比较。其中实线代表每 2h 一次的聚丙烯 MI 离线分析数据，虚线代表模型计算的结果。与之前的稳态模型相比，由于我们把介观模型中得到物性数据多分散性指数 Q 的变化因素考虑了进来，模型与分析值的最大误差和平均误差降到了 5.8%和 1.3%，模型能够更好地反映 MI 的变化趋势，有利于操作人员及时地进行调节，从而稳定生产，提高产品质量。

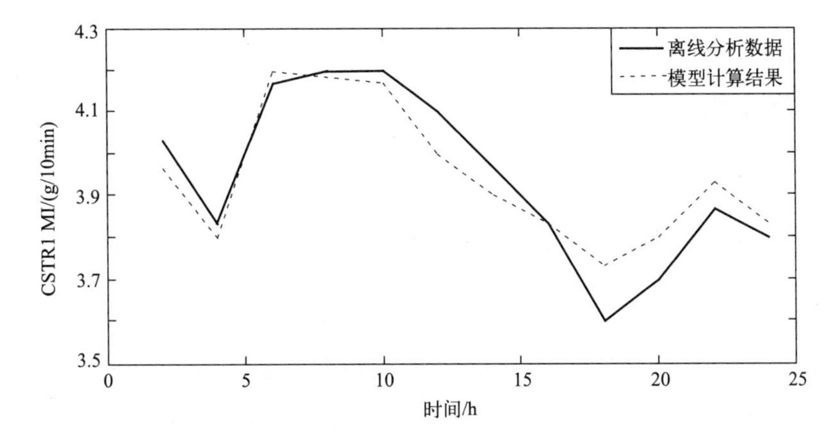

图 2.11 Hypol 工艺第一 CSTR 反应器 MI 的模型计算结果

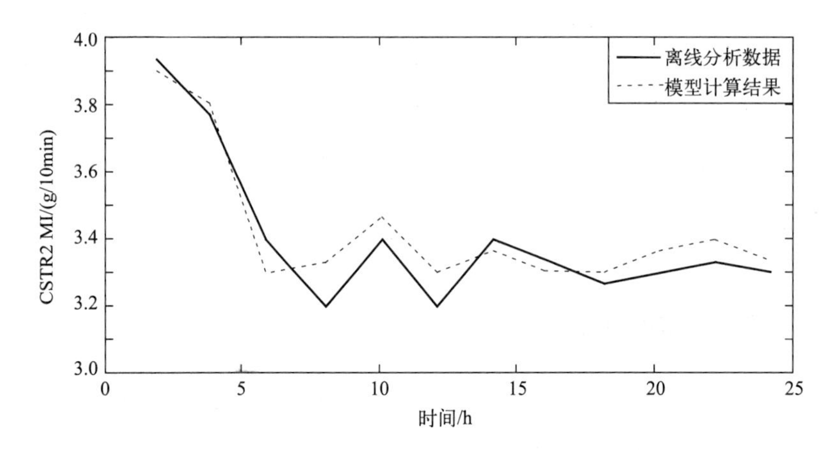

图 2.12　Hypol 工艺第二 CSTR 反应器 MI 的模型计算结果

另外影响反应器操作状态和聚合物产物性能的主要工艺参数有丙烯进入的温度与流量、催化剂进料量、夹套冷却水入口温度和流量、丙烯蒸气冷凝量以及反应体系中的氢浓度。考察这些变量对丙烯聚合过程的影响，可以为反应器的先进控制和优化设计提供理论依据。在本体法生产中，改变丙烯进料量是调节浆液浓度最常用的手段，因为这种调节不像温度和液位的调整对聚合反应的影响那么大。实际生产中，丙烯进料速率的改变是通过调节丙烯循环量来实现的，如果保持釜内液位不变，增加循环量，可以减少聚合量，从而降低浆液浓度。

本章小结

本章介绍了聚丙烯微观建模的反应机理，包括催化剂的活化、链引发、链增长、链转移、链终止，以及活性中心的衰减和多种活性中心之间的相互转化。

微观建模中如果把基元反应的各个方面均考虑进去的话，建模的复杂度和难度是相当大的。我们在用动力学方法推导丙烯的均聚和共聚组成方程时，通常需要采用简化假设，在一定的误差范围内选择研究比较成熟、形式相对简便的反应动力学方程，以便提高求解速度，实现工业的在线应用和过程控制。

在丙烯聚合微观反应机理和催化剂-聚合物粒子介观模型的基础上，针对具体的反应器，得到了由代数方程组表示的丙烯聚合过程稳态模型，采用理论研究结合实际运行数据辨识，确定出模型参数。可以在线实时计算聚丙烯的熔融指数、浆液浓度等重要参数。分析了 CSTR 反应器的操作条件对浆液浓度的影响，为进一步的研究打下了基础。

根据实验结果和工业运行数据，提出了改进后的 PMGM 模型，研究利用非均相催化剂得到丙烯聚合体的分子量分布、聚合速率和质量和热量传递情况。本章的模型物理意义更加明确，详细考虑了催化剂-聚合物粒子中粒子的分裂、扩散控制以及非均相催化剂存在多种活性中心这三个最主要的物理-化学过程，可以解释丙烯聚合过程中的许多重要现象。在保证模型精确度的前提下大大提高了模型计算效率，有利于工业宏观反应器的建模和控制优化应用，并为其提供了重要的参数。

思考题

1. 丙烯聚合有哪些机理模型？分别有哪些特点？
2. 物料平衡方程的基本原理是什么？
3. 反应动力学参数确定的步骤是什么？

第3章 数据驱动方法

基于使用过程操作数据的数据驱动建模方法，可以通过监督学习方法找到输入/输出之间的关系。在过去几年中，几乎所有提出的模型都基于一个或多个框架。这些框架可以大致分为三大类：

① 统计分析建模。

② 神经网络。

③ 支持向量机。

图 3.1 列出了数据驱动模型中 MI 预测的重要框架。

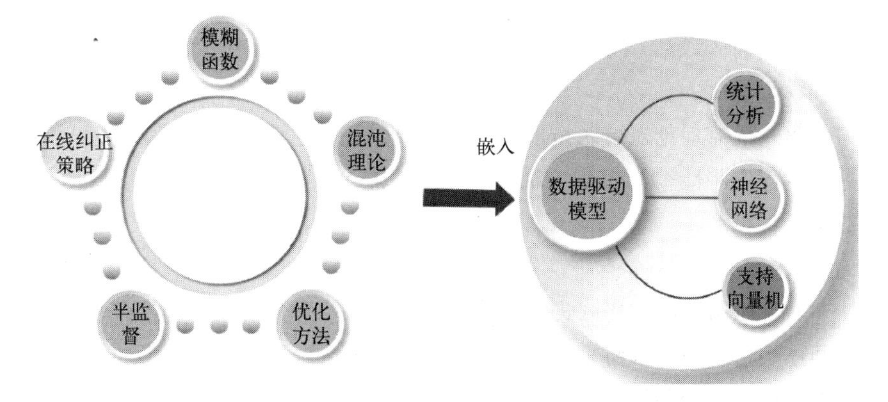

图 3.1 嵌入特定方法的数据驱动模型中的重要框架

随着人工智能的飞速发展，非线性机器学习方法越来越多地应用于 MI 预测中。主要包括：

(1) NNs

由于聚丙烯工艺的高度非线性特性，神经网络（NN）建模和改进的 NN 具有逼近任何连续非线性系统的卓越性能，并将其引入到 MI 预测中。

此外，许多统计分析方法还与其他框架（如 NN 和 SVM）一起嵌入，以实现更好的性能。独立成分分析（ICA）和多尺度分析（MSA）均可改善数据特性并简化神经网络结构，已证明上述方法的结合将为聚丙烯熔融指数提供更高的预测精度。

此外，小波变换可以揭示局部区域的函数特性，通过结合小波和神经网络发展了小波神经网络（WNN）。由于小波的时频定位，WNN 可以快速收敛，提高精度并减小网络规模。

(2) SVMs

SVM 在解决小样本和非线性方面显示出独特的优势。由于 pp 过程中的数据有限，理论上，SVM 的效果优于 NN。

此外，RVM 是一种基于贝叶斯推理框架的稀疏监督学习方法。与支持向量机相比，不需要 RVM 严格满足 Mercer 条件，并且省略了诸如惩罚因子之类的预定参数。此外，由于先前对相关矢量的密度估计，RVM 中的相关矢量比 SVM 中的支持矢量稀疏，这降低了模型的复杂性。

（3）模糊

模糊系统在描述非线性系统时具有出色的功能，因为它们可以处理不确定性，这些不确定性是由诸如丙烯聚合过程之类的实际系统的非线性和歧义引起的。

（4）混沌

引入混沌理论对熔融指数时间序列进行信息挖掘，识别熔融指数时间序列的混沌特性[31]，以探究时间序列所包含的信息并建立相对准确的软测量预报模型。

（5）多尺度

对熔融指数时间序列进行小波变换或经验模态分解等多尺度变换，对时间序列信号的分解与重构结果，可以更好地区分原始信号中不同频率范围的数据，降低预报误差。

（6）半监督

Sun 等人[68]首次将半监督学习引入到丙烯聚合工业过程预测中，并提出了一种基于半监督学习的贝叶斯回归方法，以通过充分利用未标记的采样数据来提高预测精度。完美的性能还显示了在丙烯聚合过程中半监督学习在熔融指数预测中的可行性。

（7）优化方法

非线性机器学习方法通过参数优化可以取得较好的效果，可以进一步减少由于人为选择结构参数和运行参数而造成的人为误差，提高预测精度。

3.1 统计学习理论基本概念

统计学习理论（statistical learning theory，SLT）是为小样本学习设

计的机器学习规律。Vapnik 等人从 20 世纪 60 年代起开始对 SLT 进行研究[69]，到 90 年代时，该理论比较完善和成熟[70]。统计学习理论的核心概念之一是 VC 维（vapnik and chervonenkis）[71]，是衡量关于函数集或学习机器的容量以及复杂性的重要指标。经过长时间的研究，Vapnik 等人提出了泛函空间的大数定律，并用结构风险最小化（structure risk minimization，SRM）准则取代传统的经验风险最小化（empirical risk minimization，ERM）准则。SLT 建立的这一套理论体系，在设计推理规则时既在现有有限信息的条件下得到很好的泛化能力，又考虑了对渐进性能的要求。其统计推理规则不仅考虑了对渐进性能的要求，而且追求在现有有限信息的条件下得到很好的泛化能力。

早期因为数学原理的复杂性，很长时间内都没能够找到实现这些理论的较好方法。用神经网络等传统的机器学习方法实现时还会遇到维数灾难（curse of dimensionality）、局部极小（local minimum）和过拟合（overfitting）等问题。统计学习理论框架基本实现的标志是支持向量机（support vector machine，SVM）的提出以及将 VC 的维概念推广到实函数集。统计学习理论和支持向量机成为了 20 世纪 90 年代后机器学习的研究热点。

3.1.1 最小化期望风险的准则

根据样本 $(x_1, y_1), \cdots, (x_i, y_l)$ 训练学习机，联合分布函数 $F(x, y)$ 往往是未知的。所以期望风险最小化无法解决回归问题、模式识别问题以及概率密度估计问题，需要寻找其他的风险函数来代替之。

（1）经验风险最小化（ERM）准则

经验风险最小化（ERM）准则是常用的代替方法之一。经验风险用样本的定义如下：

$$R_{\mathrm{emp}}(w) = \frac{1}{N} \sum_{i=1}^{N} L(y_i, f(x_i, w)) \tag{3.1}$$

在上式中，通过控制参数 w 来调控，使其达到最小化。这个过程不难实现，最小二乘、极大似然法等传统统计方法都可以实现。所以经验风险最小化也是传统统计学依据的一般原则。不过，经验风险代替期望风险没有严谨的理论依据，Vapnik 早在 1971 年就曾指出经验风险最小未必收敛于期望风险最小。

(2) 结构风险最小化（SRM）准则

结构风险最小化准则是为提高学习算法的泛化能力而提出的，首先介绍 VC 维和泛化能力的上界的概念。

Vapnik 将指示函数集直观定义为[70]：当用不同的方法将 h 个样本分为两类时，将指示函数能实现 h 个样本的所有分类称为把 h 个样本打散，而 VC 维就是函数集能够打散的最大样本数目。如果对任意数目的样本都存在能够将它们打散的函数，那么称该函数集的 VC 维是无穷大的。可以看到，VC 维可以很好地用来描述函数集的复杂程度。

Vapnik 定义了统计学习理论中关于函数集的泛化能力的界[70]。在经验风险、期望风险和 VC 维 h 之间存在以概率满足的不等式：

$$R(w) \leqslant R_{\text{emp}}(w) + \sqrt{\frac{h(\ln(2N/h)+1) - \ln(\eta/4)}{N}} \tag{3.2}$$

其中 N 是样本的个数。不等式右边的第二部分是和置信水平、样本数 N 以及 VC 维 h 相关的量，称为置信区间（confidence interval）。式 (3.2) 可以简写为：

$$R(w) \leqslant R_{\text{emp}}(w) + \phi\left(\frac{h}{N}\right) \tag{3.3}$$

可以看到，实际经验风险可以被分成两个部分，其中之一是经验风险，另一部分为置信区间。置信区间会受到置信水平的影响，可作为经验风险和真实风险的差距上界，同时也是关于样本数和 VC 维的函数，所以其反映了学习机器的泛化能力。

实际上，选择学习机器学习模型和算法的过程就是最小化置信区间的过程，但在传统方法中缺乏理论指导，往往通过先验知识和个人经验来进行模型和算法的选择，神经网络方法就体现出了这一点。而结构风险最小化（SRM）准则的出现解决了这一难题。SRM 准则是关于同时最小经验风险和最小置信区间的一个折中。

统计学习理论利用函数集分解思想，把函数集 $S=\{f(x,w)\mid w\in\Omega\}$ 分解为一个函数集序列，使得

$$S_1 \subset S_2 \subset \cdots \subset S_k \subset \cdots \subset S = \bigcup_{i=1}^{\infty} S_i \tag{3.4}$$

然后各个子函数集的 VC 维满足

$$h_1 \leqslant h_2 \leqslant \cdots \leqslant h_k \leqslant \cdots \leqslant h \tag{3.5}$$

首先在函数子集中按照上式给出的置信区间的大小进行排列，然后期

望风险最小是通过在函数集序列中选择经验风险与置信区间之和最小的子集实现。

如图 3.2 所示，函数集越复杂，其 VC 维越高，结构风险就越大，但学习能力就越强，经验风险就越小；反之，VC 维越低，结构风险就越小，但是学习能力就越差，经验风险就越大。SRM 准则在逼近训练数据时对函数的精度和复杂性取个折中。SRM 准则得到的解对于任何分布函数以概率 1 收敛于最好解[71]。

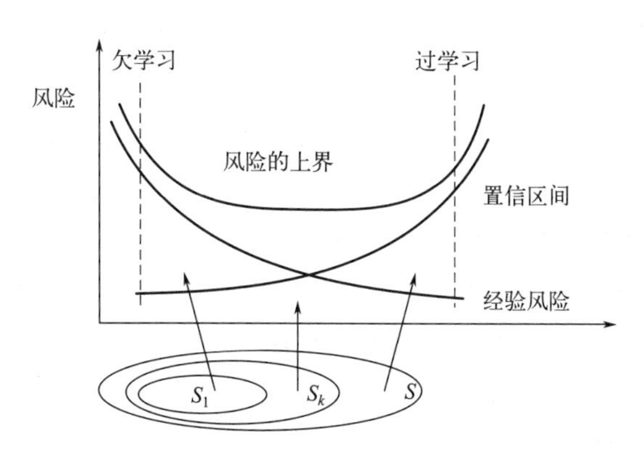

图 3.2　结构风险最小化示意图

尽管 SRM 准则提供了一个更科学的学习机器设计原则，不过要满足这个是不容易的，最大的难点在于如何构造函数子集的结构。

3.1.2　建立有用预测变量的规则

正如文献 [71-74] 所证明的，为了构建有用的统计预测器，应考虑以下四个步骤的规则：

① 建立并选择适当的基准数据集以训练和测试模型。

② 用有效的数学表达式表达统计模型，可以真正反映它们在目标和变量之间的内在联系。

③ 使用或开发功能强大的算法（或引擎）来操纵预测。

④ 正确执行交叉验证测试，并客观地评估预测变量的预期准确性。

在此，将清楚地介绍如何一步一步地处理这些步骤。

（1）数据收集与预处理

为了开发一种预测模型来估计 MI，已选择了一组易于测量的变量，这些变量是从真实丙烯聚合设备中的DCS历史记录中获得的。在我们的研究中测量了30个过程变量。根据反应机理分析和专家经验，将9个过程变量（t，p，l，a，f_1，f_2，f_3，f_4，f_5）作为输入变量，其中t、p、l和a分别表示温度、压力、液位和在氢气气相百分数。f_1～f_3是进入反应器的三种丙烯流的流速，f_4和f_5是催化剂的流速。从实际的PP工厂的DCS历史日志中获取了大量数据，并将其用于训练和测试预测模型。为了避免PP工业过程中出现例如错误的手动操作，过程中的噪声干扰，丙烯管道堵塞，催化剂流量异常等情况，采用主成分分析（PCA）方法对数据进行过滤，以改善数据质量和预测模型的准确性。

在统计预测中，采用以下三种交叉验证方法测试在实际应用中的有效性：独立数据集测试，二次采样测试和折刀测试。不过应指出，折刀测试被认为是三种方法中最不随意的，并且其对于给定的数据集总是可以产生独特的结果[75]。尽管研究人员越来越多地使用折刀检验来测试各种预测变量的质量[76]，但独立的数据集检验已应用于该主题，以节省计算时间。

（2）评估标准

通常使用一组统计指标来评估不同建模方法的性能。模型输出与实际输出之间的差异称为误差，可以用不同的方式对其进行测量。在此，将平均绝对误差（MAE）、平均相对误差（MRE）、最大绝对误差（MXAE）、均方根误差（RMSE）、标准差（STD）以及Theil不等因子（TIC）用作MI的测量值和预测值之间的推导测量标准。

平均绝对误差：

$$\mathrm{MAE}=\frac{1}{n}\sum_{i=1}^{n}|y_i-\hat{y}_i| \tag{3.6}$$

平均相对误差：

$$\mathrm{MRE}=\frac{1}{n}\sum_{i=1}^{n}\frac{|y_i-\hat{y}_i|}{y_i}\times 100\% \tag{3.7}$$

最大绝对误差：

$$\mathrm{MXAE}=\max|y_i-\hat{y}_i| \tag{3.8}$$

均方根误差：

$$\mathrm{RMSE}=\sqrt{\frac{1}{n}\sum_{i=1}^{n}(y_i-\hat{y}_i)^2} \tag{3.9}$$

标准差：

$$\mathrm{STD}=\sqrt{\frac{1}{n-1}\sum_{i=1}^{n}(e_i-\overline{e})^2} \tag{3.10}$$

Theil不等因子：

$$\mathrm{TIC}=\frac{\sqrt{\frac{1}{n}\sum_{i=1}^{n}(y_i-\hat{y}_i)^2}}{\sqrt{\sum_{i=1}^{n}y_i^2}+\sqrt{\sum_{i=1}^{n}\hat{y}_i^2}} \tag{3.11}$$

其中 y_i 和 $\hat{y}_i$ 分别表示测量值和预测值。MAE、MXAE、MRE和RMSE衡量了所提出方法的预测准确性。当它们越小时，预报模型精度越高，反之模型预报精度越差；模型的稳定性是用STD描述，其值越小，说明预报模型越稳定；TIC用于表示模型预报值和真实值之间的符合程度，其值大表示符合程度低，所以希望其小一些。丙烯聚合过程数据驱动研究的目的之一就是找到这些结果的最优值，实现更好的预报模型。

3.2 常用统计学习方法

3.2.1 统计分析

为了解决PP过程的高维和多元问题，艾哈迈德（Ahmed）等人提出了偏最小二乘（PLS）框架，建立变量之间的潜在关系。PLS已被证明是一种用于处理高度相关的过程变量的技术强大的多元回归技术[77]，与主成分分析（PCA）相比，其潜在变量更少。但是，PLS无法捕获非线性特征。Ahmed等人将非线性迭代偏最小二乘（NIPALS）算法应用于复杂的PP过程，可以表示为

$$\boldsymbol{X}=\boldsymbol{t}\boldsymbol{p}^{\mathrm{T}}+\boldsymbol{E} \tag{3.12}$$

$$\boldsymbol{Y}=\boldsymbol{u}\boldsymbol{q}^{\mathrm{T}}+\boldsymbol{F} \tag{3.13}$$

其中 $\boldsymbol{X}$ 和 $\boldsymbol{Y}$ 是输入和输出向量，$\boldsymbol{t}$ 和 $\boldsymbol{u}$ 是得分矩阵，$\boldsymbol{E}$ 和 $\boldsymbol{F}$ 是残留的矩阵，$\boldsymbol{p}$ 和 $\boldsymbol{q}$ 是装载矩阵，目标是将数据集转换为一系列潜在变量 t_j 和 u_j，潜在变量的数量是 a。t_j 和 u_j 之间的回归方程建立为

$$u_j = b_j t_j + e_j \tag{3.14}$$

其中回归系数 b_j 是使误差向量 e_j 最小的位置。t_j 和 u_j 需要满足最大化的相关性和信息的标准 $\boldsymbol{X}$ 和 $\boldsymbol{Y}$。如果 t_j 和 u_j 没有提取足够的信息，则应该从因子数量确定的放气矩阵中提取信息来迭代计算得分和负荷向量。缩小的输入和输出矩阵如下：

$$\boldsymbol{E} = \boldsymbol{X} - t_j p^{\mathrm{T}} \tag{3.15}$$

$$\boldsymbol{F} = \boldsymbol{Y} - b_j t_j q^{\mathrm{T}} \tag{3.16}$$

提取指定数量的因子后，C_{pls} 可以通过以下公式计算：

$$C_{\mathrm{pls}} = \boldsymbol{W}^{*} BQ^{\mathrm{T}} \tag{3.17}$$

其中

$$B = \mathrm{diag}(b_1, b_2, \cdots, b_a), Q = [q_1, q_2, \cdots, q_a] \tag{3.18}$$

其中 W 是加权因子。确定要提取的潜在变量的数量通常是使用预测的残差平方和（PRESS）。

Helland 等人[34]通过递归并同时更新训练数据集提出了递归 PLS 模型。艾哈迈德（Ahmed）等人之所以将其应用于 PP 工艺，是因为工厂的老化和效率下降以及频繁的开关操作容易导致工艺环境漂移。使用递归 PLS 模型，矩阵的大小可以保持恒定，模型可以适应新的操作环境，并且可以保留部分过程历史记录。综上所述，该模型可以达到良好的预测精度。

此外，许多统计分析方法还与其他框架（如 NN 和 SVM）一起嵌入，以实现更好的性能。Shi 提出了软传感器建模、ICA-MSA-RBF（独立分量分析、多尺度分析和径向基函数）和 PCA-MSA-RBF（主分量分析、多尺度分析和径向基函数）。Shi 和 Liu[78,79]、Cheng 和 Liu[80,81] 提出了 ICA 和 ISOMAP（等距特征映射），用于 LSSVM 模型中的特征提取。

独立分量分析（ICA）是一种很通用的投影方法，其将观察到的随机数据最大程度地转换为相互独立的分量，这个过程是线性的。在最近几年中，它已成为执行盲源分离和特征提取的常用方法。Shi 等人使用 ICA 选择相关功能和信息。另外，ICA 减小了输入空间的维数，从而简化了神经网络结构并减少了训练所需的时间。MSA 通过使用小波和相应的缩放函数作为基函数，将一组数据分解为由小波系数确定的分量。MSA 的信号分解在相当大范围的非均匀功能空间中具有相对最佳的特性。因此，MSA 可用于从过程数据中获取更多信息，这将有助于解决 PP 过程的不确定性和复杂性。由于ICA和MSA都可以改善数据特性并简化神经网络结构，因此已证明这三种方法的结合将为聚丙烯熔融指数提供更高的预测精度。

表3.1表明，就RMSE而言，新的RPLS优于正交最小二乘。使用递归PLS模型，矩阵的大小可以保持恒定，模型可以适应新的操作环境，并且可以保留部分过程历史记录。统计分析和其他方法的组合将在以下各节的表中给出。

表3.1 MI预测的统计分析框架的属性和性能

预测变量名称	框架	骨干	强调	MAE	MRE/%	RMSE	TIC
新的RPLS	统计分析	PLS	递归更新PLS模型	—	—	0.0944	—
改进的正交最小二乘(IOLS)	统计分析	PLS	—	1.2427	—	0.3270	—

3.2.2 NNs

由于聚丙烯工艺的高度非线性特性，在MI预测中引入了神经网络（NN）模型和改进的NN，它们在逼近任何连续非线性系统方面均具有出色的性能。

（1）RBF神经网络

径向基函数神经网络（RBF NN）可以近似任何非线性函数并克服了局部极小问题，这使其成为复杂和高度相关的PP过程的MI预测的主要选择。Shi和Liu[78,79]是最早探索RBF神经网络进行熔融指数预测的人。RBF是由输入层、隐藏层和输出层组成的三层结构，属于典型的前馈网络。其中输入层由信号源节点组成，仅用于传递输入向量的信息。隐藏层由隐藏节点组成，这些节点可在空间上转换输入向量。输出层用以响应输入信号，并通过隐藏层输出表示的线性加权组合来计算，由下式给出：

$$y_i(x^p)=\sum_{j=1}^{k}w_{ij}\varphi_j(\| x^p-c^j \|),i=1,2,\cdots,s \tag{3.19}$$

其中，$\|\cdot\|$表示欧几里得距离，k表示隐藏层节点的数量，$\varphi_j(\cdot)$表示隐藏层输出，w_{ij}表示输出权重，x^p表示输入信息，y_i表示第i层的输出，s表示输出节点的数量。隐藏层使用高斯函数作为内核函数，即

$$\varphi_j(\|x^p-c^j\|)=\exp\left(-\frac{\|x^p-c^j\|^2}{2\sigma_j}\right),j=1,2,\cdots,k \tag{3.20}$$

其中 c^j 表示隐藏层中第 j 个节点的中心，σ_j 表示隐藏层中第 j 个节点的宽度。c^j 和 σ_j 控制节点周围的感受野。

应用 RBF 神经网络来拟合 MI 与丙烯聚合中一组易于获取的过程变量之间的关系。但是，使用 RBF NN 开发 MI 预测模型并不完美，在训练过程中容易出现过拟合，并使模型缺乏泛化能力。张等人提出了一个引导聚合神经网络模型，以解决单个 RBF 神经网络的一些缺点。作为一种改进的解决方案和一种更可靠的方法，聚合网络可减少由单个网络引起的不稳定性，并且该方法是许多工程问题的有力解决方案。仍然有许多学者，如 Li 等人[23] 和 Xia 等人[82] 致力于这项研究，并在聚合 NN 模型的基础上做了进一步的改进。

（2）模糊神经网络

Zadeh[83,84] 首先引入模糊逻辑系统，然后 Mamdani 和 Assilian[85] 应用模糊逻辑系统，它们已经成为用于非线性过程建模的功能日益强大的工具。模糊系统在描述非线性系统时具有出色的功能，因为它们可以处理来自实际系统的非线性和歧义的不确定性。Takagi-Sugeno（TS）模糊模型[86] 是最杰出的模型之一，并且已在许多领域进行了广泛的研究和应用。TS 模型通过将输入空间分解成几个子空间来描述复杂的非线性系统，每个子空间由一个简单的线性回归模型系统表示。TS 模糊模型是由规则组成的模型。规则表示如下：

$$R^{(j)}:\text{IF } x_1 \text{ is } A_1^j, x_2 \text{ is } A_2^j,\cdots,x_n \text{ is } A_n^j \tag{3.21}$$

$$\text{Then } y_j=w_j\boldsymbol{x}+b_j, j=1,2,\cdots,M \tag{3.22}$$

其中，$j=1,2,3,\cdots,M$ 表示模糊规则的数量。$\boldsymbol{x}=[x_1,x_2,\cdots,x_n]^{\mathrm{T}}$ 是输入向量。n 是 $\boldsymbol{x}$ 的维度。$\boldsymbol{w}=[w_{i1},w_{i2},\cdots,w_{in}]$ 是随后的参数。y_j 是第 j 个模糊规则的输出。

模糊模型的输出可以表示为

$$y=\frac{\sum_{j=1}^{m}u_j y_j}{\sum_{j=1}^{m}u_j} \tag{3.23}$$

第 j 条规则的权重 u 可以通过以下方式计算

$$u_i(x)=\prod_{i=1}^{n}h_i(x) \tag{3.24}$$

$h_i(x)$ 被视为高斯函数，如下所示：

$$h_i(x)=\exp\left(-\frac{(x_j-c_{ij})^2}{\sigma_{ij}^2}\right) \tag{3.25}$$

其中 c_{ij} 和 σ_{ij} 表示模糊集的中心和宽度。

TS 模型是由 Wang 等人[87]引入 MI 的预测中，由于可以同时优化规则结构、输入结构和参数，从而允许自动选择规则和输入。

模糊神经网络（FNN）[88-91]，探索将模糊系统与神经网络相结合，同时考虑到两个模型的互补性，具有更强大的功能。然而，模糊规则的数量是实际应用中的主要困难，它决定了预测精度并影响了计算时间。Zhang 和 Liu[35]提出了基于 SVR 的 Takagi-Sugeno（TS）型 A-FNN（A-FNN-SVR）的模型，该模型具有自动修改模糊规则总数并使用支持向量回归的能力。调整现有模糊规则中后续零件的自由参数的方法。结果表明，在 MI 预测的工业问题上，FNN 优于标准 NN 模型。

考虑到 PP 工艺的动态特性，Xu 和 Liu[92]提出了动态模糊网络（D-FNN），这是 Wu 和 Er[93]首次提出的。D-FNN 具有许多优点：①使用分层的在线自组织学习；②根据神经元对系统性能的重要性动态添加或删除神经元；③加快学习速度。

由于小波变换可以揭示局部区域的函数特性，因此通过结合小波和神经网络开发了小波神经网络（WNN）[94,95]。由于小波的时频定位，WNN 可以快速收敛，提高精度并减小网络规模。考虑到神经网络具有自学习能力，模糊逻辑可以处理不确定系统，小波变换在分析局部细节方面具有优势。结合以上优点，一种模糊小波神经网络（FWNN）[96-98]被提出。模糊小波神经网络（FWNN）是由输入层、模糊层、规则层、小波结果层和输出层组成的五层网络结构。FWNN 可以开发具有快速学习能力的系统，用以描述具有不确定性的非线性系统。注意到这些明显的优势，Zhang 等人[99]将 FWNN 引入 PP 过程的 MI 预测中。FWNN 综合考虑了非线性和不确定性，具有更可靠的预测结果。

（3）极限学习机

传统正向神经网络的学习速度比预期的要慢得多，这已成为数十年来实际应用中的瓶颈。原因可能有两个：

- 广泛用于训练神经网络的学习算法梯度下降较慢。
- 在迭代学习过程中，会不断调整网络的所有参数。

黄[100]是最早提出极限学习机（ELM）的思想来解决上述问题的人之一。在ELM中，会随机选择输入层和隐藏层之间的权重，然后隐藏层和输出层之间的权重是通过求解线性矩阵方程获得的。与传统的神经网络相比，ELM具有显著的优势，例如学习速度快，易于实施和最少的人工干预[101,102]。由于其显著的泛化性能和实现效率，ELM模型已被广泛用于解决不同领域中的预测问题[103]。因此，张等人[104]将ELM应用于MI的预测中，并开发了一种改进的重力搜索算法（MGSA）以搜索权重和隐藏偏差的最佳值。

（4）优化方法

通过设计网络结构能控制神经网络的自适应能力以更好地预测MI的关键变量组，例如权重、中心和偏差。一组通用的结构参数不能确保神经网络在高度复杂和非线性丙烯聚合过程中的最佳性能。因此，有必要优化神经网络的结构参数，许多研究者提出了许多随机算法来提高神经网络在熔融指数预测中的性能。

例如，传统的蚁群优化（ACO）无法求解连续变量，并且会导致预测准确性降低。为了解决传统ACO的弊端，Li等人[23]提出了一种自适应的新的ACO算法，该算法设计用于连续优化问题以获得NN模型的最优参数。从图3.3中可以看出，ACO-D-FNN模型预测结果比D-FNN模型更准确。通过自适应性ACO算法获得的AACO-D-FNN模型具有最高的预测精度，可以很好地跟踪熔融指数的实际值。传统的重力搜索算法（GSA）具有较强的全局搜索能力，但其局部搜索能力却很弱。张等人[99]提出了一种改进的引力搜索算法（IGSA），通过引入全局存储和群通信来解决GSA的缺点。此外，传统的粒子群优化（PSO）容易收敛到某些局部最优，而在模拟退火（SA）中，结果很大程度上取决于初始解。Li等人[105]提出了MPSO-SA混合算法，该算法将PSO与SA相结合以克服它们的缺陷，并获得了理想的性能。与传统的优化方法相比，上述所有方法在基于NN建模的MI预测中都具有更高的准确性。

在NNs的框架中，RBF NN是使用最广泛的主干网。从表3.2可以看出，即使是相同的主干，使用不同的优化算法，结果也有很大的不同。在ICO-VSA-RBF模型中，NN的最低RMSE为0.0086[106]。因为它将统计分析和优化方法完美地结合在一起。这也反映了PP过程中统计分析的重要性。

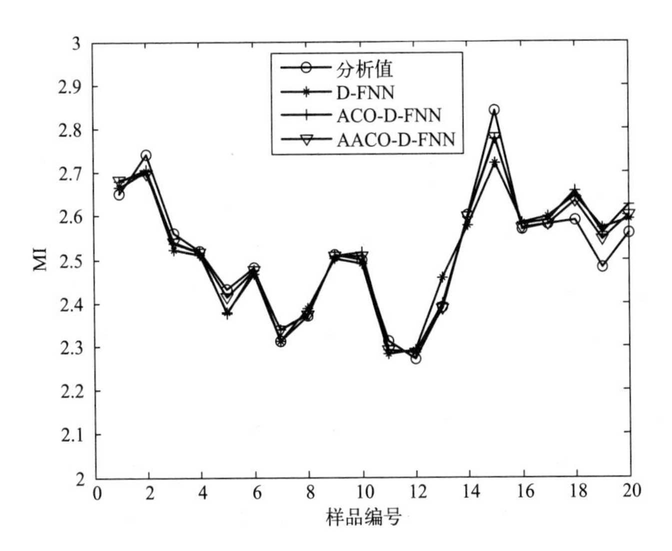

图 3.3 测试数据集上不同改进模型的预测结果的比较

表 3.2 神经网络预测 MI 框架的性质与性能

预测方法	类型	框架	亮点	MAE	MRE/%	RMSE	TIC
PCA-GA-RBF[107]	NNs	RBF NN	PCA+GA	0.0220	0.84	—	—
Adaptive RBF	NNs	RBF NN	—	0.10	—	0.62	—
ICA-MSA-RBF[78]	NNs	RBF NN	ICA+MSA	0.0848	3.50	0.1034	0.0211
MPSO-SA-RBF[108]	NNs	RBF NN	MPSO+SA	0.0218	0.83	0.0287	0.0055
RBF-chaos[31]	NNs	RBF NN	嵌入混沌理论	—	2.87	0.0188	0.0104
A-N-ACO-RBF[105]	NNs	RBF NN	新型自适应 ACO	0.0118	0.45	0.0158	0.003
ICO-VSA-RBF[106]	NNs	RBF NN	ICO+VSA	0.0078	0.30	0.0086	0.0016
Adaptively Aggregated RBF[23]	NNs	聚合 NN	新型 ACO	0.0103	0.39	0.0121	0.0023
IGSA-FWNN[99]	NNs	FWNN	Improved GSA	0.0307	1.20	0.0403	0.0078
FF-D-FNN[92]	NNs	D-FNN	内嵌模糊功能	0.0210	0.83	0.0289	0.0058
IFOA-WNN[109]	NNs	WNN	小波神经网络	0.0159	0.63	0.0197	0.0009
A-FNN-SVR[35]	SVMs, NNs	SVR, FNN	完美结合两个框架	0.0129	0.51	0.0171	0.0034
MGSA-ELM[104]	NNs	ELM	ELM+MGSA	0.018	0.72	0.0250	0.0049

3.2.3 支持向量机

为了避免过度拟合和NN模型泛化不佳的问题，Han等人[27]使用三种方法，即支持向量机（SVM）、偏最小二乘（PLS）和人工神经网络（ANN），对SAN和PP过程中的MI进行估计。实验结果表现出SVM在三种方法中的预测精度最高，这是因为SVM在解决小样本和非线性方面显示出独特的优势。注意到SVM的优势，Shi和Liu[26]对SVM的三种模型，最小二乘支持向量机（LSSVM）和加权最小二乘支持向量机（WLSSVM）进行了进一步研究，发现WLSSVM在其中具有最佳的性能。Jiang等人[110]、Zhang和Liu[111]、Cheng和Liu[80,81]、Wang和Liu[29]进行了LSSVM预测熔融指数的研究。基于支持向量机框架的数据驱动建模方法主要包括四个模块：特征提取，非线性建模，参数优化和动态调整。首先，特征提取方法将选择与MI对应的重要变量，这些变量通过统计方法（例如PCA，ICA，ISOMAP等）实现。非线性建模和参数优化将在以下小节中详细介绍。随后，Liu[22,81,111]提出了模型的动态调整方法，即在线校正策略（OCS）。

为了使模型适应PP过程的复杂多变的环境并获得可靠的预测，引入了OCS的思想。OCS将新的“不良”样本添加到训练数据集中，这些样本来自训练期间具有预测性错误的数据。然后重新训练非线性模型以获得更好的预测参数。OCS的流程图如图3.4所示。

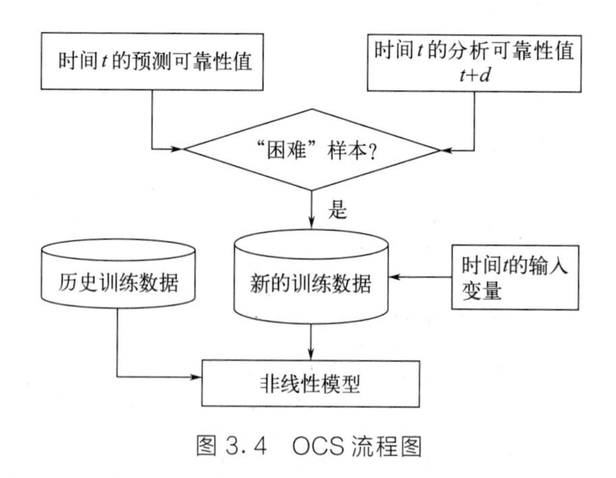

图3.4 OCS流程图

（1）LSSVM

Suykens[112] 提出的 LSSVM 将原始方法的不等式约束转化为等式约束，这极大地简化了求解过程。SVM 是一个 QP 问题，而 LSSVM 是一个求解线性方程组的问题，它减少了计算时间并加快了收敛速度。该方程可以表示为：

$$y=f(x)=\boldsymbol{w}^{\mathrm{T}}\varphi(x)+b \tag{3.26}$$

其中 x_i、y_i 代表具有数据特征的输入变量，输出数据则分别为：b 代表偏差，$\boldsymbol{w}$ 代表权重系数向量。非线性映射函数 $\varphi(x)$ 具有将非线性映射到高维线性空间中的能力。优化问题变成：

$$\min_{w,b,\xi} R(\boldsymbol{w},\xi)=\frac{1}{2}\boldsymbol{w}^{\mathrm{T}}\boldsymbol{w}+\frac{1}{2}\gamma\sum_{i=1}^{M}\xi_i^2 \tag{3.27}$$

受到如下等式约束：

$$y_i=\boldsymbol{w}^{\mathrm{T}}\varphi(x_i)+b+\xi_i, i=1,\cdots,M \tag{3.28}$$

其中$\frac{1}{2}\boldsymbol{w}^{\mathrm{T}}\boldsymbol{w}$ 可以平滑函数的测量值，ξ 代表松弛变量，代表与实值的偏离距离；γ 代表正则化常数，可在搜索最佳超平面之间实现平衡，并最小化偏差。

具有无约束问题的拉格朗日（Lagrange）函数可以表述为：

$$L(\boldsymbol{w},b,\xi,a)=R(\boldsymbol{w},\xi)-\sum_{i=1}^{M}\alpha_i(\boldsymbol{w}^{\mathrm{T}}\varphi(x_i)+b+\xi_i-y_i) \tag{3.29}$$

其中 α_i 是拉格朗日乘数。KKT 条件是获得凸二次规划最优解的充要条件。推导用到 KKT 条件：

$$\begin{cases}\dfrac{\partial L}{\partial w}=0\rightarrow \boldsymbol{w}=\displaystyle\sum_{i=1}^{M}\alpha_i\varphi(x_i)\\ \dfrac{\partial L}{\partial b}=0\rightarrow \displaystyle\sum_{i=1}^{M}\alpha_i=0\\ \dfrac{\partial L}{\partial \xi_i}=0\rightarrow \alpha_i=\gamma\xi_i \quad i=1,\cdots,M\\ \dfrac{\partial L}{\partial \alpha_i}=0\rightarrow \boldsymbol{w}^{\mathrm{T}}\varphi(x_i)+b+\xi_i-y_i=0 \quad i=1,\cdots,M\end{cases} \tag{3.30}$$

根据以上方程，可以列出求解 α 和 b 的线性方程组：

$$\begin{bmatrix}0 & 1_v^{\mathrm{T}}\\ 1_v & K+\gamma^{-1}\boldsymbol{I}\end{bmatrix}\begin{bmatrix}b\\ \boldsymbol{\alpha}\end{bmatrix}=\begin{bmatrix}0\\ y\end{bmatrix} \tag{3.31}$$

其中 $\boldsymbol{y}=[y_1,\cdots,y_M]^{\mathrm{T}}$，$1_v=[1,\cdots,1]^{\mathrm{T}}$，$\boldsymbol{\alpha}=[\alpha_1,\cdots,\alpha_M]^{\mathrm{T}}$，同时 $\boldsymbol{I}$ 是单位矩阵。

最后，对 LSSVM 模型的功能估计具有以下形式：

$$f(x)=\sum_{i=1}^{M}\alpha_i K(x,x_i)+b \tag{3.32}$$

其中，α、b 是方程式(3.31) 的解。根据 Mercer 条件[113]，K 表示核函数，可以被表示为：

$$K(x,x_i)=\varphi(x_i)^{\mathrm{T}}\varphi(x) \tag{3.33}$$

RBF 核是回归问题中被广泛使用的核，并且是一个正定核，可以表示为：

$$K(x,x_i)=e^{-\frac{\|x-y\|^2}{2\sigma^2}} \tag{3.34}$$

（2）WLSSVM

Suykens[114]通过使用系数 v_i 加权误差变量 $\xi_i=\alpha_i/\gamma$ 来进一步完善 WLSSVM 模型，以使系统具有更强的鲁棒性。基于 LSSVM 模型，优化问题变为：

$$\min_{w^*,b^*,\xi^*} R(\boldsymbol{w}^*,\xi^*)=\frac{1}{2}\boldsymbol{w}^{*\mathrm{T}}\boldsymbol{w}^*+\frac{1}{2}\gamma\sum_{i=1}^{M}v_i\xi_i^{*2} \tag{3.35}$$

Zhang 和 Liu[35]将 WLSSVM 引入了熔融指数预测中，因为它可以提高系统的鲁棒性，并且比 LSSVM 具有更好的性能。

（3）RVM

尽管实现了很高的预测精度，但 SVM 具有明显的缺点：

① 必须满足 Mercer 条件导致核函数 $K(x,x_i)$ 的选择受限制。

② 基本函数的数量随训练数据集的大小线性增加，并且模型的稀疏性有限。

③ 通常需要通过交叉验证来获得核函数的参数和正则化系数，这会增加模型训练时间。

④ 预测结果不具有统计意义，并且无法直接估计预测的不确定性。

注意到这些缺点，Sun[68]和 Jiang[23]将相关向量机（RVM）引入了 PP 过程的 MI 预测中。RVM 是一种基于贝叶斯推理框架的稀疏监督学习方法[115]。与支持向量机相比，RVM 无需严格满足 Mercer 条件，并且省略了诸如惩罚因子之类的预定参数。此外，由于先前对相关矢量的密度估计，RVM 中的相关矢量比 SVM 中的支持矢量稀疏，这降低了模型的复杂性。对于实际值曲线的变化，RVM模型的跟踪效果要比SVM模型好。

表3.3显示了支持向量机的MI预测框架的性质和性能。从表3.3可以看出，RVM骨干在预测MI方面具有优越的性能。原因是与SVM中的“支持”向量相比，RVM中的“相关”向量更加稀疏，并且RVM不受Mercer条件的严格限制。同时，由于LSSVM具有快速收敛和拟合能力，因此在研究人员中非常受欢迎。

表3.3 支持向量机预测框架的性质和性能

预测器名称	类别	框架	优化方法	MAE	MRE/%	RMSE	TIC
SVM[68]	SVMs	SVM	—	0.1105	4.80	0.0274	0.0307
AC-ICPSO-LSSVM[108]	SVMs	LSSVM	ACO+PSO	0.0518	1.970	0.0938	0.0188
OCS-PSO-ICA-LSSVM[116]	SVMs	LSSVM	OCS+ICA+PSO	0.0551	2.40	0.0894	0.0184
Sys-LSSVM[79]	SVMs	LSSVM	OCS+ISOMAP+PSO	0.0350	1.36	0.0421	0.0083
AM-FOA-LSSVM[109]	SVMs	LSSVM	Adaptive mutation FOA	0.0238	0.98	0.0273	0.0014
LSSVM[68]	SVMs	LSSVM	—	0.0842	3.66	0.0214	0.0240
HACDE-OCS-LSSVM[106]	SVMs	LSSVM	OCS+ACO+DE	0.0164	0.65	0.0211	0.0042
PSO-Chaos-LSSVM[117]	SVMs	LSSVM	Incorporating chaotic theory	0.0041	0.15	0.0054	0.0010
WLSSVM[30]	SVMs	WLSSVM	—	0.0754	3.27	0.0198	0.0223
PSO-FF-WLS-SVM[112]	SVMs	WLSSVM	PSO+fuzzy function	0.0144	0.61	0.0176	0.0036
Multi-scale model[118]	SVMs	RVM	EMD and chaos theory	0.0461	1.78	0.0554	0.0111
OCS-PFO-RVM[119]	SVMs	RVM	OCS+PFO	0.0154	0.6	0.0181	0.0036
PSO-Chaos-LSSVM[117]	SVMs	RVM	Incorporating chaotic theory	0.0041	0.15	0.0054	0.0010
OCS-MPSO-RVM[113]	SVMs	RVM	OCS+MPSO	0.0042	0.15	0.0040	0.00077

3.2.4 混沌

上述用于熔融指数预测的传统数学建模方法没有考虑丙烯聚合体系本身的特征。先前的研究表明，PP是一个随机过程，而与过程数据本身的混乱性质无关。可以将混沌系统定义为既具有对初始值的敏感性又具有不稳定的周期性的运动系统。Wang[120]是最早对PP过程的混沌进行分析的人之一。通过时延嵌入技术和G-P算法，可以计算出相关维数和最大李雅普诺夫指数。

在G-P算法中，相关积分定义为：

$$C(r)=\frac{2}{N_{\mathrm{m}}(N_{\mathrm{m}}-1)}\sum_{1\leqslant i\leqslant j\leqslant N_{\mathrm{m}}}H(r-|X_i-X_j|) \tag{3.36}$$

其中 r 代表了选取的半径的大小，$H(x)$ 代表 Heaviside 方程。

如果系统是混沌的，相关性积分可被定义为：

$$C(r)\propto r^{D_2(m)} \tag{3.37}$$

通过以上方法，可以计算出相关性维数 D_2。表3.4列出了对熔体指数的时间序列进行的一系列混沌识别分析。通过R/S分析，Hurst指数被计算为0.9391，这表明MI序列具有非线性。在确定延迟时间2和嵌入维数5的基础上，计算得到相关性维数 D_2 为3.64，最大Lyapunov指数为0.1560，而Kolmogorov熵估计为1.61。根据以上分析，最终确定熔融指数序列是具有混沌序列特征的混沌序列。

表3.4 熔融指数时间序列的混沌特征识别分析

Hurst 指数	延迟时间	嵌入维数	相关性维数	Kolmogorov 熵	最大 Lyapunov 指数
0.9391	2	5	3.64	1.61	0.1560

在通过混沌相空间重构MI之后，采用前三个相位变量来获得三维轨迹图，如图3.5所示。从图中可以看出，MI时间序列是混沌的，其轨迹不仅没有规则的螺旋上升，而且具有复杂的振荡和不规则的行为，显得杂乱无章。

对从希尔伯特-黄变换（HHT）和经验模态分解（EMD）获得的三个固有模式函数（IMF）进行进一步分析表明，PP过程数据分为两个混沌类别，即确定信号和随机信号。基于以上知识，越来越多的研究人员利用

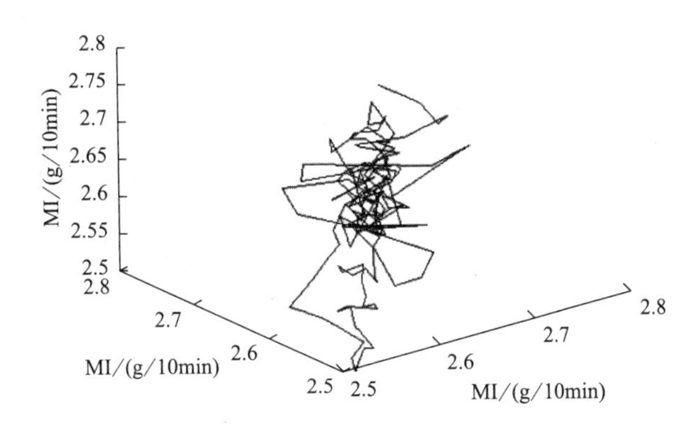

图 3.5　MI 时间序列重建后的三维相空间

混沌理论来构建模型。Zhang 等[121]将混沌嵌入到 RBF 神经网络中，并且比传统的 NNs 建模具有更好的性能。Zhang 等[31]将混沌理论应用于 LSSVM 模型，在上述所有方法中，MI 获得了最佳的 MI 预测结果。此外，文献［118］还基于混沌理论构造了一个多尺度预测模型。

3.2.5　半监督

Sun 等[68]首次将半监督学习引入 PP 工业过程预测中，并提出了一种基于半监督学习的贝叶斯回归方法，通过充分利用未标记的采样数据来提高预测精度。开发的模型包括用于预测变量的贝叶斯推断和邻域核密度估计，以搜索未标记样本和标记数据之间的关系。他们使用概率框架和迭代最大似然技术进行参数估计，并引入了稀疏约束来避免过度拟合。优异的性能还显示了在 PP 过程中半监督学习在 MI 预测中的可行性。

本章小结

本章对熔融指数在线预测方法进行了全面总结，它们每个都有自己的优势和缺点。通过详细的机理分析，对聚丙烯生产过程的机理建模被认为是最准确的方法。但是，对高度复杂和非线性的聚丙烯生产过程进行准确的机理分析是不切实际的，并且由于原始的机理模型不适用于其他生产过程，因此机理模型的可移植性受到限制。幸运的是，数据始终可以在不同的生产过程中使用，并且遵循一定的固有规律。由于统计科学的不断发展，对这些规则进行建模的方法层出不穷，并且在熔融指数预测任务中表现出色。与机理建模相比，数据驱动的方法更易于迁移到其他生产过程，可通过基于目标过程的数据对模型进行重新训练或微调。此外，还有其他各种技术应运而生，以使统计模型更准确、更鲁棒，例如使用优化算法搜索最优参数，引入混沌理论以向模型中添加混沌特征信息，提出在线校正策略以使统计能适应复杂多变的真实场景。但是，数据驱动的建模对数据源质量特别是离群值敏感。混合模型不仅继承了机理模型的优点，使模型结构中的参数具有一定的物理意义，而且更准确地利用了数据模型。两种建模方法的结合有利于对模型的解释和分析，有效地提高了模型的泛化能力。只有对生产过程的机理进行透彻的分析，对数据定律进行深入的挖掘，熟练地使用机理和统计模型，才能建立最适用的模型。

思考题

1. 机理建模方法有哪些优势和缺点？

2. 数据驱动的方法相对于机理建模方法有哪些优势？为什么数据驱动的方法更易于迁移到其他生产过程？

3. 混合模型相对于机理模型和数据驱动模型有哪些优势？为什么混合模型能提高模型的泛化能力？

4. 在建立最适用的模型时，需要哪些关键要素的综合运用？

第4章 神经网络

人工神经网络（Artificial Neural Network）是一种非线性信息处理系统，早期其提出是为了模仿人脑的结构与功能，主要是用数学方法对人脑若干基本特性进行抽象和模拟。人工神经网络作为一门新兴学科，如今已经被应用于自然科学和社会科学各个领域，也获得了非常可观的收益。人工神经网络的基本组成为神经元，它有三个基本要素：一组连接；一个求和单元；一个非线性激活函数。每一个神经元可接受多个输入，产生一个输出，是一个信息处理单元。人工神经网络的基本结构是由若干神经元按一定方式相互连接形成的网状数学拓扑，作为生物神经网络的一种数学抽象，它模拟了真实神经结构中一些信息处理过程。

神经网络是工程领域常用的人工智能建模方法[122]，在聚丙烯气相反应工艺中的物化性质产物预报问题中也有应用[122]。神经网络具有很强的拟合非线性过程的能力，但是由于模型参数众多，模型训练过程对样本数目有限制。近年来，随着高速计算与大容量存储技术的发展，计算机的算力得到了巨大的提升，以深度学习为代表的神经网络技术焕发新的生机。本章将详细介绍使用神经网络对丙烯聚合过程进行熔融指数预报的相关研究。

4.1
人工神经网络介绍

随着人们对于使用数字计算机模拟人类大脑计算过程的兴趣的提升，人工神经网络的研究逐渐兴起。我们可以将人脑视为一个非线性并行运行且高度复杂的计算机器，其甚至能够以超过现有最快的计算机的速度进行某些特定类型的计算。人工神经网络（ANN）的研究在一定程度上受到了生物学的启发，为逼近实数值、离散值或向量值的目标函数提供了一种健壮性很强的方法[123,124]。

应该指出，尽管科学家对于模仿人类神经计算过程和结构已经研究了相当长的一段时间，但作为宇宙中已知最复杂、最完善和最有效的智能信息处理系统，目前仍未有任何机器能够与人脑相比较。目前对于人脑的探秘还在继续，不过已经从初级的人类智能模型研究中取得很大的成果。

如图 4.1 所示，神经元由细胞体及其发出的许多突起构成。信息的传递是通过突起完成的，其中有若干树突用以引入输入信号，而只有一个被称为“轴突”的突起作为输出信号。树突由细胞体发出，并逐渐变细，是细胞体的延伸部分。突触是由轴突的一部分与其他神经元的轴突末梢相互连接形成的。突触只作为信息传递的结合部，其两神经元并没有联通，其间隙约为 15～50nm。每个神经元的突触数目不等，最多可达 10^5 个。各神经元之间的连接强度和极性有所不同，可以根据情况进行调整，基于这一特点，人脑具有存储信息的功能。

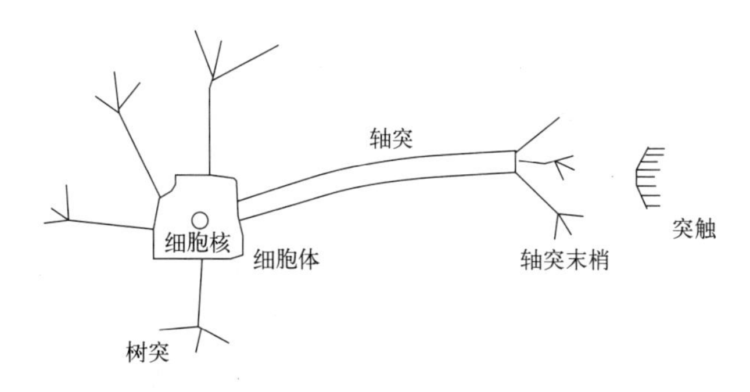

图 4.1　人脑神经元的结构

要对这种神经元进行深入的研究，首先必须对它建立一个数学模型。

4.1.1　人工神经网络的发展

人工神经网络从被提出以来，经历了一段时间的发展和完善，当然这中间也有相当多的曲折，作为最早被广泛应用的机器学习算法和人工智能算法，人工神经网络也代表了人工智能领域在发展中经历的过程。具体来说，ANN 的发展历程可以归纳为以下几个阶段[125]：

（1）启蒙期

心理学家 W. S. McCulloch 和数学家 W. Pitts 在 1943 年实现了第一个神经元数学模型，如图 4.2 所示。这个数学模型一直沿用至今。

McCulloch-Pitts 模型的数学模型表达式为：

$$y_i = f\left(\sum_{j=1}^{m} w_{ji} x_j - \theta_i\right) \tag{4.1}$$

式中 y_i 是人工神经网络系统的输出，表示 x_j 系统的第 j 个输入，是 θ_i 第 i 个神经元的阈值，$f(\cdot)$ 是人工神经网络的激活传递函数，w 是

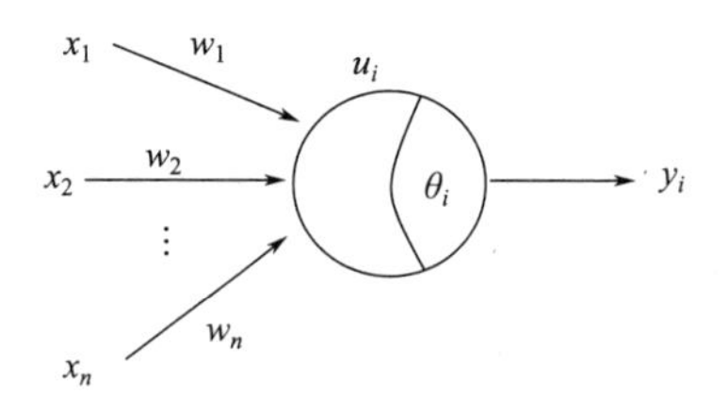

图 4.2 最初的神经元数学模型

神经元之间的连接权值。

M-P 神经元模型首次使用简单的数学模型来模拟生物系统中神经元的活动和功能，这样神经元之间的相互连接关系就被数学关系式表达出来了。

神经网络中一项非常著名的工作是感知器（perception）的提出，由美国计算机学家 F. Rosenblatt 于 1957 年提出。感知器与 M-P 模型非常相似，但是连接权值是可以在网络的训练过程中动态变化的，因此赋予了网络学习的能力。给定输入，连接权值通过搜索方式被改变，经过训练后可以使网络完成对于给定的输入向量进行识别和分类的目的。1962 年，Widrow 和 Hoff 提出了自适应线性人工神经网络，被称为 Adaline 网络，并提出了网络学习新知识的方法，即学习算法。

1969 年，美国麻省理工学院人工智能专家 M. Minsky 与 S. Papert 在其合著的《感知器》一书中指出：单层感知器智能地执行当前分类，无法解决异或问题或非线性问题。由于当时神经网络技术的这个问题，此结论让很多神经网络研究人员对未来感到迷茫，使得人工神经网络在接下来十年左右的时间里陷入停滞。

（2）低潮期（1969—1982）

受当时人工神经网络理论研究水平的限制，加之受到冯·诺依曼式计算机发展的冲击等因素的影响，人工神经网络的研究暂时陷入了低谷。但在这期间，由于美国、日本等国科学家的坚持，关于人工神经网络仍有一些可圈可点的研究。例如，1972 年 Kohonen 提出了自组织映射的 SOM 神经网络模型。

（3）复兴期（1982—1986）

20 世纪 80 年代，人工神经网络理论及应用研究重新引起人们的重视，其原因大体来自两个方面：首先是人工智能传统的符号处理方法，在模拟人类智能行为，尤其是感知和动作行为中遇到很大的困难，人们希望从神经网络中找到一种解决困难的办法；其次，正好那时神经网络取得了某些进展，提出了一种有效的算法和新的应用，如多层网络误差反向传播（BP）算法的提出，Hopfield 把神经网络用于求解巡回售货员的路径优化问题等，人们重新看到了发展神经网络技术的希望。于是许多领域，尤其是正陷入困境的人工智能等领域的研究人员，都纷纷投入到这个新的研究方向，期待神经网络能给他们带来新的希望，以帮助他们解决所面临的用传统方法难以解决，甚至不能解决的问题。

整个 20 世纪 80 年代是神经网络的高产期。1982 年，物理学家 Hoppield 提出了 Hoppield 人工神经网络模型，该模型通过引入能量函数来实现问题的最优解，这是神经网络的一项突破。1986 年，Rumelhart 和 McCelland 提出了一种著名的多层人工神经网络模型——BP 网络，这也是迄今为止应用最普遍的人工神经网络。

（4）新连接机制时期（1986 年至今）

人工神经网络逐渐从理论转为应用，出现了人工神经网络芯片和神经计算机。神经网络已逐渐成功应用于模式识别与图像处理、预测与管理、控制与优化、通信等领域。

4.1.2 人工神经网络的基本功能

到目前为止，常用到的神经网络的功能主要有以下几种。

（1）联想记忆

所谓联想记忆是指：设给定 m 个样本 $x^i, i=1,\cdots,m$。当输入为 x^i 时，要求输出为 y^i（y^i 可以等于 x^i，这就是记忆的功能）。当输入为 $x+\Delta$ 时，其中 Δ 是噪声，希望其输出仍为 y^i，这就是联想的功能，即当输入与 x^i 有一些误差时，网络仍然能够“认得”是 y^i，故称之为联想。网络既能记忆又能联想，故称之为具有联想记忆能力。

联想有两种类型，一种是由 x^i 联想到 x^j，另一种是由 x^i 联想到 y^i。前者称为自联想，后者称为异联想。如幼儿园小朋友的认字卡片就是自联想，而看图识字就是异联想。

（2）分类和聚类

设有一样本集 K，它分成 m 个互不相交的类：$R_1, R_2, \cdots, R_m$。若约

定当 x^i 属于 R_i 时令其输出 y 的第 i 个分量是1，其余分量为0，用式子表示为：

$$y_i(x)=\begin{cases}1, x\in R_i \\ 0, \text{其他}\end{cases} \tag{4.2}$$

若给定的网络能够完成上述的功能，则称对应的网络具有分类的能力。

聚类：设给定一样本集 K，再给定一分类的要求，希望网络能够将样本集中的样本按要求自动分成若干类。具有这种能力的网络就称为具有聚类能力。

分类和聚类略有不同，分类指每个样本对应于哪一类，预先是知道的；而聚类是指每个样本对应于哪个类预先是不知道的（它是由分类的要求所决定的）。

（3）优化计算

优化计算指能够在某种约束条件下达到最优解的计算。优化约束通常存储在神经网络权重因子和阈值中，网络行为由动态方程描述。接下来，取一初始值，当系统状态稳定时，网络方程的解（输出）就是我们寻求的优化问题的解。如“巡回售货员路径问题”的求解就是一个优化计算问题。

4.1.3 人工神经网络的优缺点

（1）人工神经网络的优点

人工神经网络作为当前机器学习算法中应用最普遍的方法之一，自从刚开始被提出就有着相对于其他学习算法无法比拟的优势。人工神经网络通过其基本组成单元即神经元，以及相互连接的神经元的拓扑结构，构成一个强大的学习网络结构。同时，人工神经网络通过各种内部学习规则，如Hebb学习规则和 δ 学习法则等进行自主学习。随着训练次数的增加，其能力也会进一步加强，从而满足机器学习的功能需要。

总体来说，人工神经网络有以下几个方面的优势：

① 人工神经网络能逼近任意非线性函数，具有理论上的强大支持；

② 信息可以在人工神经网络里进行分布式处理和存储，具有强大的记忆功能；

③ 人工神经网络可以多输入、多输出，满足了工业现场的实际情况；

④ 人工神经网络便于用超大规模集成电路（VISI）或光学集成电路系统，或者现有的计算机系统予以实现，有很好的发展前景；

⑤ 人工神经网络通过其网络结构和内部的网络学习算法进行自主学习，为适应环境而改善性能。

（2）人工神经网络的缺点

虽然人工神经网络在过去的几十年里取得了长足的进展，但是其依然有些内部问题没有解释清楚，也造成了如今神经网络在工业现场的应用过程中遇到了一些瓶颈。下面以最典型的 BP 人工神经网络为例，其主要表现在以下各方面的问题：

① 人工神经网络隐层神经元的个数具有不确定性；

② 人工设定神经网络参数造成对最后结构的影响；

③ 过拟合性和误差之间的平衡性问题；

④ 对噪声过于敏感。

4.2 PCA-RBF 神经网络模型的建立

4.2.1 RBF 神经网络方法

径向基函数（radial basis function，RBF）神经网络是基于函数逼近理论的直接网络。学习这种类型的网络就像在多维空间中寻找训练数据的最优拟合平面。径向基函数网络中各隐层神经元的传递函数构成了调整平面的基函数，这便是网络名称的由来。径向基函数网络属于局部逼近网络，换句话说，在输入空间的某些局部区域，只使用很少的神经元来确定网络的输出。

RBF 神经网络是一个单隐层三层前向网络，可以以任意精度逼近任意连续函数，具有自适应结构的特点，其输出值不依赖于初始权重。作为一种先进的网络，RBF 网络受到了相当多的关注，并凭借其独特的网络映射能力，在识别、建模和设计等工程应用中取得了优异的表现。RBF 神经网络在逼近、分类和训练速度方面是高效的，被应用于生产生活的各个方面[126]。Haiping Du、Nong Zhang 等人将 RBF 神经网络应用于时序分析预测[127]。Dhahri 和 Alimi[128]提出了混沌系统中运用改进进化算法产生的 RBF 神经网络控制器（MDE-RBF）。Suresh 针对真实的分类问题提出了一种基于 RBF 神经网络的连续多种类分类模型（SMC-RBF）[129]。在国内，RBF 神经网络方法也被广泛应用到工农业生产、生活当中：文献［130］将 RBF 神经网络应用到某钢厂铁水脱硫预报模型中；文献［131］中，将 RBF 神经网络应用于对旱涝灾害因素和黄河流域需水进行预测。文献［132］中，提出了一种基于苹果气味的苹果无损检测方法，并开发了一种适用于苹果气味检测的电子鼻系统。

在化工生产中，大多数生产过程表现出非线性、大时滞、结构复杂的特点，生产变量之间存在不同程度的耦合和相关。由于 RBF 神经网络对非线性函数的高度适应性，已成为预测生产指标的有力工具。

4.2.2 结构原理

n 输入 m 输出的 RBF 神经网络拓扑结构图如图 4.3 所示，模型实现了如下映射：

$$f(\boldsymbol{X})=\omega_0+\sum_{i=1}^{N}\omega_i\Phi(\|\boldsymbol{X}-C_i\|) \tag{4.3}$$

式中，$\boldsymbol{X}\in R_n$ 是输入向量；$\Phi(\cdot)$ 为从 $R+\rightarrow R$ 的一个非线性函数；$\omega_i(1\leqslant i\leqslant N)$ 为连接权值；ω_0 为偏置量；N 为隐含层的神经元数；$\|\cdot\|$ 是欧氏范数；$C_i\in R_n(1\leqslant i\leqslant N)$ 为 RBF 中心。只有在 C_i 周围的一部分区域内有较强的反应，这正体现了大脑皮质层的反应特点。RBF 神经元

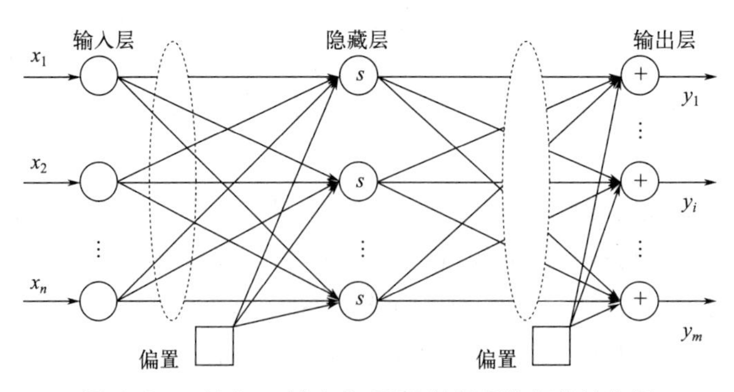

图 4.3　n 输入 m 输出的 RBF 神经网络拓扑结构图

网络不仅具有上述的生物学背景，而且还有数学理论的支持。文献［133］利用正则化方法证明了如下结论：

$S=\{(X,Y)\in R^n\times R\,|\,i=1,\cdots,N\}$ 是训练集合。$\varphi(\cdot,\omega)$ 表示未知的函数，其中 ω 也未知。正则化问题的学习过程是寻找 φ 及参数 ω 使

$$H[\varphi]=\sum_{i=1}^{N}(Y_i-\varphi(X_i,\omega))^2+\lambda\|P\varphi\|^2 \tag{4.4}$$

最小。用变分原理可以证明 φ 应该选择径向基函数（radial basis function）。

假定函数形式中 $\Phi(\cdot)$ 与中心矢量 C_i 都已确定，若给定一组输入 $x_j(j=1,2,\cdots,n)$ 及对应的输出 $f(x_j)$，则 $\omega_j(j=0,1,2,\cdots,n)$ 可用线性最小二乘法得到，因此不存在局部最优问题，具有全局和最佳逼近性质[123]，训练算法快速易行，非常适合于非线性系统的实时辨识和控制。

RBF 网络的性能密切依赖于给定中心，线性参数的 RBF 展开是在 $\Phi(\cdot)$ 与中心矢量 C_i 固定的前提下得到的，典型的 $\Phi(\cdot)$ 为高斯函数，即：

$$\Phi(x,c_i)=\exp(-\|x-c_i\|^2/\sigma_i^2) \tag{4.5}$$

式中 σ_i 为形状参数，可取实常数，也可以根据样本自适应地变化。

4.2.3 RBF 神经网络与 BP 神经网络的比较

在人工神经网络的众多类型中，多层前向网络常应用于工业生产控制中的软测量技术中。其中最常用的两种是 BP 神经网络和 RBF 神经网络，另外还有基于这两种网络的多种改进模型。本小节的预报模型基于径向基函数（RBF）神经网络建立。

传统的 BP 网络算法采用基于误差反向传播的梯度算法，用于函数逼近时，权值的调节采用的是负梯度下降法，充分利用了多层前向网络的结构优势，在正反向传播过程中每一层的计算都是并行的，算法在理论上比较成熟，且已有许多商用软件可供使用；而 RBF 网络利用了差值法的研究成果，采用了前馈的结构，二者都是对真实神经网络不同方面的近似，各有优缺点。

理论上，RBF 网络与 BP 网络一样，可以以任何精度逼近任何非线性函数。但是，由于使用的激活函数不同，逼近性能也不尽相同。两者的主

要区别在于使用不同的作用函数。隐藏在BP网络中的层节点使用一个sigmoid函数，该函数在输入空间中的值是无限的。RBF网络的作用函数是局部的，但主要是非零的。Poggio和Girosi证明了RBF网络是连续函数的最佳逼近[124]，而BP网络不是。BP网络中使用的sigmoid函数具有全局特性，每个节点在输入值范围很广的情况下影响输出值，而激励函数在输入值范围很宽的情况下重叠，因此会相互影响，导致BP网络的训练过程非常漫长。另外，由于BP算法的独特性，BP网络存在局部极小问题，这在根本上是无法避免的，而确定BP网络中隐藏的层节点数是一个需要经验和反复试验的过程，很难获得最好的网络。使用局部激活函数的RBF网络显著克服了上述缺点。RBF不仅具有良好的泛化能力，而且很少有节点对每个输入值的激励值不为零，因此修改后的节点及其权重可以忽略不计。其学习速度要比传统BP算法快数千倍，并且可以轻松适应新数据。隐藏层节点的数量也是在学习过程中确定的，其收敛性比在BP网络中更好，因此RBF可得到最优解。

文献［125］、［134］、［135］分别对BP神经网络和RBF神经网络在水处理过程、人脸识别等应用中的结果进行了比较，展示了RBF神经网络在预测建模应用中的优越性，表现出准确率高、训练速度快、泛化能力强等优点。尽管BP神经网络也具有不俗的泛化能力，但其逼近速度较慢且存在局部最小问题，更适用于在线要求不高、数据量少的系统模型。而RBF尽管泛化能力不强，但速度快，且解决了局部最优问题，适合在线要求高、数据量大的水处理系统模型。

4.3 主元分析法

工业聚丙烯制造过程通常表现出非线性、长延迟、复杂的结构特性以及制造变量之间不同程度的耦合和相关性。因此，更详细的统计方法主成分分析，被结合到RBF神经网络中，以从相关的高维输入数据中提取特征信息，消除误差和冗余信息，起到了降维和发掘数据间相关性的作用。发掘大维变量数据相关特性，提高训练速度和预测精度。

主成分分析[136]（principal component analysis，PCA）是一种数据分析降维技术，其主要目的是简化原始数据。就像它的名字一样，这种方法可以高效地找到数据中最“主要”的元素和结构，去除噪声和冗余，减少原来的复杂数据的维度，从而揭示隐藏在复杂数据背后的简单结构。它的优点是简单，没有参数限制，可以方便地应用于各种场合。因此应用极其广泛，从神经科学到计算机图形学都有它的用武之地，被称为应用线性代数最有价值的成果之一。

4.3.1　问题的提出

从线性代数的角度来看，PCA 的目标就是使用另一组基去重新描述得到的数据空间。假设我们所讨论的实际问题中，有 p 个变量，记为 $X_1, X_2, \cdots, X_p$，主成分分析就是要把这 p 个变量的问题，转变为讨论 p 个变量的线性组合的问题，而这些新的变量 $F_1, F_2, \cdots, F_k (k \leqslant p)$，按照保留主要信息量的原则充分反映原变量的信息，并且不相关。这种由讨论多个变量降为少数几个综合变量的过程在数学上就叫作降维。主成分分析通常的做法是，寻求原变量的线性组合：

$$\begin{gathered} F_1 = u_{11} X_1 + u_{21} X_2 + \cdots + u_{p1} X_p \\ F_2 = u_{12} X_1 + u_{22} X_2 + \cdots + u_{p2} X_p \\ \vdots \\ F_k = u_{1p} X_1 + u_{2p} X_2 + \cdots + u_{pp} X_p \end{gathered} \tag{4.6}$$

满足如下的条件：

a. 每个主成分的系数平方和为 1。即：

$$u_{1i}^2 + u_{2i}^2 + \cdots + u_{pi}^2 = 1 \tag{4.7}$$

b. 主成分之间相互独立，即无重叠的信息。即：

$$\mathrm{Cov}(F_i, F_j) = 0, i \neq j, i, j = 1, 2, \cdots, k \tag{4.8}$$

c. 主成分的方差依次递减，重要性依次递减，即：

$$\mathrm{Var}(F_1) \geqslant \mathrm{Var}(F_2) \geqslant \cdots \geqslant \mathrm{Var}(F_k) \tag{4.9}$$

在统计学中，数据集合中的信息常指该集合中的数据变异情况，这个变异信息又可以用全变量的方差和来测量，方差越小代表数据中含有的信息越少。假设一个二维数据表中样本点的分布如图 4.4 所示，呈椭圆状，重心是 G。由图 4.4 可以看出样本点无论是沿着 x_1 轴方向或 x_2 轴方向都具有较大的离散性。如果只考虑 x_1 和 x_2 中的一个，会使得原始数据中的信息产生较大损失。

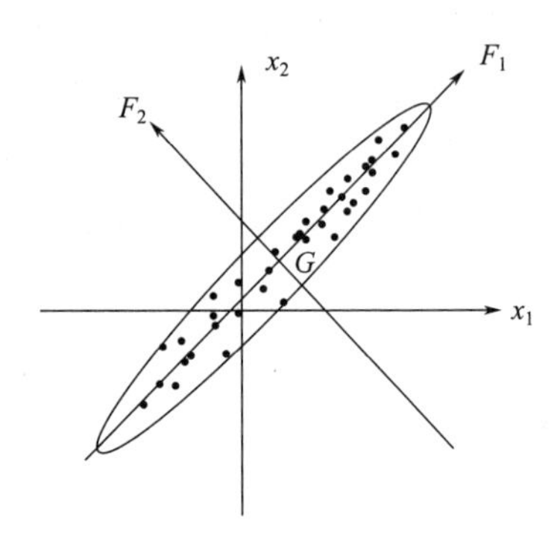

图 4.4　二维空间主成分提取示意图

显然，在 F_1 方向上数据的方差最大，即其反映的数据信息更多，因此该方向为数据变异最大的方向。将坐标原点平移到 G 并做旋转变换，就可以得到一个新的正交坐标系 F_1&F_2。将样本点在 F_1 轴上投影得到新变量 f_1，便得到第一目标主成分，其是一个包含最多原变异信息的综合变量。若将 F_2 轴省略，就可以得到一个简化后的一维数据系统。所以，去除变异量不大的变量方向是对高维数据系统进行降维的主要方法。

F_1、F_2 除了可以对包含在 x_1、x_2 中的信息起着浓缩作用之外，还具有不相关的性质，这就使得在研究复杂的问题时避免了信息重叠所带来的虚假性。

4.3.2　多维推广

推广到更一般的情形，设原始数据变量为 X_1、X_2、…、X_p。主成分分析的过程实际上是对原坐标系进行平移和旋转变换，使得新坐标系的原点与样本点集合的重心重合，新坐标系的第一轴与数据变异的最大方向对应，第二轴对应于数据变异的第二大方向，并与第一轴标准正交，依此类推。称这些新轴为第一主轴、第二主轴……若舍弃少量信息后，由前 k 个主轴构成的子空间能够十分有效地表示原数据的变异情况，则原来的 p 维空间就被降至 k 维。原样本点集合在主超平面上的投影可以近似地表现原样本点集合。

记 X 是一个有 n 个样本和 p 个变量的数据集，设 X 的协方差阵为

$$\boldsymbol{\Sigma}_X = \begin{bmatrix} \sigma_1^2 & \sigma_{12} & \cdots & \sigma_{1p} \\ \sigma_{21} & \sigma_2^2 & \cdots & \sigma_{2p} \\ \vdots & \vdots & & \vdots \\ \sigma_{p1} & \sigma_{p2} & \cdots & \sigma_{pp}^2 \end{bmatrix} \tag{4.10}$$

由于 $\boldsymbol{\Sigma}_X$ 为非负定的对称阵，则利用线性代数的知识可得，必存在正交阵 $\boldsymbol{U}$，使得

$$\boldsymbol{U}^{\mathrm{T}} \boldsymbol{\Sigma}_X \boldsymbol{U} = \begin{bmatrix} \lambda_1 & & 0 \\ & \ddots & \\ 0 & & \lambda_p \end{bmatrix} \tag{4.11}$$

其中 λ_1、λ_2、…、λ_p 为 $\boldsymbol{\Sigma}_X$ 的特征根，不妨假设 $\lambda_1 \geqslant \lambda_2 \geqslant \cdots \geqslant \lambda_p$。而 $\boldsymbol{U}$ 恰好是由特征根相对应的特征向量所组成的正交阵。

$$\boldsymbol{U} = (u_1, \cdots, u_p) = \begin{bmatrix} u_{11} & u_{12} & \cdots & u_{1p} \\ u_{21} & u_{22} & \cdots & u_{2p} \\ \vdots & \vdots & & \vdots \\ u_{p1} & u_{p2} & \cdots & u_{pp} \end{bmatrix} \tag{4.12}$$

其中：

$$u_i = (u_{1i}, u_{2i}, \cdots, u_{pi})' \quad i = 1, 2, \cdots, P \tag{4.13}$$

又由主成分定义：

$$F_1 = a_{11} X_1 + a_{21} X_2 + \cdots + a_{p1} X_p = X a_1 \tag{4.14}$$

其中：

$$a_1 = (a_{11}, a_{21}, \cdots, a_{p1})' \tag{4.15}$$

要使得 F_1 携带最多的原变异信息，即要求 F_1 的方差

$$V(F_1) = F_1' F_1 = a_1' \boldsymbol{\Sigma}_X a_1 = a_1' \boldsymbol{U} \begin{bmatrix} \lambda_1 & & & \\ & \lambda_2 & & \\ & & \ddots & \\ & & & \lambda_p \end{bmatrix} \boldsymbol{U}^{\mathrm{T}} a_1 \tag{4.16}$$

取得最大值。由二次型极值理论可知当且仅当 $a_1 = u_1$ 时，即：

$$F_1 = u_{11} X_1 + u_{21} X_2 + \cdots + u_{p1} X_p \tag{4.17}$$

F_1 有最大的方差 λ_1。

如果第一主成分的信息不够，则需要寻找第二主成分 F_2：

$$F_2=a_{12}X_1+a_{22}X_2+\cdots+a_{p2}X_p=Xa_2 \tag{4.18}$$

其中：

$$a_2=(a_{12},a_{22},\cdots,a_{p2})' \tag{4.19}$$

要使其是携带变异信息第二大的成分。

$$V(F_2)=F'_2F_2=a'_2\boldsymbol{\Sigma}_{\mathbf{X}}a_2 \tag{4.20}$$

又知：

$$\mathrm{Cov}(F_2,F_1)=a'_2Xu_1=0 \tag{4.21}$$

得到：

$$a'_2u_1=0 \tag{4.22}$$

由二次型极值理论可得当且仅当 $a_2=u_2$ 时，即：

$$F_2=u_{12}X_1+u_{22}X_2+\cdots+u_{p2}X_p \tag{4.23}$$

F_2 有次大的方差 λ_2。

依此类推，可求得 X 数据集的第 k 主轴 a_h，它是协方差矩阵 $\boldsymbol{\Sigma}_{\mathbf{X}}$ 的第 k 个特征值 λ_k 所对应的标准化特征向量 $\boldsymbol{u}_h$，第 k 主成分为：

$$F_h=X\boldsymbol{u}_h \tag{4.24}$$

因此，主成分可由：

$$\boldsymbol{F}=\boldsymbol{XU} \tag{4.25}$$

得到，称 $\boldsymbol{F}$ 为主成分得分矩阵，$\boldsymbol{U}$ 为载荷矩阵。若对原始数据进行重构，可由：

$$\boldsymbol{X}=\boldsymbol{FU}^{\mathrm{T}} \tag{4.26}$$

计算。当选取的主成分 $k<p$ 时，

$$\boldsymbol{X}=\boldsymbol{FU}^{\mathrm{T}}+\boldsymbol{E} \tag{4.27}$$

式中，$\boldsymbol{E}$ 为残差矩阵。

4.3.3 贡献率和累积贡献率

（1）贡献率

第 i 个主成分的方差在全部方差中所占比重表示为：

$$\eta_k=\lambda_k/\sum_{i=1}^{p}\lambda_i \tag{4.28}$$

上式中，η_k 称为主元 U_k 的贡献率或者方差贡献率，表示该成分反映了原来 p 个指标多大的信息，有多大的综合能力。

（2）累积贡献率

前 k 个主成分共有多大的综合能力，用这 k 个主成分的方差和在全部方差中所占比重表示，即：

$$\eta_m = \sum_{i=1}^{k} \lambda_i / \sum_{i=1}^{p} \lambda_i \tag{4.29}$$

上式中，η_m 称为主元 U_1、U_2、…、U_m 的累积贡献率或者累积方差贡献率。

主成分分析的一个目的是用尽可能少的主成分 F_1、F_2、…、F_k（$k \leqslant p$）代替原来的 p 个指标。一般在实际应用中，当 r 个主元的累积贡献率超过 85%时，就认为这 r 个主元已经能够代表总体 X 的主要特征。

4.4 PCA-RBF 神经网络模型在 MI 预报中的应用

4.4.1 过程变量的确定及建模数据的采集

本节中所采用的建模数据（模型训练、模型验证和模型推广的数据）采集于某石化企业聚丙烯生产过程 DCS 数据库和工厂相应的 MI 采样化验值，其中训练数据集共 45 组，验证数据集共 25 组，推广数据集共 10 组。数据集剔除了畸点并作了归一化处理。45 组训练样本（4h×45=7.5 天），约占本牌号生产周期（3 周）的 36%。为了进一步验证样本数据量是否足够，采用张立等人的最小样本数确定方法[137]，做了训练最小样本量选择试验。

试验结果如表 4.1 所示，当训练样本数据达到 19 组以上，测试效果理想；19 组以下（包括 19 组），最大相对误差超出工业生产应用要求（10%）。因此，可确定最小样本量为 20，本节中所采用的 45 组训练数据达到了最小样本量要求。

表 4.1　最小样本量选择试验结果

一次试验	样本数	9	16	23	30	37	46
	最大相对误差/%	49.87	27.47	4.38	5.82	4.84	4.92
二次试验	样本数	17	18	19	20	21	22
	最大相对误差/%	20.04	21.25	13.55	4.54	5.46	5.09

其中：

$$e_i = y_i - \hat{y}_i \tag{4.30}$$

$$\bar{e} = \frac{1}{N}\sum_{i=1}^{N} e_i \tag{4.31}$$

y_i、$\hat{y}_i$ 分别代表真实值及预测值。其中，平均相对误差是评价模型预报效果最重要的指标之一，平均相对误差越小，说明模型预报精度越高。在一般的丙烯聚合工业生产过程中，通常认为当相对误差小于10%时，即达到工业生产预测标准[78,138]。均方根误差 RMSE 显示了模型预报的准确性，标准差 STD 反映了预报结果偏离均值的情况，即预报模型的稳定性，泰勒不等式系数 TIC 显示了预报模型与真实过程的相符程度（一致性），其值越小，说明预报模型越能近似真实生产过程。

4.4.2 MI 预报的 PCA-RBF 神经网络建模

如前文所述，根据反应机理情况和流程工艺分析情况，选择使用9个工艺变量作为神经网络的输入变量，即釜内温度（t）、釜内压力（p）、釜内液位（l）、釜内氢气体积浓度（a）、3股丙烯进料流率（第一股丙烯进料流率 f_1，第二股丙烯进料流率 f_2，第三股丙烯进料流率 f_3）、2股催化剂进料流率（主催化剂流率 f_4，辅催化剂流率 f_5）。9个输入变量之间，存在着一定的耦合关系，如釜内温度（t）的变化直接影响釜内压力（p）的变化；3股丙烯进料流率（f_1，f_2，f_3）和2股催化剂进料流率（f_4，f_5）直接影响釜内温度（t）的变化从而间接影响压力（p）的变化。因此，引入主元分析法，对9个变量进行主元分析，提取过程特征参数，剔除相关冗余信息，在不具体分析变量之间机理反应关系的情况下，能够有效地提取出输入变量之中最“主要”的元素以及结构，将原有复杂的输入变量（自变量）降维，便于揭示出隐藏在诸多复杂数据之后的简单化结构。将9个变量进行主元分析处理，得到新的一组变量 x_1，x_2，…，x_i，其中 $i<9$。然后将其作为 RBF 神经网络的输入变量，熔融指数（MI）作为 RBF 神经网络的输出变量，进行模型训练。所建立的 PCA-RBF 神经网络模型框架结构如图4.5所示，网络模型为多输入单输出形式。

采用 Matlab7.1 进行编程建模。PCA 的 min _ frac 参数设为0.1。

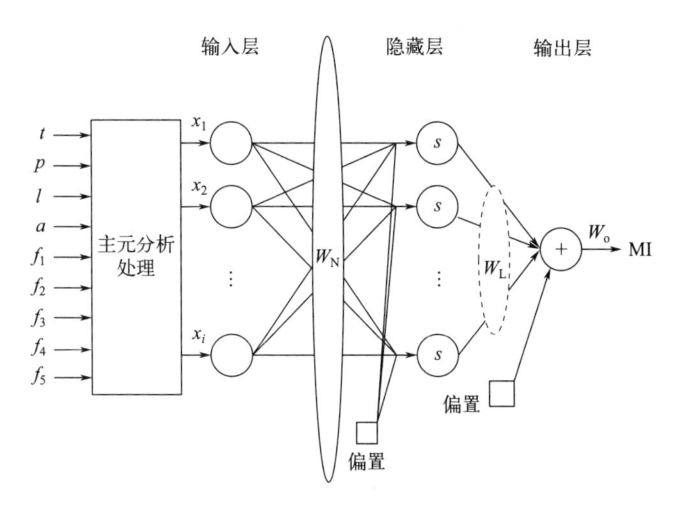

图 4.5　PCA-RBF 神经网络模型框架结构图

RBF 神经网络的设置参数主要包括目标均方误差（Goal），径向基函数的扩展速度（Spread），隐藏层神经元的最大数目（MN），两次显示之间所添加的神经元数目（DF）。Goal 越小，模型训练精度越高，相反，Goal 较大时，模型训练精度较低。当 Goal 设置值过小时，虽然模型训练精度较高，但模型容易发生过拟合的现象，从而导致模型的泛化能力较差，本书中 Goal 设置为 0.1。Spread 的含义就是所选基函数的感受野，亦即只有在这一范围之内方能产生响应，否则不能产生响应。Spread 越小，对训练样本的精度相对越高，对测试样本的泛化就相对较差；反之，训练样本的精度下降，但是泛化能力提高。选择合适的 Spread，现在没有比较系统的方法，只能通过人为经验确定。在本书中 Spread 统一设为 5。隐藏层神经元的最大数目（MN）这里采用 Matlab 的默认值，即训练集的组数（如训练集共有 20 组数据，隐藏层神经元的最大数目则为 20）。为便于观察 RBF 神经网络的训练过程，两次显示之间增加的神经元数目（DF）设为最小值 1。

4.4.3　仿真结果与分析

基于上文所述的 45 组训练数据，对丙烯聚合过程建立其 MI 指数预报的 PCA-RBF 神经网络模型。然后将 25 组验证数据和 10 组推广数据用来检验建立的模型的预报能力。误差指标为模型的预报值和真实值之间的误差。表 4.2 列出了 PCA-RBF 模型的仿真实验结果。

表 4.2 PCA-RBF 模型仿真实验结果

项目	E_{maxa}	$\overline{E}_a$	$E_{maxr}/\%$	$\overline{E}_r/\%$	STD	RMSE	TIC
训练	0.0699	0.0251	2.82	0.96	0.0306	0.0045	0.0058
验证	0.5342	0.1470	20.40	5.62	0.1832	0.0418	0.0406
推广	0.6156	0.4058	23.35	15.45	0.3274	0.1411	0.0902

从表 4.2 的训练结果来看，建模的误差较小，平均相对误差为 0.96%，最大相对误差为 2.82%，标准差、均方根误差和泰勒不等式系数值分别为 0.0306、0.0045、0.0058，说明了建模过程具有很高的稳定性、准确性，所建立模型与真实过程具有较高的一致性。训练目标结果曲线图如图 4.6 所示，横坐标为训练数据集序号，纵坐标为 MI 值，三角标记的虚线代表生产过程真实 MI 值，圆标记的实线代表模型训练 MI 值。从结果可以看出，训练曲线对真实值曲线跟踪效果比较理想。

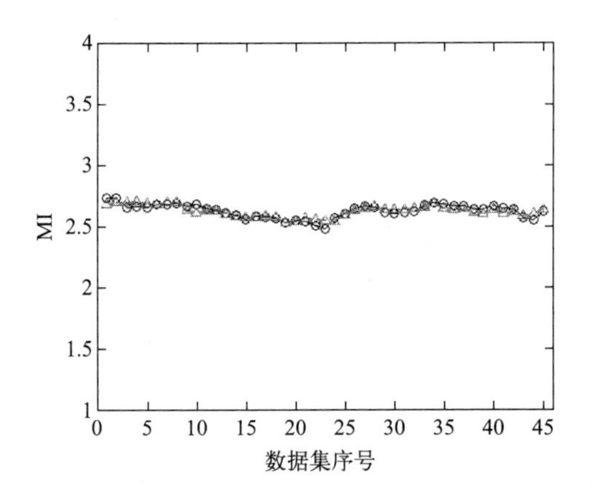

图 4.6 PCA-RBF 模型训练目标结果曲线图

从表 4.2 的验证测试结果来看，均方根误差为 0.0418，平均相对误差为 5.62%，说明预报模型具有一定的预报能力，但最大相对误差为 20.40%，超过了前文所述的 10%的工业生产标准；标准差为 0.1832，说明预报效果稳定性较差。图 4.7 为 PCA-RBF 预报模型验证测试预报结果曲线图，图中横坐标为验证数据集序号，纵坐标为 MI 值，三角标记的曲线代表生产过程真实 MI 值，星号标记的曲线代表模型验证测试预报 MI

值。从预报曲线可以看出，验证曲线对真实值曲线的跟踪效果在前段比较理想，最后 5 个点的偏差较大，跟踪不理想。

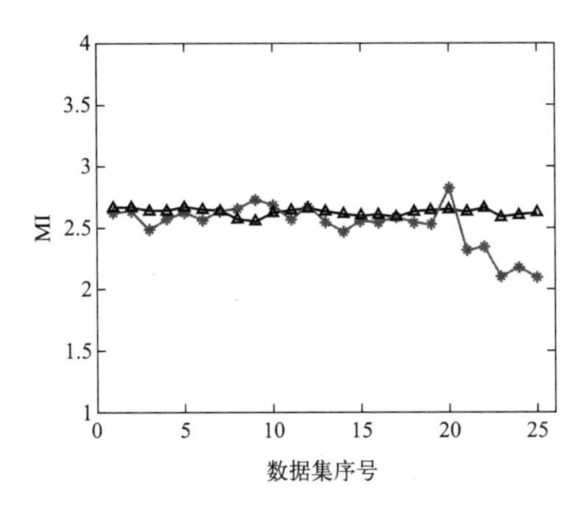

图 4.7　PCA-RBF 预报模型验证测试预报结果曲线图

从表 4.2 的推广测试结果来看，均方根误差为 0.1411，平均相对误差为 15.45%，预报效果很不理想，预报误差较大，说明所建立的 PCA-RBF 模型的预报泛化能力较差。图 4.8 为 PCA-RBF 预报模型推广测试预报结果曲线图，图中横坐标为推广数据集序号，纵坐标为 MI 值，三角标记的曲线代表生产过程真实 MI 值，星号标记的曲线代表模型推广测试预报 MI 值。从预报曲线可以看出，推广曲线对真实值曲线的跟踪效果不理想，误差较大。

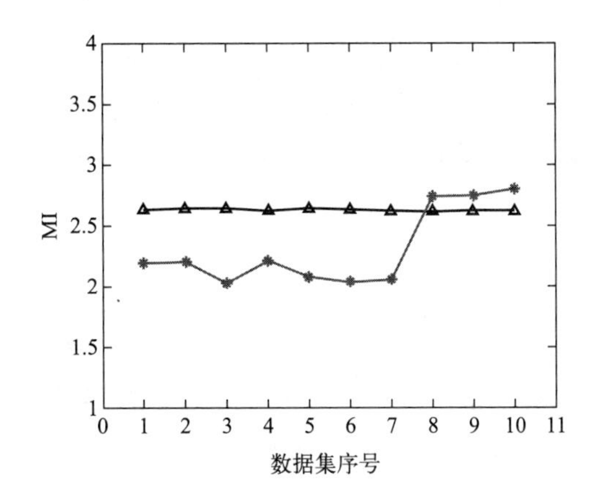

图 4.8　PCA-RBF 预报模型推广测试预报结果曲线图

本章小结

本章介绍了神经网络的理论基础以及实际应用现状，对于RBF神经网络与BP神经网络的结构和效果进行了比较，并介绍了多变量统计方法主元分析法，对其理论做了阐述与分析。同时考虑到丙烯聚合过程中决定MI的9个过程变量之间存在不同程度的耦合现象，将主元分析方法引入RBF神经网络建模中，用PCA首先对输入数据进行主元分析，然后将得到的新的变量作为RBF神经网络训练的输入数据，以建立PCA改进的RBF模型（PCA-RBF模型）。之后对本书中建模方法的研究对象（某石化企业基于Hypol工艺的聚丙烯生产过程）做了介绍，对建模变量、建模数据的采集以及模型的评价误差指标做了介绍，并通过仿真实验，建立了研究对象的PCA-RBF熔融指数预报模型。

从模型训练结果可以看出，PCA-RBF建模训练误差较小，建模过程具有很高的稳定性、准确性，所建立模型与真实过程具有较高的一致性，训练曲线对真实值曲线跟踪效果比较理想。但验证测试和推广测试的预报效果不很理想，误差较大，且模型预报稳定性较差。传统的方法通过调整PCA和RBF神经网络的参数设置，可以改善模型的预报效果，但参数的设置目前没有比较统一的方法，需要人为经验调整[139]，且需通过多次测试，并且目前尚没有科学统一的方法确定所选的参数设置即是最佳的参数设置。本章从另一角度改善预报模型的预报效果和泛化能力，即在不改变参数设置的情况下，引入智能优化方法来自动改进已建立的PCA-RBF模型，减少了人为因素对建模的影响，取得了较好的效果。

思考题

1. 为什么本文中将主元分析方法引入RBF神经网络建模中？

2. 为什么本文中选择PCA-RBF模型进行熔融指数的预测？

3. 为什么传统的方法无法解决验证测试和推广测试的预报效果不理想的问题？

4. 本文如何改善预报模型的预报效果和泛化能力？

第5章 支持向量机

虽然神经网络具有较佳的非线性逼近能力，但是相对来讲收敛速度较慢并且容易陷入局部极小的情况，所以小样本统计学习理论被广泛研究。这一理论框架下诞生的支持向量机（SVM）方法根据VC维理论以及结构风险最小原理，能够较好地克服小样本、非线性、高维数、局部极小等问题[33]。

自20世纪90年代起，支持向量机方法越来越受到相关学者的重视，主要原因是它能够在样本数量受限的情况下针对一些根本问题进行系统性的理论研究，并在此基础上形成了一套通用的效果甚佳的机器学习算法。其基本思想是在样本空间或者特征空间内，通过构造最优超平面，使之与不同类别的样本集间的距离最大，以达到最优的泛化性能。相较于神经网络等传统方法以最小化训练误差作为优化目标，它是以训练误差作为优化问题的约束条件，将置信范围的值最小化作为优化目标。故而，SVM的泛化能力要明显优于神经网络等传统学习方法。

此外，由于SVM的求解问题最终可以被转化为一个凸二次优化问题的形式，故而其拥有唯一解并且全局最优。为了减少计算量，最小二乘SVM（LSSVM）方法被提出。进一步为增加模型的鲁棒性，引出了加权LSSVM（WLSSVM）方法。为提高SVM的稀疏性，相关向量机应运而生。

本章将介绍支持向量机相关方法在丙烯聚合熔融指数预报方面的研究。

5.1 支持向量机简介

5.1.1 支持向量分类机

支持向量机（support vector machine，SVM）是统计学习理论中最实用的部分之一。SVM最初是针对二值分类问题提出的，其核心思想就是将结构风险函数引入到分类中，其几何原理是使用两个最大间隔（margin）的平行超平面实现分类。

如图5.1所示，对于线性可分的两类数据集，可以找到多个分类线将其分开（见左图），哪个分类线更好呢？显然是 a 线更好，因为它能更远离每一类。b 线虽然可以正确地划分两类，但由于它离两类样本较近，数据集较小的改变将导致错误分类结果。推广到高维空间，最优分类线就是最优分类面。SVM 在分类时是使用间隔最大的两个平行超平面 H_1 和 H_2 进行分类，然后取等距于两平面的超平面 H 为最优分类超平面（见右图），而且这样的分类超平面是唯一的。最优分类超平面将两类样本无错误地分开，保证经验风险最小；同时它使得两类的分类间隔最大，使置信区间最小，从而达到整体风险最小。

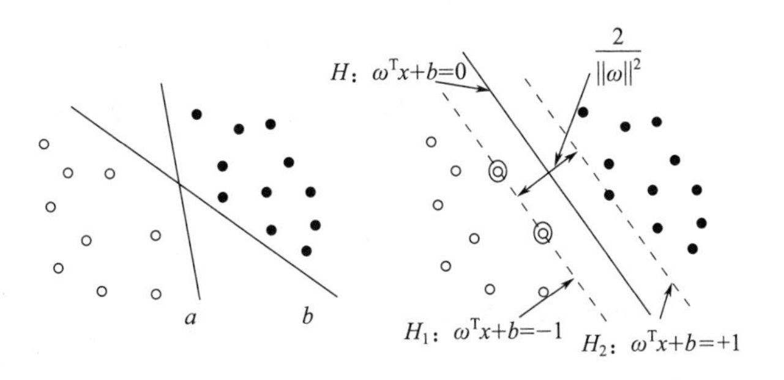

图 5.1　最大间隔分类超平面示意图

假设存在训练样本 $(\boldsymbol{x}_1, y_1), \cdots, (\boldsymbol{x}_n, y_n), \boldsymbol{x} \in R^n, y \in (+1, -1)$。在线性可分的情况下，线性判别函数的一般形式为 $g(x)=\boldsymbol{w} \cdot \boldsymbol{x}+b$，所以分类超平面为：

$$\boldsymbol{w} \cdot \boldsymbol{x}+b=0 \tag{5.1}$$

其中，“·”表示向量点积。

将函数归一化，使样本满足：

$$y_i[(\boldsymbol{w} \cdot \boldsymbol{x}_i)+b]-1 \geqslant 0 \quad i=1,2,\cdots,n \tag{5.2}$$

这样分类间隔就等于 $2/\|\boldsymbol{w}\|$，所以使分类间隔最大等价于最小化 $\|\boldsymbol{w}\|$（或 $\|\boldsymbol{w}\|^2$）。因此满足不等式(5.2) 并且使得 $\|\boldsymbol{w}\|$ 最小的分类面就是最优分类面 H，H_1 和 H_2 上的训练样本就是支持向量（support vector，SV)。利用分类超平面将样本充分地分开，其分类决策函数为：

$$f(x)=\operatorname{sgn}(\boldsymbol{w}^{T}\boldsymbol{x}+b) \tag{5.3}$$

（1）可分支持向量机

为了便于描述超平面，我们可以不失一般性地使用下面的规范超平面：

$$H_1: \boldsymbol{w}^{\mathrm{T}}\boldsymbol{x}+b=1, \quad H_2: \boldsymbol{w}^{\mathrm{T}}\boldsymbol{x}+b=-1 \tag{5.4}$$

根据前面介绍，这两个平行超平面间的间隔是 $2/\|\boldsymbol{w}\|$。由此可得到数学模型为：

$$\min_{w,b} \frac{\|\boldsymbol{w}\|^2}{2}$$

$$\text{s.t.} \quad y_i(\boldsymbol{w}^{\mathrm{T}}\boldsymbol{x}_i+b)\geqslant 1, \quad i=1,\cdots,n \tag{5.5}$$

这是典型的凸二次规划问题，引入 Lagrange 函数：

$$L(\boldsymbol{w},b,\alpha)=\frac{1}{2}\|\boldsymbol{w}\|^2-\sum_{i=1}^{n}\alpha_i[y_i(\boldsymbol{w}\boldsymbol{x}_i+b)-1] \tag{5.6}$$

其中，$\alpha_i>0$ 为 Lagrange 系数，目标是求解问题 $\max\limits_{\alpha}\min\limits_{w,b}L(\boldsymbol{w},b,\alpha)$。

根据式(5.5)，分别对 $\boldsymbol{w}$、b 求偏微分并令其为 0，把问题转化为约束条件

$$\sum_{i=1}^{n} y_i\alpha_i=0 \quad (\alpha_i\geqslant 0, i=1,\cdots,n) \tag{5.7}$$

之后对 α_i 求解下列函数的最大值：

$$Q(\alpha)=\sum_{i=1}^{n}\alpha_i-\frac{1}{2}\sum_{i,j=1}^{n}\alpha_i\alpha_j y_i y_j(\boldsymbol{x}_i\boldsymbol{x}_j) \tag{5.8}$$

若 α_i^* 为最优解，则

$$\boldsymbol{w}^*=\sum_{i=1}^{n}\alpha_i^* y_i\boldsymbol{x}_i \tag{5.9}$$

即最优分类面的权系数向量是训练样本向量的线性组合。

根据 KKT 条件可得，该优化问题的解必须满足：

$$\alpha_i[y_i(\boldsymbol{w}^{\mathrm{T}}\boldsymbol{x}_i+b)-1]=0 \quad (i=1,\cdots,n) \tag{5.10}$$

因此，对于多数样本 α_i^* 将为零，取值不为零的 α_i^* 对应于使式(5.2)等号成立的样本，这些样本就是支持向量。通常支持向量只是所有样本中的很小一部分。

所以求解上述问题后的最优分类函数是

$$f(x)=\mathrm{sgn}(\boldsymbol{w}^{*\mathrm{T}}\boldsymbol{x}+b^*)=\mathrm{sgn}\left(\sum_{i=1}^{n}\alpha_i^* y_i(x_i^{\mathrm{T}}x)+b^*\right) \tag{5.11}$$

假设非线性情况下，引入函数 $\varphi(x)$ 将样本点映射到一个高维特征空间，然后在新空间中求取最优线性分类面。其数学模型类似的描述为：

$$\min_{w,b} \frac{\|\boldsymbol{w}\|^2}{2}$$

$$\text{s.t.}\quad y_i(\boldsymbol{w}^{\mathrm{T}}\varphi(\boldsymbol{x}_i)+b)\geqslant 1,\quad i=1,\cdots,n \tag{5.12}$$

引入核函数 $K(\boldsymbol{x}_i,\boldsymbol{x}_j)=\varphi(\boldsymbol{x}_i)\varphi(\boldsymbol{x}_j)$ 来代替内积 $\boldsymbol{x}_i\boldsymbol{x}_j$。此时优化函数变为：

$$Q(\alpha)=\sum_{i=1}^{n}\alpha_i-\frac{1}{2}\sum_{i,j=1}^{n}\alpha_i\alpha_j y_i y_j K(\boldsymbol{x}_i,\boldsymbol{x}_j) \tag{5.13}$$

而相应的判别函数为

$$f(x)=\operatorname{sgn}\left(\sum_{i=1}^{n}\alpha_i^{*}y_iK(x_i,x)+b^{*}\right) \tag{5.14}$$

(2) 不可分支持向量机

在线性不可分的情况下，某些训练样本不能满足式(5.2) 的条件，可以在该条件中添加一个松弛项——错分变量 $\xi_i\geqslant 0$，则

$$y_i[(\boldsymbol{w}\cdot\boldsymbol{x}_i)+b]-1+\xi_i\geqslant 0\quad i=1,2,\cdots,n \tag{5.15}$$

当样本被错误分类时，$\xi_i>0$。可以把 $\sum_{i=1}^{n}\xi_i$ 视作经验风险函数，并通过引入惩罚因子 C 来平衡置信区间中的经验风险。则数学模型转化为：

$$\min_{w,b,\xi}\quad\frac{\|\boldsymbol{w}\|^2}{2}+C\sum_{i=1}^{n}\xi_i$$

$$\text{s.t.}\quad y_i(\boldsymbol{w}^{\mathrm{T}}\boldsymbol{x}_i+b)\geqslant 1-\xi_i,\quad \xi_i\geqslant 0,i=1,\cdots,n \tag{5.16}$$

这里惩罚因子 C 表示对被错误分类样本的惩罚程度，C 越大，对错误的惩罚越重。

同样，对于非线性情况，引入映射函数 $\varphi(x)$ 后，可得数学模型为：

$$\min_{w,b,\xi}\quad\frac{\|\boldsymbol{w}\|^2}{2}+C\sum_{i=1}^{n}\xi_i$$

$$\text{s.t.}\quad y_i(\boldsymbol{w}^{\mathrm{T}}\varphi(\boldsymbol{x}_i)+b)\geqslant 1-\xi_i,\quad \xi_i\geqslant 0,i=1,\cdots,n \tag{5.17}$$

5.1.2 支持向量回归机

虽然 SVM 方法是通过分类问题提出来的，但它同样可以很好地应用于回归问题[140]。回归问题也经常被描述为函数逼近问题。回归问题与分类问题在数学描述上类似，主要不同的是变量 y 的取值，在分类问题中，y 只能取 $+1$ 和 -1，而在回归中 $y\in R$；还有就是损失函数不同。

假设存在训练样本 $(\boldsymbol{x}_1,y_1),\cdots,(\boldsymbol{x}_n,y_n),\boldsymbol{x}\in R^n,y\in R$。常用二次损失函数来度量预测值 $f(\boldsymbol{x}_i)$ 对训练数据 y_i 的拟合程度：

$$(y_i - f(\boldsymbol{x}_i))^2 = (y_i - \boldsymbol{w}^{\mathrm{T}}\boldsymbol{x}_i - b)^2 \tag{5.18}$$

此外常用的损失函数还有：

Laplace 损失函数：

$$L_{\mathrm{Lap}}(y - f(\boldsymbol{x})) = |y - f(\boldsymbol{x})| \tag{5.19}$$

Huber 损失函数：

$$L_{\mathrm{Huber}}(y - f(\boldsymbol{x})) = \begin{cases} \eta|y - f(\boldsymbol{x})| - \dfrac{\eta^2}{2}, |y - f(\boldsymbol{x})| > \eta \\ \dfrac{1}{2}|y - f(\boldsymbol{x})|^2, |y - f(\boldsymbol{x})| \leqslant \eta \end{cases} \tag{5.20}$$

二次损失函数计算最简单，应用比较广，Huber 函数鲁棒性最好。为了得到解的稀疏性，引入了 ε-不敏感函数（$\varepsilon \geqslant 0$），在逼近误差大于 ε 才起作用。

一次 ε-不敏感函数为：

$$L_{\varepsilon}(y - f(\boldsymbol{x})) = \begin{cases} 0, |y - f(\boldsymbol{x})| \leqslant \varepsilon \\ |y - f(\boldsymbol{x})| - \varepsilon, \text{其他} \end{cases} \tag{5.21}$$

当 $\varepsilon = 0$ 时，函数变为二次损失函数。

这种损失函数可以被认为是 Huber 损失函数的一种近似形式，具有很好的鲁棒性，而且解具有很好的稀疏性。

考虑采用线性函数拟合，并且容许存在拟合误差，因此引入 $\xi_i \geqslant 0$，$\xi_i^* \geqslant 0$。并基于一次 ε-不敏感损失函数，则数学模型可描述如下：

$$\begin{aligned} \min_{w,\xi,\xi^*} \quad & \frac{\|\boldsymbol{w}\|^2}{2} + C\sum_{i=1}^{n}(\xi_i + \xi_i^*) \\ \text{s.t.} \quad & (\boldsymbol{w}^{\mathrm{T}}\boldsymbol{x}_i + b) - y_i \leqslant \varepsilon + \xi_i \\ & y_i - (\boldsymbol{w}^{\mathrm{T}}\boldsymbol{x}_i + b) \leqslant \varepsilon + \xi_i^* \\ & \xi_i \geqslant 0, \xi_i^* \geqslant 0, i = 1, \cdots, n \end{aligned} \tag{5.22}$$

这也是一个凸二次规划问题，其解为全局最优解，存在唯一的回归决策函数，接下来的解法与可分支持向量机解法步骤相同。在非线性回归情况下，首先使用一个非线性映射把数据映射到高维特征空间，然后再在高维空间进行线性回归。

根据前面所述，Vapnik 将核函数引入支持向量机中，以寻求解决非线性模式的识别问题和非线性函数的回归问题。核函数方法将样本映射到高维特征空间，通过一个函数来计算得到高维空间中的内积，而与特征空间的维数无关。在支持向量机中，复杂度取决于支持向量的数目，而非特征空间的维数。它在形式上类似于神经网络，若干中间结点对应于输入样本与一个支持向量的内积构成了其输出层，所以被称为支持向量网络，见图 5.2。

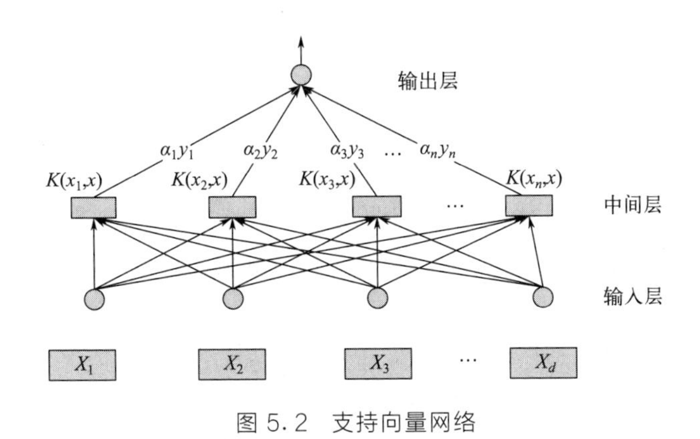

图 5.2　支持向量网络

由于将非线性问题变换到高维空间时为了线性可分，升维只是改变了内积运算，并没有使算法的复杂性随着维数的增加而增加，而且在高维的推广能力并不受维数影响，因而算法是可行的。

总结支持向量机的几个主要优点：

① 专门针对非线性、高维、有限样本的情况，其目标是在现有信息下得到最优解而不仅仅是样本趋于无穷大时的最优解；

② 采用结构风险最小化原理，成功解决神经网络的过学习和欠学习问题，提高泛化能力；

③ 算法最终转化为一个二次规划问题，理论上得到的是全局最优解，克服了在神经网络中无法避免的局部极值问题；

④ 算法通过核函数将实际问题通过非线性变换转换到高维空间，再在高维特征空间进行线性回归，在高维空间中构造线性逼近函数来实现原空间中的非线性逼近函数，巧妙地解决了维数问题，使得算法复杂度与维数无关。

支持向量机虽然有上述优点，但并非完美，无法通过 SVM 得到概率式的预测，SVM 的核函数必须满足 Mercer 条件，并且必须人为给定误差参数 C。这些不美之处为后续研究者留下了广阔的空间。

5.2
支持向量机理论

近年来，预测模型越来越多应用于生产、生活各个领域，并取得了不错效果。比较有代表的是非线性回归模型、灰色模型、模糊模型和神经网络模型[141,142]。这些模型有着各自优缺点：非线性回归模型可以很好地处理非线性问题，但同时需要大量训练数据，而且对训练自变量要求是正态分布，模型的适应性有限；灰色模型可以较好地处理短期线性预测问题，但它通过差分运算，对数据进行累加，易丢失一些有用信息，而且训练样本不能够多；神经网络模型是建立在大量数据样本情况下的模型，有良好的泛化能力，但易陷入局部极小值，而且存在“维数灾难”问题，不适应小样本；模糊神经网络可以对一些模糊性的问题进行处理和预测，但对短期预测问题效果不明显。

神经网络虽然具有较好的非线性逼近能力，但仍然有着收敛速度慢并且容易陷入局部极小的问题，所以小样本统计学习理论被广泛研究。支持向量机（support vector machine，SVM）方法诞生于这个理论框架下，利用 VC 维理论和结构风险最小化原理解决小样本、非线性、高维、局部极小等问题[143]。SVM 的基本思想是在样本空间或特征空间构建最优超平面，并最大化超平面与不同样本集之间的间距，以获得最大的泛化能力。在神经网络等传统方法中，优化目标是最小化训练误差，优化问题的约束是训练误差，优化目标是最小化置信区间值。因此，SVM 的泛化能力明显优于神经网络等传统的神经学习方法。此外，SVM 求解的问题最终转化为凸二次规划问题，因此，该解是唯一且全局最优的。为了减少计算量，最小二乘 SVM（LSSVM）方法被提出。为进一步增加模型的鲁棒性，引出了加权 LSSVM（WLSSVM）方法。为提高 SVM 的稀疏性，相关向量机应运而生。

聚丙烯是三大工业塑料之一，是重要的工业原料。我国是聚丙烯的主要消费国，聚丙烯产业发展迅速，但仍不能满足国内实际生产需求。可见聚丙烯生产控制研究是非常重要的。熔融指数是聚丙烯生产控制的关键质量指标之一，决定了产品的牌号。因此，准确预测聚丙烯熔融指数就显得尤为重要。但是，目前的熔融指数预测大多是通过离线化验分析方法得到的，存在2～4h的延迟，不能满足实时控制的要求。因此，设计准确可靠的熔融指数实时预测模型已成为聚丙烯生产控制研究的前沿和热点。

目前，SVM已经被广泛应用于各个预测领域，比如非线性系统预测控制[144,145]、蛋白质二级结构预测[146]、负荷预测[147]等。

5.2.1 SVM非线性回归原理

针对熔融指数预报问题是一个非线性回归问题，本节主要介绍SVM非线性回归问题。非线性回归先用一非线性映射 $\varphi(\cdot)$ 把数据映射到一个高维特征空间，具体是通过核函数 $K(\boldsymbol{x}_i,\boldsymbol{x}_j)=\varphi(\boldsymbol{x}_i)\cdot\varphi(\boldsymbol{x}_j)$ 来实现，再在高维特征空间中进行线性回归。如此一来，非线性回归问题被转化为高维特征空间中的线性回归问题，如图5.3所示。

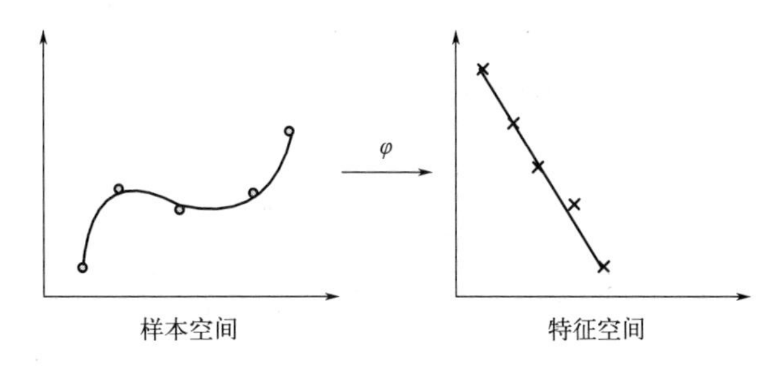

图5.3　支持向量机非线性回归

假设给定的数据样本集合为 $(\boldsymbol{x}_1,y_1),\cdots,(\boldsymbol{x}_n,y_n),\boldsymbol{x}\in R^n,y\in R$。通过寻找一个函数 $f(\boldsymbol{x})=\boldsymbol{w}^{\mathrm{T}}\varphi(\boldsymbol{x})+b$，以用 $y=f(\boldsymbol{x})$ 来推断出对应输入 $\boldsymbol{x}$ 的输出 y 值。找到函数的关键是正确求出偏置量 b。损失函数的选取见式(5.18)，图5.4和图5.5显示了 $y-f(\boldsymbol{x})$ 在 ε 为0和非0时，线性和二次 ε 不敏感损失的形式。误差函数之间有一个宽度为 2ε 的不敏感带，称为 ε 管道。其中 ξ_i^*、ξ_i 度量了训练点上误差的代价，在 ε 管道内的点误差为0，见图5.6。

寻找函数的参数等价于求解如下优化问题：

$$\min_{\boldsymbol{w},b,\xi^*,\xi} R(\boldsymbol{w},\xi^*,\xi)=\frac{1}{2}\boldsymbol{w}^{\mathrm{T}}\boldsymbol{w}+C\left\{\sum_{i=1}^{n}\xi_i^*+\sum_{i=1}^{n}\xi_i\right\}$$

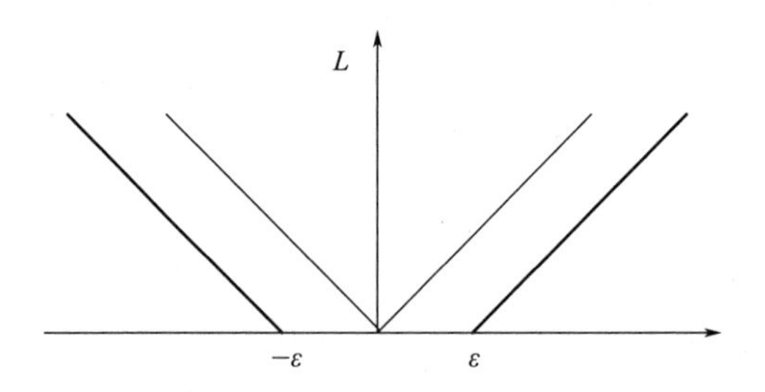

图 5.4　ε 为 0 或非 0 所对应的线性 ε 不敏感损失

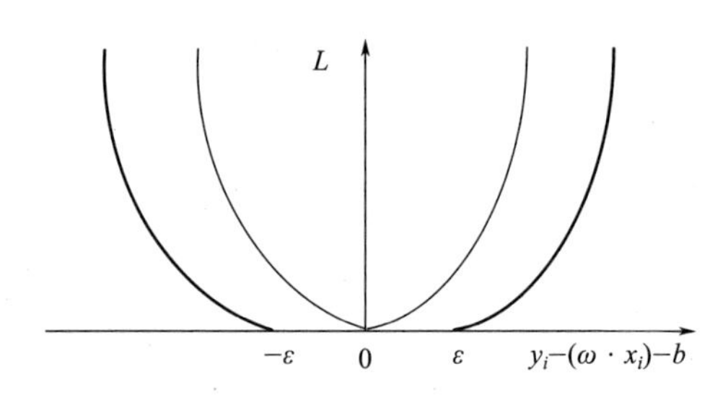

图 5.5　ε 为 0 或非 0 所对应的二次 ε 不敏感损失

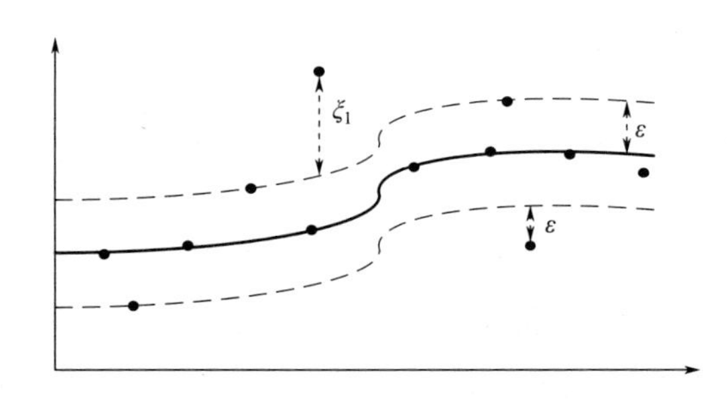

图 5.6　非线性回归函数的不敏感带

$$
\begin{aligned}
\text{s.t.}\quad & y_i-\boldsymbol{w}^{\mathrm{T}}\varphi(\boldsymbol{x}_i)-b\leqslant \varepsilon+\xi_i^*, && i=1,\cdots,n\\
& -y_i+\boldsymbol{w}^{\mathrm{T}}\varphi(\boldsymbol{x}_i)+b\leqslant \varepsilon+\xi_i, && i=1,\cdots,n\\
& \xi_i^*,\xi_i\geqslant 0, && i=1,\cdots,n
\end{aligned}
\tag{5.23}
$$

其中 ξ_i、ξ_i^* 为松弛因子，分别对应于样本点在最优回归超平面的上方和下方两种情况；C 为惩罚系数，它越大表示对超出 ε 管道数据点的惩罚越大。引入 Lagrange 乘子 α_i 求解这个具有线性不等式约束的二次规划

问题，即

$$\max_{\alpha,\alpha^*,\beta,\beta^*}\min\left\{L_p=\frac{1}{2}\|\boldsymbol{w}\|^2+C\sum_{i=1}^{n}(\xi_i^*+\xi_i)-\right.$$

$$\sum_{i=1}^{n}\alpha_i(\varepsilon+\xi_i-y_i+\boldsymbol{w}^T\varphi(\boldsymbol{x}_i)+b)-$$

$$\left.\sum_{i=1}^{n}\alpha_i^*(\varepsilon+\xi_i^*+y_i-\boldsymbol{w}^T\varphi(\boldsymbol{x}_i)-b)-\sum_{i=1}^{n}(\beta_i\xi_i+\beta_i^*\xi_i^*)\right\} \tag{5.24}$$

其中 α_i、α_i^*、β_i、β_i^*，$i=1,\cdots,n$ 为拉格朗日乘子。由此可得对偶优化问题为：

$$\max_{\alpha,\alpha^*}\left\{L_D=-\frac{1}{2}\sum_{i=1}^{n}\sum_{j=1}^{n}(\alpha_i-\alpha_i^*)(\alpha_j-\alpha_j^*)K(\boldsymbol{x}_i,\boldsymbol{x}_j)-\right.$$

$$\left.\varepsilon\sum_{i=1}^{n}(\alpha_i+\alpha_i^*)+\sum_{i=1}^{n}y_i(\alpha_i-\alpha_i^*)\right\}$$

$$\text{s. t.}\quad \sum_{i=1}^{n}(\alpha_i-\alpha_i^*)=0$$

$$0\leqslant\alpha_i,\alpha_i^*\leqslant C\quad i=1,\cdots,n \tag{5.25}$$

其中 $K(\boldsymbol{x}_i,\boldsymbol{x}_j)=\varphi(\boldsymbol{x}_i)\cdot\varphi(\boldsymbol{x}_j)$ 称为核函数，本书都采用径向基（RBF）核函数。由此可得 $\boldsymbol{w}$ 和待估计函数：

$$\begin{cases}\boldsymbol{w}=\sum_{i=1}^{n}(\alpha_i^*-\alpha_i)\varphi(\boldsymbol{x}_i)\\ f(\boldsymbol{x})=\sum_{i=1}^{n}(\alpha_i^*-\alpha_i)K(\boldsymbol{x},\boldsymbol{x}_i)+b\end{cases} \tag{5.26}$$

通过求解上式可以得到 α_i、α_i^*，从而算出 $\boldsymbol{w}$。按照 KKT 条件求出 b：

$$\begin{gathered}\alpha_i[\xi_i+\varepsilon-y_i+f(\boldsymbol{x}_i)]=0\\ \alpha_i^*[\xi_i^*+\varepsilon-y_i+f(\boldsymbol{x}_i)]=0\\ (C-\alpha_i)\xi_i=0\\ (C-\alpha_i^*)\xi_i^*=0\end{gathered} \tag{5.27}$$

从式(5.27) 可知，$\alpha_i\alpha_i^*=0$。这说明若 $\alpha_i\neq0$，则 $\alpha_i^*=0$；反之亦然。同时可知，对应于 $\alpha_i=C$ 或 $\alpha_i^*=C$ 的 $f(\boldsymbol{x}_i)$ 和 y_i 的误差可能大于 ε；对应于 $\alpha_i\in(0,C)$ 或 $\alpha_i^*\in(0,C)$ 的 $f(\boldsymbol{x}_i)$ 和 y_i 的误差必然小于等于 ε，即 $\xi_i=0$ 或者 $\xi_i^*=0$。则由式(5.27) 可得：

$$\begin{gathered}b=y_i-\sum_{i=1}^{n}(\alpha_j^*-\alpha_j)K(x_i,x_j)+\varepsilon\quad 0<\alpha_j<C\quad \text{或}\\ b=y_i-\sum_{i=1}^{n}(\alpha_j^*-\alpha_j)K(x_i,x_j)-\varepsilon\quad 0<\alpha_j^*<C\end{gathered} \tag{5.28}$$

5.2.2 最小二乘支持向量机

Suhkens 在 SVM 基础上，提出了一种改进的 SVM 方法——最小二乘支持向量机（LSSVM）方法[112]。与标准 SVM 相比，LSSVM 求解线性方程组时，能够明显降低求解二次规划问题的计算复杂度。此外，LSSVM 的数值稳定性和容量控制策略使得即使在非正定的条件下核函数矩阵也能取得不错的效果。

LSSVM 算法如下：

假设给定的数据样本集合为 $(\boldsymbol{x}_1, y_1), \cdots, (\boldsymbol{x}_n, y_n), \boldsymbol{x} \in R^n, y \in R$。在非线性情况下，通过引入变换 $\varphi(\cdot)$ 可以将样本从输入空间映射至高维特征空间。寻找函数的参数等价于求解下面二次规划问题：

$$
\begin{aligned}
&\min_{\boldsymbol{w}, b, \xi^2} R(\boldsymbol{w}, \xi^2) = \frac{1}{2} \| \boldsymbol{w} \|^2 + C \sum_{i=1}^{n} \xi_i^2 \\
&\text{s.t.} \quad y_i = \boldsymbol{w}^{\mathrm{T}} \varphi(\boldsymbol{x}_i) + b + \xi_i, \quad i = 1, \cdots, n
\end{aligned}
\tag{5.29}
$$

其中，ξ_i 为松弛变量，C 为惩罚因子。与传统 SVM 相比，LSSVM 中的二次规划约束条件为等式，并且以二次函数作为损失函数，故被称为最小二乘支持向量机。引入 Lagrange 乘子 α_i，定义如下 Lagrange 函数：

$$
L = \frac{1}{2} \| \boldsymbol{w} \|^2 + C \sum_{i=1}^{n} \xi_i^2 - \sum_{i=1}^{n} \alpha_i (\xi_i - y_i + \boldsymbol{w}^{\mathrm{T}} \varphi(\boldsymbol{x}_i) + b) \tag{5.30}
$$

令 L 对变量 $\boldsymbol{w}$、b、α_i、ξ_i 的偏导数等于零。

$$
\begin{cases}
\dfrac{\partial L}{\partial \boldsymbol{w}} = 0 \rightarrow \boldsymbol{w} = \displaystyle\sum_{i=1}^{n} \alpha_i \varphi(\boldsymbol{x}_i) \\
\dfrac{\partial L}{\partial b} = 0 \rightarrow \displaystyle\sum_{i=1}^{n} \alpha_i = 0 \\
\dfrac{\partial L}{\partial \xi_i} = 0 \rightarrow \alpha_i = C \xi_i & i = 1, \cdots, n \\
\dfrac{\partial L}{\partial \alpha_i} = 0 \rightarrow \boldsymbol{w}^{\mathrm{T}} \varphi(\boldsymbol{x}_i) + b + \xi_i - y_i = 0 & i = 1, \cdots, n
\end{cases}
\tag{5.31}
$$

将式(5.31) 代入式(5.29) 的约束等式，优化问题转化为求解线性方程：

$$
\begin{bmatrix} 0 & 1_v^{\mathrm{T}} \\ 1_v & K + C^{-1} \boldsymbol{I} \end{bmatrix} \begin{bmatrix} b \\ \alpha \end{bmatrix} = \begin{bmatrix} 0 \\ y \end{bmatrix} \tag{5.32}
$$

其中 $y=[y_1,\cdots,y_n]^{\mathrm{T}}$，$1_v=[1,\cdots,1]^{\mathrm{T}}$，$\alpha=[\alpha_1,\cdots,\alpha_n]^{\mathrm{T}}$，$K=[k_{ij}]_{n\times n}$，$k_{ij}=K(\boldsymbol{x}_i,\boldsymbol{x}_j)=\varphi(\boldsymbol{x}_i)\cdot\varphi(\boldsymbol{x}_j)$，$\boldsymbol{I}$ 为单位阵。得到非线性模型：

$$f(\boldsymbol{x})=\sum_{i=1}^{n}\alpha_i K(\boldsymbol{x},\boldsymbol{x}_i)+b \tag{5.33}$$

传统 SVM 中 α 有一小部分的分量并不为零，及支持向量数目比较少；而 LSSVM 中 α 的每一个分量与样本的误差 ξ_i 成正比，所以 LSSVM 中没有支持向量的概念。与 SVM 相比，LSSVM 虽然训练速度更快，但不能保证解是全局最优解，降低了训练精度。

5.2.3 加权最小二乘支持向量机

为了在最小二乘支持向量机（WLSSVM）的基础上使得模型具有更高的鲁棒性，针对式(5.29) 的误差变量 ξ_i 引入权重因子 v_i[114]：

$$\begin{aligned}&\min_{\boldsymbol{w}^*,b^*,\xi^*} R(\boldsymbol{w}^*,\xi^*)=\frac{1}{2}\boldsymbol{w}^{*\mathrm{T}}\boldsymbol{w}^*+\frac{1}{2}C\sum_{i=1}^{n}v_i\xi_i^{*2}\\&\text{s.t.}\quad y_i=\boldsymbol{w}^{*\mathrm{T}}\varphi(\boldsymbol{x}_i)+b^*+\xi_i^*,i=1,\cdots,n\end{aligned} \tag{5.34}$$

相应的 Lagrange 函数为：

$$L(\boldsymbol{w}^*,b^*,\xi^*,\alpha^*)=R(\boldsymbol{w}^*,\xi^*)-\sum_{i=1}^{n}\alpha_i^*\{\boldsymbol{w}^{*\mathrm{T}}\varphi(\boldsymbol{x}_i)+b^*+\xi_i^*-y_i\} \tag{5.35}$$

其中未知变量以 * 标记。根据优化条件，消除 $\boldsymbol{w}^*$、ξ^* 后可得

$$\begin{bmatrix}0 & 1_v^{\mathrm{T}}\\ 1_v & K+V_{\mathrm{C}}\end{bmatrix}\begin{bmatrix}b^*\\ \alpha^*\end{bmatrix}=\begin{bmatrix}0\\ y\end{bmatrix} \tag{5.36}$$

其中 $V_{\mathrm{C}}=\mathrm{diag}(1/Cv_1,\cdots,1/Cv_n)$。

权重因子 v_i 由误差变量 ξ_i 所决定。

$$v_i=\begin{cases}1, & 若\ |\xi_i/\hat{s}|\leqslant c_1\\ \dfrac{c_2-|\xi_i/\hat{s}|}{c_2-c_1}, & 若\ c_1\leqslant|\xi_i/\hat{s}|\leqslant c_2\\ 10^{-4}, & 其他\end{cases} \tag{5.37}$$

其中 $\hat{s}$ 是最小二乘支持向量机中误差变量 ξ_i 标准差的估计，常量 c_1、c_2 通常取为 $c_1=2.0$，$c_2=2.0$。

5.2.4 相关向量机

在机器学习领域，SVM在解决分类、回归以及预测等方面取得了巨大的成就，但也有一些局限性：

① SVM必须给定一个误差参数C，该参数对SVM的影响很大，但是该参数的最优值比较难确定；

② 不够稀疏，支持向量的数量随着样本数量的增加而线性增加；

③ 无法给出概率式的预测，因此SVM无法适用于需要后验概率的分类问题；

④ 核函数必须满足Mercer条件，即核函数必须是连续对称正定函数。

为了解决SVM的这些缺陷，Michal E. Tipping[115,148]提出了一种新的基于贝叶斯稀疏核函数的学习算法，即相关向量机（Relevance Vector Machine，RVM）。RVM不仅解决了误差参数C的设定问题，同时也可得到概率分布式的预测结果。RVM采用稀疏贝叶斯学习结构，应用ARD（automatic relevance determination）[149]理论去掉不相关的数据点，以得到稀疏模型。RVM相对于SVM的最大优点是显著降低了核函数的复杂度，克服了所选核函数必须满足Mercer条件的缺点。

5.2.5 相关向量机的基本理论

RVM训练在贝叶斯框架下进行，其推理过程反复应用贝叶斯定理、马尔可夫性和核函数技术等。

（1）贝叶斯定理

假设A是连续的随机变量，在值域R上，它的概率分布函数$p(A)$满足：

$$\int_R p(A)\mathrm{d}A=1 \tag{5.38}$$

设B也是连续的随机变量，$p(A,B)$满足：

$$\int p(A,B)\mathrm{d}A=p(B) \tag{5.39}$$

则贝叶斯定理表述如下：

$$p(A|B)=\frac{p(A,B)}{p(B)}=\frac{p(B|A)p(A)}{p(B)} \tag{5.40}$$

结合式(5.39) 和式(5.40)，贝叶斯定理改写为：

$$p(A|B)=\frac{p(A,B)}{\int p(A,B)\mathrm{d}A}=\frac{p(B|A)p(A)}{\int p(B|A)p(A)\mathrm{d}A} \tag{5.41}$$

(2) 马尔可夫性

假设 T_n 和 T_{n-1} 分别表示第 n 次和 $n-1$ 次的实验结果。如果 T_n 概率分布和 T_{n-1} 有关，而 T_{n-1} 的概率分布又和 T_{n-2} 有关，因此 T_n 和 T_{n-2} 之间并不是相互独立的，具有间接相依性，如下：

$$\begin{aligned}p(T_n|T_{n-1})&=p(T_n|T_{n-1},T_{n-2})\\&=p(T_n|T_{n-1},T_{n-2},T_{n-3},\cdots)\end{aligned} \tag{5.42}$$

这种性质称为马尔可夫性。所以在离散情况下：

$$p(T_n|T_{n-2})=\sum_{T_{n-1}}p(T_n|T_{n-1})p(T_{n-1}|T_{n-2}) \tag{5.43}$$

在连续情况下：

$$p(T_n|T_{n-2})=\int p(T_n|T_{n-1})p(T_{n-1}|T_{n-2})\mathrm{d}T_{n-1} \tag{5.44}$$

5.2.6 相关向量机模型基本原理

相关向量机与支持向量机的函数形式一致，如 $t=\boldsymbol{w}^T\varphi(\boldsymbol{x})+b$。设给定训练样本的输入、输出集为 $\{\boldsymbol{x}_n,t_n\}_{n=1}^N$，$\boldsymbol{x}_n$ 是输入特征向量，t_n 是目标值。整个模型的目的是根据样本集和先验知识设计一个系统，使得系统根据新数据能预测输出。输出 t_n 是独立的，且数据噪声服从于高斯分布。RVM 的回归模型为：

$$\begin{aligned}t_n&=y(\boldsymbol{x}_n;\boldsymbol{w})+\varepsilon_n=\sum_{i=1}^{N}\boldsymbol{w}_iK(\boldsymbol{x}_n,\boldsymbol{x}_i)+\boldsymbol{w}_0+\varepsilon_n\\&=\boldsymbol{w}^{\mathrm{T}}\varphi_n(\boldsymbol{x})+\varepsilon_n\end{aligned} \tag{5.45}$$

其中 $K(\boldsymbol{x},\boldsymbol{x}_i)$ 是核函数，$\varphi(\boldsymbol{x})=(1,K(x_n,x_1),\cdots,K(x_n,x_N))$ 是核函数列，$\boldsymbol{\Phi}=(\varphi_1,\cdots,\varphi_M)$ 是 $N\times M$ 的核矩阵，$\boldsymbol{w}=(\boldsymbol{w}_0,\cdots,\boldsymbol{w}_n)$ 为回归系数（也称权值向量），噪声 ε_n 服从于均值为零、方差为 σ^2 的高斯分布。则 $p(t_n|\boldsymbol{x})=N(t_n|y(\boldsymbol{x}_n,\boldsymbol{w}),\sigma^2)$。其训练样本集的似然函数为：

$$p(t|\boldsymbol{w},\sigma^2)=(2\pi\sigma^2)^{-N/2}\exp\left(-\frac{1}{2\sigma^2}\|t-\boldsymbol{\Phi}\boldsymbol{w}\|^2\right) \tag{5.46}$$

直接用最大似然估计的方法求解 $\boldsymbol{w}$、σ^2，通常会导致严重的过拟合现象，使 $\boldsymbol{w}$ 中的元素大部分不是0，失去了稀疏性。为了避免这一现象，引入 ARD 高斯先验（Gaussian prior）来解决这一问题，即定义权重 $\boldsymbol{w}$ 的先验分布为依赖于超参数 α 的高斯分布：

$$p(\boldsymbol{w} \mid \alpha) = \prod_{i=0}^{M} N(\boldsymbol{w}_i \mid 0, \alpha_m^{-1}) = (2\pi)^{-M/2} \prod_{i=0}^{M} \alpha_i^{1/2} \exp\left(-\frac{\alpha_i \boldsymbol{w}_i^2}{2}\right) \tag{5.47}$$

式中 $\alpha=(\alpha_0,\alpha_1,\cdots,\alpha_M)^{\mathrm{T}}$ 最终确定模型的稀疏性。由贝叶斯准则，可得权重向量 $\boldsymbol{w}$ 的后验似然分布为：

$$p(\boldsymbol{w} \mid t,\alpha,\sigma^2) = \frac{p(t \mid \boldsymbol{w},\sigma^2)p(\boldsymbol{w} \mid \alpha)}{p(t \mid \alpha,\sigma^2)} \tag{5.48}$$

该权值的后验分布为多变量高斯分布，其后验协方差和后验均值分别为：

$$\begin{aligned} \Sigma &= (\sigma^{-2}\Phi^{\mathrm{T}}\Phi + A)^{-1} \\ \mu &= \sigma^{-2}\Sigma\Phi^{\mathrm{T}}t \end{aligned} \tag{5.49}$$

式中，$A=\mathrm{diag}(\alpha_0,\alpha_1,\cdots,\alpha_M)$。通过最大化边缘似然函数化求得最大似然估计点 α_{MP}。

$$\begin{aligned} L(\alpha) &= \ln p(t \mid \alpha,\sigma^2) = \ln\int p(t \mid \boldsymbol{w},\sigma^2)p(\boldsymbol{w} \mid \alpha)\mathrm{d}\boldsymbol{w} \\ &= -\frac{1}{2}[N\ln 2\pi + \ln|B| + t^{\mathrm{T}}B^{-1}t] \end{aligned} \tag{5.50}$$

其中：

$$B = \sigma^2 I + \Phi A^{-1}\Phi^{\mathrm{T}} \tag{5.51}$$

通过得到的 $\alpha=\alpha_{MP}$ 代入式(5.49) 求得估计点 μ_{MP}，从而得到最后估计值 $t=\Phi\mu_{MP}$。本书采用自下向上模型来更新超参数 α，即快速边缘最大化算法[150]。在迭代过程之中，大部分的 α_i 会逐渐趋向于无穷大，则相应的 $\boldsymbol{w}_i$ 为0，故可以删去其基函数，从而实现稀疏性。而其他的 α_i 则会趋向于有限值，与之对应的非零 μ_{MP} 的数目也相对很少，这些元素则被称为相关向量（relevance vector，RV）。引入稀疏因子 s_i 和质量因子 q_i：

$$\begin{aligned} s_i &= \boldsymbol{\varphi}_i^{\mathrm{T}} B_{-i}^{-1} \boldsymbol{\varphi}_i \\ q_i &= \boldsymbol{\varphi}_i^{\mathrm{T}} B_{-i}^{-1} t \end{aligned} \tag{5.52}$$

式中，B_{-i}^{-1} 表示该矩阵中去掉第 i 个基向量后得到的相应矩阵。s_i 是衡量基向量是否在模型中存在的依据；q_i 是某一个基向量排除在模型外的误差调整尺度。将式(5.52) 代入式(5.51) 可得：

$$\alpha_i = \frac{s_i^2}{q_i^2 - s_i} \quad 若 \quad q_i^2 > s_i \tag{5.53}$$

$$\alpha_i = \infty \quad 若 \quad q_i^2 \leqslant s_i \tag{5.54}$$

在训练 RVM 的模型中：

当 $\alpha_i = \infty$，而更新的 $\alpha_i^{\text{new}} < \infty$，则模型中添加基向量 $\boldsymbol{\varphi}_i$，且根据式(5.53) 求得 α_i；

当 $\alpha_i < \infty$，且 $\alpha_i^{\text{new}} = \infty$，则删除 $\boldsymbol{\varphi}_i$，根据式(5.54) 设置 $\alpha_i = \infty$；

当 $\alpha_i < \infty$，且 $\alpha_i^{\text{new}} < \infty$，则保留 $\boldsymbol{\varphi}_i$，根据式(5.53) 修正 α_i；

当 $\max|\Delta\alpha_i| < 10^{-3}$ 时，表明模型已经收敛，$\boldsymbol{w}_i$ 和 α_i 的更新迭代过程结束。

综上所述，快速算法是在避免大矩阵的求逆的基础上，对每个输入向量进行添加、删除和修改。同时，每一步迭代都保证了边缘似然目标函数的增加，确保了迭代的收敛性。

5.3 SVM 在聚丙烯熔融指数预报中的应用

5.3.1 过程数据及其预处理

基于工程经验和反应机理分析，选择了 9 个过程变量作为建模的输入数据，分别是温度 T，压力 p，液位 l，氢气气相百分数 a，2 股催化剂进料流速 f_1、f_2、3 股丙烯进料流速 f_3、f_4、f_5[78,79]。本节用于预报分析的数据是某个企业聚丙烯生产现场得到的 85 组数据，每组数据包括上述 9 个输入变量和一个熔融指数真实值。实际采样数据中，每间隔 2h 采集一组数据，所以 85 组数据涵盖了 170h 的生产现场情况，保证了所建模型的可用性和推广性。本书首先将数据归一化处理，再经过主元分析方法降维，最后分成三组数据（训练数据、测试数据和推广数据），计为 A 策略；或者分成两组数据（训练数据和测试数据），计为 B 策略。为了区分对待和显示实验结果的直观性，A 策略用于支持向量机及其改进支持向量机模型；B 策略用于相关向量机及其改进相关向量机模型。

初始数据包含九个不同的变量，每个变量都有不同的单位，为了避免物理意义和维度不同造成的误差，并且防止输出数据中的小值被吞噬，需要进行标准化操作。设原始数据集合为 $S=\{x_{i1},x_{i2},\cdots,x_{i9}\}$，标准化后的数据集合为 $S^*=\{x_{i1}^*,x_{i2}^*,\cdots,x_{i9}^*\}$。本书采用的标准化方法为：

$$x_{ij}^*=\frac{x_{ij}-\text{mean}(S)}{\text{std}(S)} \quad j=1,2,\cdots,9 \quad i=1,2,\cdots,85 \tag{5.55}$$

其中 mean 指的是数据平均值，std 指的是数据的标准差。标准化后数据在［0，1］范围内。

为了降低模型的复杂度，采用主成分分析（principle component analysis，PCA）方法[151]将 9 维的变量降到 5 维。PCA 将高维空间中的数据投影到另一个同维空间中。在这个空间中，某些变量根据它们的贡献被截断以保留原始数据中的主要信息。

第 i 个主成分的方差在全部方差中所占比重 $\lambda_i\Big/\sum_{i=1}^{p}\lambda_i$ 称为贡献率，表示该成分反映了原来 P 个指标多大的信息，有着多大的综合能力。一般保证累积贡献率≥85%为宜，即

$$\sum_{i=1}^{k}\lambda_i\Big/\sum_{i=1}^{p}\lambda_i \geqslant 85\% \tag{5.56}$$

其中的 k 值就是主成分个数，也就是降维后的维数，本书选取 $k=5$。

5.3.2 模型性能比较

本章建立了改进支持向量机（LSSVM 和 WLSSVM）、相关向量机（RVM）预报模型。实验的主要内容是在数据预处理后，分别计算在数据分类 A 策略下最小二乘支持向量机（LSSVM）、加权最小二乘支持向量机（WLSSVM）的预报值和在数据分类 B 策略下 LSSVM 和相关向量机（RVM）的预报值。

图 5.7～图 5.11 可以很明显地看出：

① 所有模型都能比较好地逼近实测数值，其中改进模型的效果也比较明显：WLSSVM 比 LSSVM 模型的效果要好，引入稀疏性的 RVM 比 LSSVM 效果也要好；

② 所有模型在训练集上都有比较好的学习效果，预报值都比较接近实测值；

③ 所有模型在测试集上的预报精度都有所下降，但总体上精度仍不错，符合工业生产的误差要求；

④ 所有模型在推广集上的预报精度也在可接受范围内，从图 5.10 和图 5.11 得到，RVM 模型的泛化能力最好。

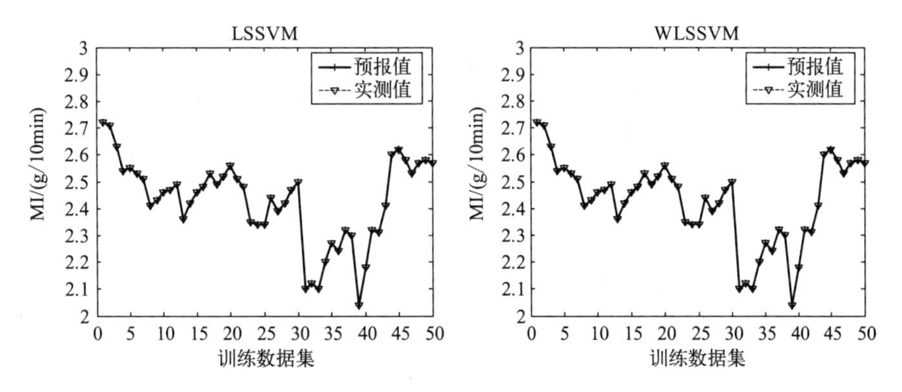

图 5.7　改进 SVM 模型在训练集上的学习精度

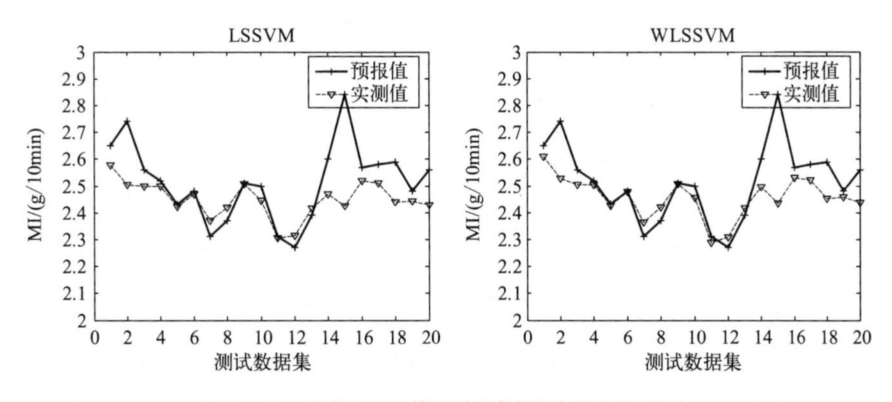

图 5.8　改进 SVM 模型在测试集上的预报精度

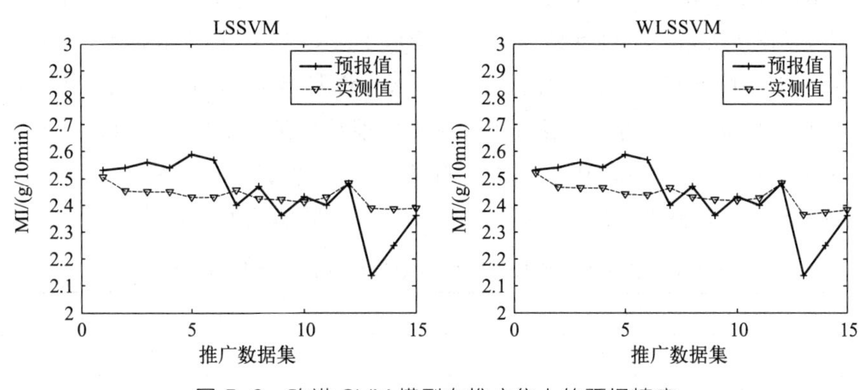

图 5.9　改进 SVM 模型在推广集上的预报精度

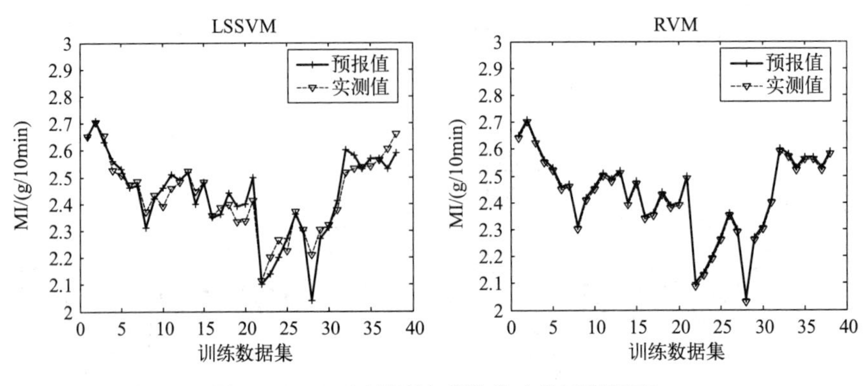

图 5.10　RVM 模型在训练集上的预报精度

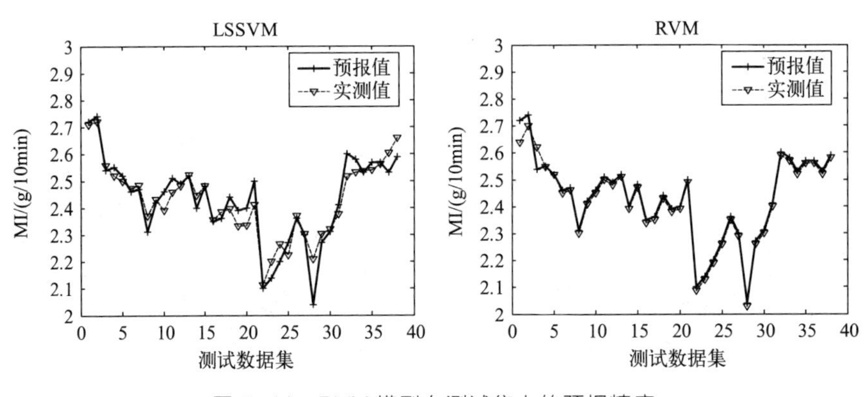

图 5.11　RVM 模型在测试集上的预报精度

表 5.1～表 5.3 给出了所有模型在不同数据集合上的性能指标，再一次从指标数值上验证了前面关于图的分析。从表可以知道，所有模型的 MRE 值都远在 10%（工业生产现场要求值）下。在 A 策略测试数据集上，MRE 从 3.12%降低到 2.76%，降低了 11.54%；推广数据上，MRE 从 3.45%降低到 3.09%，降低了 10.43%，说明 WLSSVM 模型比 LSSVM 模型的预报结果要好些，验证了理论上的推导。在 B 策略测试数据集上，MRE 从 1.57% 降低到 0.60%，降低了 61.78%，远远大于 10.43%（WLSSVM 的降低程度），说明 RVM 比 LSSVM 的预报效果更好。

表 5.1　改进支持向量机对测试数据集的预报结果（A 策略）

模型	MAE	MRE	RMSE	STD	TIC
LSSVM	0.0820	3.12%	0.1255	0.1108	0.0253
WLSSVM	0.0727	2.76%	0.1172	0.1058	0.0236

表5.2　改进支持向量机对推广数据集的预报结果（A策略）

模型	MAE	MRE	RMSE	STD	TIC
LSSVM	0.0828	3.45%	0.1054	0.1087	0.0216
WLSSVM	0.0742	3.09%	0.0953	0.0985	0.0195

表5.3　RVM预报模型对测试数据集的预报模型（B策略）

模型	MAE	MRE	RMSE	STD	TIC
LSSVM	0.0374	1.57%	0.0122	0.0103	0.1407
RVM	0.0149	0.60%	0.0800	0.0195	0.0045

本章小结

本章针对聚丙烯生产的非线性，介绍了支持向量机的非线性回归原理。为了降低求解二次规划问题的计算复杂度并增强模型的鲁棒性，先后探讨了最小二乘支持向量机和加权最小二乘支持向量机。进一步为克服支持向量机的一些不足，提高模型的稀疏性，探讨了相关向量机。将这些模型应用在聚丙烯熔融指数预报上，仿真得到了模型的预报精度并进行分析比较，为后续的研究做了铺垫。

介绍了基本粒子群优化算法及其改进方法，应用改进的粒子群优化算法来对LSSVM、WLSSVM和RVM进行参数寻优，分别建立了PSO-LSSVM、PSO-WLSSVM、PSO-RVM等智能支持向量机模型。通过改进的粒子群优化算法找到使模型预报误差最小的全局最优解，并且将全局最优解作为支持向量的参数，以此得到优化后的智能支持向量机模型。最后将这些模型用在熔融指数预报上，得到每个模型的预报精度，分析比较得到PSO-WLSSVM比PSO-LSSVM的预报效果要好，其中PSO-RVM模型的预报性能最好。

思考题

1. 为什么在聚丙烯熔融指数预报中要使用支持向量机模型？支持向

量机有哪些特点使其适用于非线性回归问题？

2. 改进的粒子群优化算法在智能支持向量机模型中起到了什么作用？相比传统的粒子群优化算法有何优势？

3. 根据小结中的分析比较结果，为什么 PSO-WLSSVM 和 PSO-RVM 在熔融指数预报中表现更好？它们各自的优势是什么？

第6章 模糊理论

长期以来，人们已经习惯于追求客观事物的准确和清晰。命题为真或为假，元素与集合之间的关系要么属于，要么不属于。然而，在现实中，许多问题无法用明确的分类或答案来解释。人脑作为认识和改造客观世界的主体，在对自然现象的反映中往往是模棱两可的。以气象现象为例，人们通常使用“小雨”“中雨”“大雨”等概念来描述“雨”现象中降雨量的增加。那么，什么样的雨是“大雨”，什么样的雨是“小雨”……都很难说清，也没有严格的界限，所以这是一个模糊的划分。模糊数学的诞生是为了解决生活中此类无法用精确数量定义的问题[152]。

在丙烯聚合等一些工业控制领域，很难准确掌握工业数据，数据分类和属性划分也存在很大风险。模糊集合的概念是对原有经典集合概念的新扩展，更适合现实工业中的数据分布特征。为了定量表达模糊概念，我们将经典集合扩展到模糊集合领域。一个对象是否符合模糊集不应该用一个词“是”或“否”来回答，而是使用数字来反映其属于模糊集的程度[153]。模糊集合和模糊隶属函数概念的产生则很大程度上解决了这个问题，通过对数据的隶属函数值进行 0 到 1 之间的连续划分来解释数据的隶属度的强弱，从而更有说服力。

本章将介绍模糊理论在丙烯聚合过程熔融指数预报中的应用。

6.1 模糊神经网络介绍

6.1.1 模糊理论介绍

为模糊数学做出奠基性贡献的是美国控制论专家 L. A. Zadeh，他于 1965 年在杂志 Information and Control 上的著名论文[154]标志着模糊理论的产生。L. A. Zadeh 在 20 世纪 50 年代从事工程控制领域方面的研究，在最优检测领域做出了不菲的成果。60 年代起，其研究转向多目标决策。长期以来，围绕着检测、决策、控制及其相关的一系列问题的研究使 Zadeh 逐渐意识到了传统数学的局限性。人们可以对像时间、长度、质量等物理量进行精确测量，但无论什么尺子或天平都不能测量出人们对商品的满意程度，或者断定某人是否为“胖子”，因为这些都是与模糊现象相联系的模糊量，他们是无法进行精确测量的。这是经典数学处理模糊现象的根本障碍。Zadeh 意识到可以使用模糊集合来表示模糊概念，并以此为突破点而建立起研究模糊现象的基本理论，从而使模糊理论在具有模糊性的领域里发挥其独有的作用[155]。

模糊理论一经问世，就在数学本身和许多实际领域得到了广泛的应用。到90年代，已经形成了系统完整、特色鲜明的模糊拓扑学，形成了框架日趋成熟的模糊随机数学、模糊分析学以及模糊逻辑理论[156-159]。

6.1.2　模糊集合

模糊理论在软测量领域中比较常用的概念是模糊方程[160-162]和模糊集合。其中最基本的概念就是模糊集合[153,163-165]，其概念如下：

设 U 为论域，一个定义在 U 上的模糊集合 F 由隶属函数 $\mu_F: U\rightarrow[0,1]$ 来表征，这里的 $\mu_F(x)$ 表示 $x\in U$ 在模糊集合 F 上的隶属程度，即元素从属于一个集合的程度。

在模糊集合出现以前的经典集合或普通集合的隶属函数值只有两个取值 $\{0,1\}$，设有集合 $A=\{x_1,x_2,x_3,x_4\}$，现用隶属函数值 $\mu_A(x)$ 来表征元素 x 和经典集合 A 的关系，如下式表示：

$$\mu_A(x)=\begin{cases}1 & x\in A\\ 0 & x\notin A\end{cases} \tag{6.1}$$

该式表示，如果元素 x 属于集合 A，则隶属函数值为1；如果 x 不属于集合 A，则隶属函数值为0。经典集的隶属函数只能表征元素的一种状态，即要么属于集合 A，要么不属于集合 A。而如果在现代工业的环境中，一个元素由于某些原因（工业噪声）偏出集合的范围，就容易造成数据缺失或误判。

而模糊集合可以看成是在经典集合概念上的一个推广。设给定一个模糊集合 A，它表示远大于零的实数，即 $A=\{x\mid x\gg 0\}$，则其隶属函数的表达式以及隶属函数值随变量的变化曲线表示如下：

$$\mu_A(x)=\begin{cases}0, & x\leqslant 0\\ \dfrac{1}{1+e^{-2(x-4)}}, & x>0\end{cases} \tag{6.2}$$

模糊数学用于研究和处理模糊现象。其使用隶属函数来反映论域中的元素属于模糊集的程度。模糊是客观事物的本质属性在人们心目中的反映，是人类社会长期发展中约定俗成的东西。模糊性的根源在于客观差异与这种现象和其他现象之间存在中间过渡。当然，模糊隶属度函数的具体确定涉及人脑的处理和具体的心理过程。许多心理学实验表明，人类各种感觉所反映的心理量与外界刺激的物理量之间存在着非常严格的关系。它们在一定程度上客观地对隶属函数进行了某种限定，使隶属函数成为衡量模糊概念的客观性尺度，不能主观随意地创造。

正确确定隶属函数是利用模糊集正确定量表达模糊概念的基础。许多文献还提供了确定隶属函数的一般原则和方法，并对该问题进行了清晰的阐述。然而，模糊概念何止千万，不可能找到一种统一的方法来确定反映模糊概念的模糊集的隶属函数。对于同一个模糊概念，人们经常使用不同的隶属函数，只要隶属函数能够反映模糊概念，尽管形式不同，但在解决处理模糊信息的问题中仍能殊途同归。要正确地确定隶属度函数，既能深刻地认识它所反映的模糊概念，又要找到合适的形式来定量地反映这个模糊概念，这是相当困难的。应用模糊数学来解决实际问题通常会导致找到一个或多个隶属函数。这个问题解决之后，其他问题也就迎刃而解。隶属函数的确定过程本质上是客观的，但又容许有一定的人为技巧，这都基于多次训练的基础上。现在比较常用的模糊隶属函数包括了S形隶属函数、三角形隶属函数、梯形隶属函数、高斯隶属函数等。图 6.1～图 6.4 展示了这几种常用的隶属函数图形。

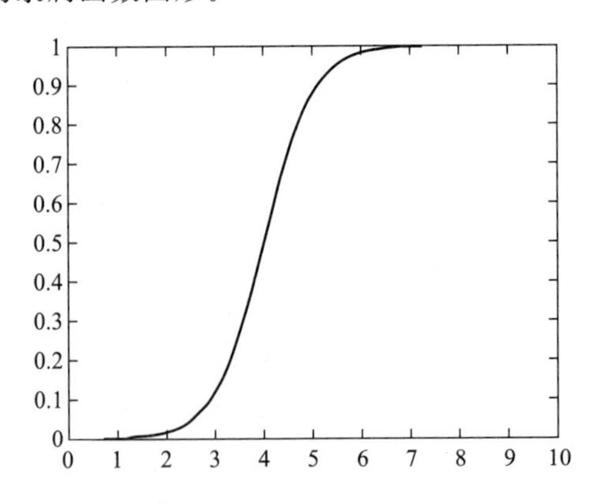

图 6.1　模糊集合中的 S 形隶属函数

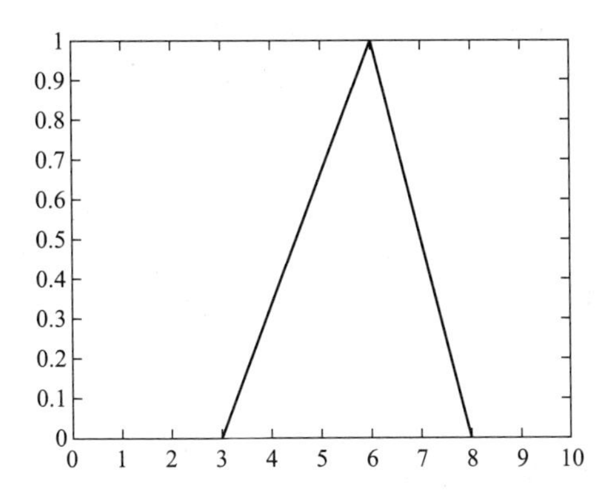

图 6.2　模糊集合中的三角形隶属函数

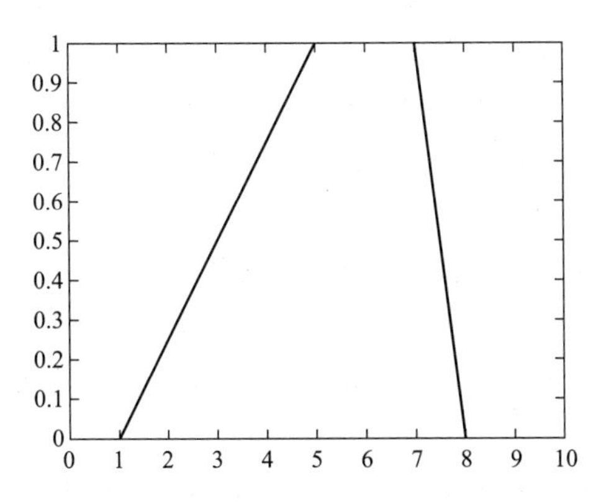

图 6.3　模糊集合中的梯形隶属函数

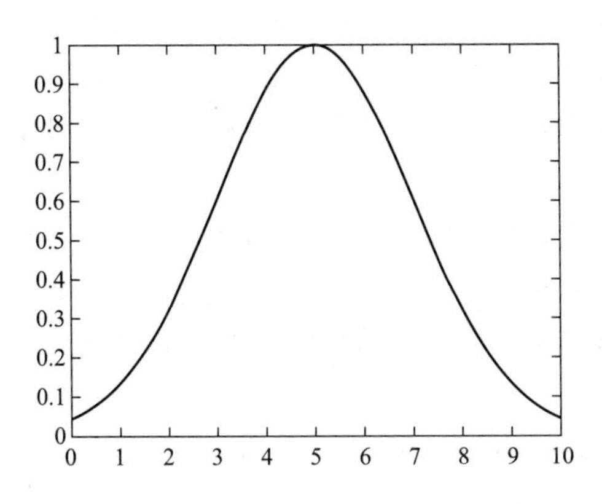

图 6.4　模糊集合中的高斯隶属函数

以上不同的隶属函数根据不同的情况应用于不同的模糊系统中，应根据被研究对象的性质进行选择，如样本数据的统计特征、聚类、分类、数据完整性、数据包含的噪声量等等。一般来说，如果不能完全掌握所研究数据的整体情况，则应当选择使用更通用的高斯隶属函数。这个隶属函数的对象的特征是其样本数据的分类统计规律大致属于高斯分布。由于高斯分布在统计数学和日常生活中的重要地位，所以选择高斯隶属函数具有一定的通用性。

6.1.3 模糊理论的特点

类似于时间、质量、长度等其他物理量，人们可以通过多种方式对其进行精确测量，但是人们对于具体商品的满意度却无法通过尺子或者天平测量出来，或判断某些人是“瘦子”或者“胖子”，因为这些都是属于模糊现象中的模糊量，它们是无法被精确测量的。经典数学方法在处理模糊现象问题时略显不足。

实际上，刚懂事的小孩子也能分清类似于“大个子”“胖子”“小个子”等模糊概念，这是由于人脑可以通过一种先天的模糊测量能力来观测复杂的客观世界。从数学上来刻画和研究人脑的这种功能和特性是模糊数学的主要内容之一。

模糊概念可以用模糊集表示。Zadeh 教授正是认识到了这一点，才使他能从量上描述模糊现象并以此为突破口，建立了研究模糊现象的基础理论，从而使数学在具有模糊性的领域里也能发挥其独有的作用。模糊理论在实际中的应用几乎涉及国民经济的各个领域和部门。农业、林业、气象、环境、地质调查、医学、军事、社会治安等领域都有着模糊理论广泛而成功的应用[159,166,167]。

从诞生到今天，经过几十年的发展壮大，模糊数学不仅理论内容十分丰富，而且在自然科学、社会科学、工程技术等几乎所有领域都有应用。各种模糊技术成果和模糊产品逐渐从实验室走向社会，取得了显著的社会效益[159]。

在解决实际问题的过程中，往往最后总结为一套规则，使得只要给定一组已知的信息，就可得出相应的求解结果，即设计一个合适的自动求解系统。目前人脑的思维、推理和判断能力比计算机强，计算机只有在给定准确的信息之后，才能做出相应的判断。因为根据不相容原理，当一个系统的复杂性增加时，精确化该系统的能力则会降低，并且超过设定的阈值后，精确性与复杂性相互排斥，此时精确建模方法就失去了作用。反观人脑却不存在这样的问题，在只已知部分、甚至不全对的信息情况下，人脑也可以进行分析判断。为了让求解系统具有类似人脑的功能，模糊技术是其中最关键的因素。模糊系统就是以模糊规则为基础而具有模糊信息处理能力的动态模型。与其他普通的系统比起来，模糊系统具有以下几个方面的优点：

① 模糊系统能将人的经验、知识等用适合计算机处理的形式表现出来；

② 模糊系统可以建立描述人的感觉、语言表达方式以及行动过程的模型；

③ 模糊系统能模拟人的思维、推理和判断过程；

④ 模糊系统可以压缩信息。

作为模糊系统基础部分的模糊规则，专家的经验、知识等可以用“If…then…”的形式来表示。模糊规则的表现方式自然，从而容易获取专家经验。计算机的运算结果也能表示成模糊规则，简单易懂。

模糊逻辑推理也是模糊系统中不可或缺的重要部分，它主要是通过模糊关系的相互合成来实现的，目前最常用的合成方法是 max-min 合成。模糊推理的主要作用是当数条模糊规则同时起作用时，按照并行处理方法产生对应于模糊输入的模糊输出量。

6.2
模糊神经网络介绍

由于人工神经网络在过拟合方面的缺陷以及模糊理论的快速发展，人们开始了对模糊神经网络的研究[168]。1987 年，Bart Kosko[169] 率先将模糊理论与神经网络有机结合进行了较为系统的研究。在这之后的时间里，模糊神经网络（fuzzy neural networks，FNN）理论得到了快速发展并且被广泛运用。各种新型模糊神经网络模型的提出及其相适应的学习算法的研究完善了模糊神经理论，并且在实践中也得到了非常广泛的应用[170]。1990年中国科学院自动化研究所应行仁、曾南，通过倒立摆的仿真实验结果提出采用BP神经网络记忆模糊规则的控制。1993年Jang提出了基于网络结构的模糊理论的概念，并设计了网络结构模型[171]，这种网络结构便是模糊神经网络的雏形。

在模糊系统中，主要有两种表示模糊模型的方法：一种是模糊规则的后件为输出量的一个模糊集合，如NB、PB等；另一种是模糊规则后件为输入语言变量的函数，典型的情况是输入变量的线性组合。由于是Takagi和Sugeno首先提出该模型，因而通常称为模糊系统的T-S模型[172]。这里采用的模型就是T-S模型。

不失一般性，选择一个多输入-单输出的模糊模型。每个规则服从下面的形式：

$$\text{Rule } i : \text{IF } x^j \text{ is } \widetilde{A}_1^i \text{ AND } \cdots \text{AND } x^n \text{ is } \widetilde{A}_n^i$$

$$\text{THEN } \hat{y} \text{ is } a_0^i + \sum\nolimits_{j=1}^{n} a_j^i x^j , \quad i=1,\cdots,N \tag{6.3}$$

其中 x^j，$j=1,\cdots,n$ 是输入变量，$\hat{y}$ 是输出值，n 是输入变量的个数，$\widetilde{A}_j^i$ 是输入变量的语言变量值，a_j^i 是解析的参数值，N 是规则的个数。

模糊网络的结构如图6.5所示。它是一个5层的网络，每个层的节点的描述如下：

第一层（输入层）：在这一层里，没有与输入变量相关的计算操作，每个输入变量 $\boldsymbol{x}=[x^1,\cdots,x^n]$ 在节点处都被直接映射到节点的输出，其中 n 表示输入变量的个数。

第二层（模糊化层）：在这一层里，每个节点都代表一个模糊化函数，对每个输入变量 x^j，下面的模糊化方程将求出对每个模糊集合的隶属度：

$$M_{ij}=\exp\left\{-\frac{(x^j-m_{ij})^2}{\sigma_{ij}^2}\right\}, \quad i=1,\cdots,N, \quad j=1,\cdots,n \tag{6.4}$$

其中 m_{ij} 和 σ_{ij} 分别表示模糊高斯成员函数的中心和宽度，N 表示规则的个数。在模糊神经网络中，N 的值是由相关的聚类算法决定的，这些聚类方法包括典型的模糊聚类和减法聚类。

第三层（规则层）：在这一层里，节点数等于规则数，每一个节点都代表了一个对输入变量的T-范数操作，第二层模糊化层的输出值将被作

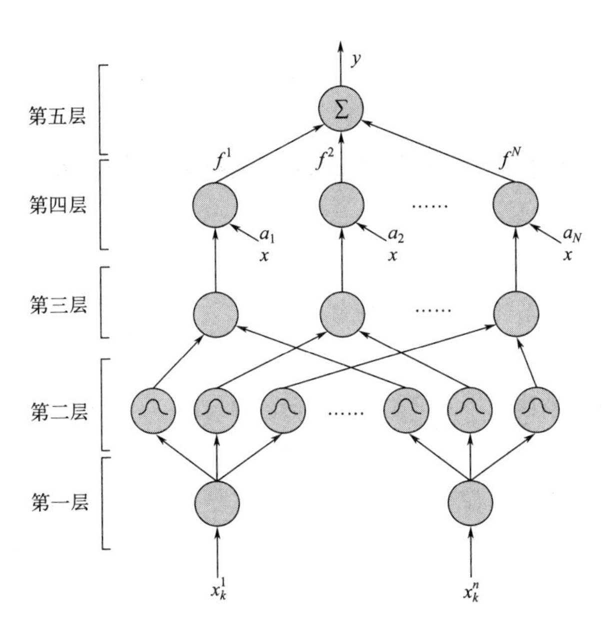

图 6.5　模糊神经网络的结构图

为第三层的输入值，节点的输出为输入变量对此规则的适用度 $\mu^i(\vec{x})$。这里适用度值 $\mu^i(\vec{x})$ 是由下式决定的：

$$\mu^i(\boldsymbol{x}) = \prod_{j=1}^{n} M_{ij}(\boldsymbol{x}) = \exp\left\{-\sum_{j=1}^{n} \frac{(x^j - m_{ij})^2}{\sigma_{ij}^2}\right\} \tag{6.5}$$

第四层（反模糊化层）：在模糊神经网络中，每个节点都有一个 TSK 结果。对每一个在这个层的节点，节点的输出是输入变量的线性乘积和，例如 $\sum_{j=1}^{n} a_j^i x^j + a_0^i$，每个节点用这个线性乘积和相应规则的适用度 $\mu^i(\boldsymbol{x})$相乘，得到最终的每个节点的输出。节点 i 的输出方程可以表示如下：

$$f^i = \mu^i(\boldsymbol{x}) \cdot \left(\sum_{j=1}^{n} a_j^i x^j + a_0^i\right) \tag{6.6}$$

第五层（输出层）：这一层的每个输出都代表了一个输出变量，输出变量是由该层的节点集合第四层的输出变量值并对其进行反模糊化，再加上一个偏移量 b，得到最后的输出值。模糊神经网络的输出值可以表达如下：

$$\hat{y} = \sum_{i=1}^{N} f^i + b = \sum_{i=1}^{N} \left[\mu^i(\boldsymbol{x}) \cdot \left(\sum_{j=1}^{n} a_j^i x^j + a_0^i\right)\right] + b \tag{6.7}$$

6.3 模糊神经网络在熔融指数软测量中的应用分析

在前文中，已经对本文研究的熔融指数软测量性能评价指标进行了阐述和说明，本小节将主要讨论模糊神经网络在熔融指数软测量中的应用。本节主要通过将模糊神经网络和径向基人工神经网络（RBF-ANN）进行对比，来观察模糊神经网络相对于普通的神经网络是否有性能上的改进以及对模型推广能力的影响；同时给出详细的表格和图示说明，将模型的软测量值和熔融指数的真实值绘成图线，通过更直观的图表形式来展示模型的软测量性能。为了后续讨论的方便和简洁，下面把经过样本训练数据处理过的RBF-ANN称为ANN模型，使用模糊神经网络（FNN）的软测量模型称为FNN模型。

在模糊神经网络训练中，将所有的样本数据分为三组：训练数据集、验证数据集和推广数据集。模糊神经网络的训练全部是基于训练数据集进行的，验证数据集和推广数据集是用来检验模型的软测量泛化能力的。训练数据集和验证数据集是按照时间顺序先后选取的，用训练数据集的样本数据对模型进行训练得到最初的软测量模型，再用模型对随后的数据进行泛化性能测量；推广数据集中的样本采集与训练数据集和验证数据集来自不同的批次，这样能够通过模型对不同批次的数据集合进行验证来证明模型的泛化推广能力。

ANN模型和FNN模型经过训练后分别对训练数据集进行软测量实验，实验误差情况如表6.1所示。

表6.1　ANN模型和FNN模型对训练数据集的软测量实验误差

项目	MAE	MXAE	MRE/%	RMSE	STD	TIC
ANN模型	0.0112	0.0563	0.4600	0.0156	0.0157	0.0032
FNN模型	0.0070	0.0313	0.2977	0.0102	0.0103	0.0021

通过对表6.1中两个软测量模型对训练数据集的实验结果的对比可以

得出，FNN模型比ANN模型在所有6项性能指标上均有不错的改善；由于这是在训练数据集上得到的对比结果，所以FNN软测量模型在原有的ANN模型的基础上，通过引入了模糊系统理论，其软测量性能得到了显著的改善和提升。具体来看，FNN软测量模型在训练样本集上的MAE比普通的ANN软测量模型降低了37.50%，MXAE降低了44.40%，MRE降低了35.28%，RMSE降低了34.62%，STD降低了34.39%，TIC降低了34.38%。从数值上看，FNN软测量模型的学习效果提升非常明显，达到了40%左右。

为了更清晰地展示两种方法的对比效果，特将MI真实值、ANN软测量模型输出值和FNN软测量模型输出值分别绘制成图线（如图6.6）以便进行更加直观的比较。FNN软测量模型对训练数据集中的样本点的拟合结果比ANN软测量模型要准确得多，从曲线走势来看，FNN软测量模型对训练数据集的输出结果与真实值曲线更加贴合；ANN软测量模型的输出值曲线在整体上也在逼近样本数据点的输出值，但是当输出值出现“震荡”时，ANN软测量模型的输出误差就开始明显增加；而FNN软测量模型输出值在一定程度上却能够跟上真实值曲线的这种“震荡”。

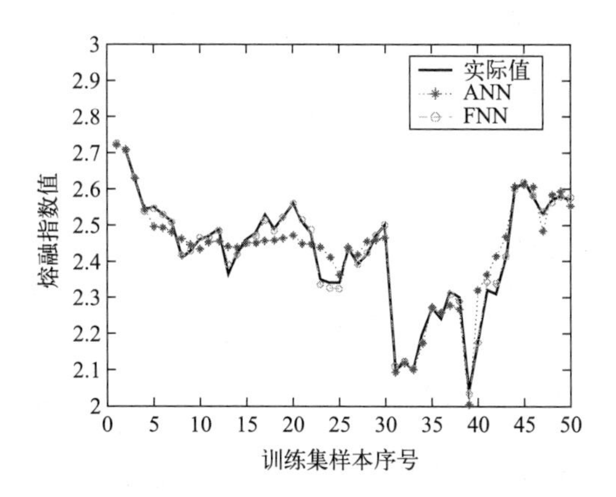

图6.6　软测量模型在训练数据集实验对比图

ANN模型和FNN模型分别对验证数据集上的样本点进行预报，误差情况如表6.2所示。

表 6.2　ANN 模型与 FNN 模型对验证数据集的软测量实验误差

项目	MAE	MXAE	MRE/%	RMSE	STD	TIC
ANN 模型	0.0602	0.3790	2.300	0.1022	0.0981	0.0205
FNN 模型	0.0171	0.0488	0.6983	0.0227	0.0229	0.0045

通过表 6.2 中两个模型对验证数据集中的样本点进行预报的误差情况对比，可以发现 FNN 模型比 ANN 模型的预报要更加准确；由于这是在验证数据集上的结果，因此这样的结果反映了 FNN 模型的预报性能比 ANN 模型更好。具体来看，FNN 软测量模型在训练样本集上的 MAE 比普通的 ANN 软测量模型降低了 71.59%，MXAE 降低了 87.12%，MRE 降低了 69.64%，RMSE 降低了 77.79%，STD 降低了 76.66%，TIC 降低了 78.05%。

图 6.7 直观地给出了验证数据集上的样本点的 MI 实际值、FNN 模型软测量实验值和 ANN 模型预报值之间的对比情况。FNN 模型预报的准确性明显要高于 ANN 模型，对于实际值曲线中的变化，FNN 模型的跟踪效果也要比 ANN 模型好很多。

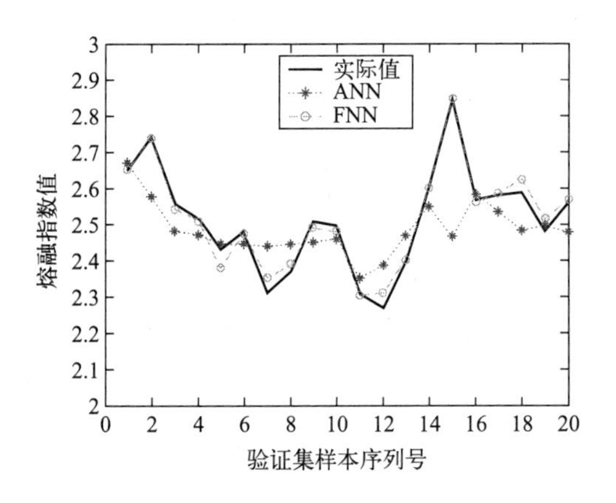

图 6.7　软测量模型在验证数据集实验对比图

上一部分模型对训练数据集的预报结果对比说明了 FNN 模型的训练效果更好，此处对验证数据集的预报效果对比则说明了 FNN 模型具有更好的预报性能。而且从模型预报的各项误差指标对比上来看，FNN 模型对 RBF 模型的改善幅度，在验证数据集上要远高于在训练数据集上，证明 FNN 方法的使用不仅改善了模型学习效果，更大幅提高了最终模型的预报性能。

ANN 模型和 FNN 模型分别对推广数据集上的样本点进行预报，误差情况如表 6.3 所示。

表 6.3　ANN 模型与 FNN 模型对推广数据集的预报误差

项目	MAE	MXAE	MRE/%	RMSE	STD	TIC
ANN 模型	0.0552	0.1693	2.300	0.0719	0.0744	0.0147
FNN 模型	0.0214	0.0608	0.8708	0.0267	0.0224	0.0054

通过表 6.3 中两个模型对推广数据集中的样本点进行预报的误差情况对比，可以发现 FNN 模型比 ANN 模型的预报要更加准确；由于这是在推广数据集上的结果，因此这样的结果反映了 FNN 模型的预报性能比 ANN 模型更好。具体来说，FNN 软测量模型在推广样本集上的 MAE 比普通的 ANN 软测量模型降低了 61.23%，MXAE 降低了 64.09%，MRE 降低了 62.14%，RMSE 降低了 62.87%，STD 降低了 69.89%，TIC 降低了 63.27%。

图 6.8 给出了推广数据集上样本点的 MI 实际值、FNN 模型预报值和 ANN 模型预报值之间的直观对比情况。FNN 模型预报的准确性显著高于 ANN 模型，对于实际值曲线中的变化，FNN 模型的跟踪效果也要比 ANN 模型好很多。由于这样的对比是在推广数据集上进行的，这样的结果同时反映出了模型的推广泛化能力；从 FNN 模型相对于 ANN 模型的

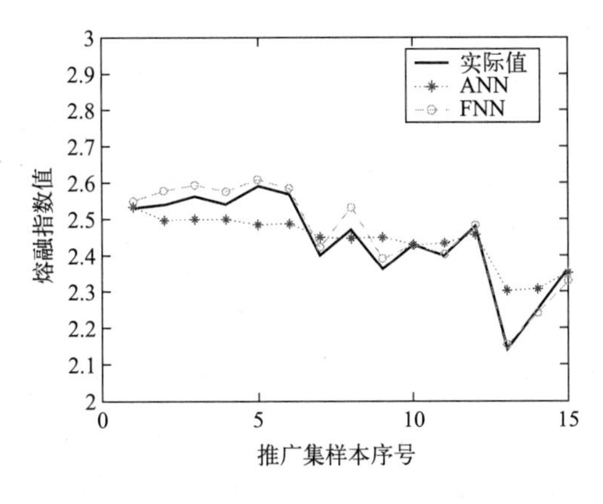

图 6.8　软测量模型在推广数据集实验对比图

误差指标改善状况来看，这一次在推广数据集上的改善幅度是最大的，比训练数据集和验证数据集上都要高很多；再次证明了 FNN 方法除了改善了模型的学习效果、预报效果之外，在模型对推广数据的预报和泛化能力改善方面也非常有效果。

本章小结

本章主要对模糊神经网络涉及的相关知识进行了一个系统的介绍。模糊神经网络是由模糊系统理论和人工神经网络相结合而产生的，对二者的优缺点进行了互补和提高。模糊理论自诞生以来通过一代代科学家的积极探索，获得了长足的进展，尤其是相关的理论探索方面，从最初由 Zedah 教授提出的初步的模糊理论到后来的模糊逻辑理论、模糊数学、模糊集合等等，形成了一整套强大的理论支撑；同时，人工神经网络自从 20 世纪被提出以来，马上受到了大批研究者的追捧，虽然中间经历了几次大起大落，但是其相关的研究成果确实层出不穷，对其研究也日趋完善。人工神经网络具有并行计算、历史记忆、高精度逼近等优点，但同时也有其根本上的缺陷，例如在典型的 BP 神经网络中，需要人为规定隐层神经网络节点数目以及人工神经网络的参数等，这也是神经网络的瓶颈问题。

本章介绍了模糊系统理论和人工神经网络，对其各自的理论内容进行了一个简单的概括，对其优缺点进行了初步的分析，通过其优缺点的对比，引入了另一个强大的机器学习算法工具——模糊神经网络。在模糊神经网络中，信息处理是基于模糊系统理论的，并且在结构上采用了人工神经网络的网络式结构，所以同样可以逼近任意精度的非线性函数，从而可以对化学工业中的聚丙烯熔融指数值进行软测量方面的研究。在对聚丙烯熔融指数进行软测量的过程中，数据的噪声干扰一直是困扰课题组进行更深一步研究的一个重要难题，前期课题组的研究主要放在人工神经网络在聚丙烯熔融指数软测量应用上，而由于人工神经网络在结构和参数设定问题上面的过拟合问题，很难取得更好的软测量模型。模糊神经网络通过对原有数据的模糊化减弱了数据噪声对系统软测量结构的影响，达到了预报精度和过拟合的平衡，确保了软测量模型的稳定性和健壮性。

思考题

1. 模糊神经网络是如何将模糊系统理论和人工神经网络相结合的？请简要说明两者的优缺点互补和提高的方式。

2. 为什么人工神经网络在聚丙烯熔融指数软测量应用上存在过拟合问题？模糊神经网络是如何解决这个问题的？

3. 模糊神经网络在工业聚丙烯熔融指数值软测量方面有什么应用优势？

第7章 混沌理论

20世纪下半叶，在非线性科学研究领域中，混沌理论的研究有着十分重要的地位。动力系统的数学模型、检测和识别系统的混沌特性可以用混沌时间序列预测来确定，该方法也被广泛应用于自然科学和社会科学的各个领域，现已成为混沌理论的一个重要应用领域和研究热点。

随着工业发展逐步现代化，工业过程日益繁杂、精细，对现代工艺过程控制也提出了越来越高的要求。化工生产的要求已经不能被传统的直接测量方法的结果所满足，因此在化工生产过程中实际采用了软测量方法，即一种通过辅助变量的测量来间接降低测量难度的测量方法。本章针对丙烯聚合过程这一生产工艺，研究聚丙烯熔融指数的软测量预报，引入混沌理论对熔融指数时间序列进行信息挖掘，以探究时序所包含的信息并建立相对准确的软测量预报模型。

一般而言，在实际问题中混沌时间序列预测主要分为三步进行：

① 分析识别实际问题中时间序列的混沌特性，讨论混沌分析的主要定量指标；

② 根据时延和嵌入维数对混沌时间序列的相空间进行重构；

③ 对混沌时间序列进行建模预测，并采用优化算法对模型结构进行优化。

本章分为以下三个部分介绍熔融指数预报中混沌理论的应用：第一部分介绍何为混沌理论；第二部分分别介绍现阶段对混沌时间序列预测和聚丙烯熔融指数的研究现状；第三部分阐述基于FWNN的熔融指数混沌预报研究。

7.1 混沌理论基本介绍

7.1.1 混沌理论的发展

20世纪60年代以来，非线性科学发展迅速，被誉为20世纪自然科学中“三大革命之一”[173]。非线性科学的研究非常广泛，涉及自然科学和社会科学等各个领域，其主要内容包括混沌理论、分形、复杂性等。混沌理论是非线性科学研究的重要内容。

混沌是一种看似无规则的运动，指在确定的非线性系统中，对初始条件非常敏感的系统行为。混沌广泛存在于自然界中，从宇宙到粒子，都要受到混沌的影响。随着现代科学的发展，混沌理论已经成为一门新兴科学。

H. Poincare首先在研究天体运行轨道稳定性问题时提出混沌理论，他于1903年在其著作《科学与方法》中提出了著名的庞加莱猜想，把拓扑学和动力学进行创造性的有机结合，并且认为即使是确定性动力学系统也可能会产生随机性。

20世纪50～60年代是混沌理论发展初期。1954年，苏联Kolmogorov给出了著名的KAM定理[174]，证明了不仅耗散系统具有混沌，保守系统也存在混沌。其后在1963年，Arnold以及J. Moser给出了严格数学证明。1963年美国麻省理工学院气象学家Edwadr N. Lorenz通过对天气预报的研究，发现确定性系统中有时会表现出随机行为，并在《确定性非周期流》一文中[175]提出著名的"蝴蝶效应"，描述了混沌的基本特征"初值敏感性"。

20世纪70年代是混沌理论快速发展期，混沌学研究从定性分析跨步到了定量计算阶段。1971年，荷兰数学家F. Takens和法国物理科学家D. Ruelle首次提出了"奇异吸引子"的概念，具有这种吸引子的运动就是混沌[176]。1975年，美籍华人学者李天岩与导师J. A. Yorke联名发表了《Period three implies chaos》论文[177]，首先提出了混沌概念，并给出了Li-Yorke定理，揭示了系统运动从有序状态到无序混沌的演变过程。1976年美国普林斯顿大学生物学家Robert M. May在研究虫口预测模型时，发表了《Simple mathematical models with very complicated dynamics》一文[178]，揭示了复杂与确定、确定与随机之间的辩证关系。1978年M. J. Feigenbaum在May的基础上，发现分叉过程，建立了关于一维映射混沌现象的普适理论[179]，推进了混沌学研究的定量化。

20世纪80年代是混沌定量分析发展阶段，系统如何从有序进入混沌，以及混沌的性质和结构成为研究热点，在这个阶段，多标度分形理论和符号动力学促进了混沌结构理论的归纳和发展。1980年美国物理学家N. H. Packard等提出了用原始系统中某变量的延迟坐标来重构相空间的预测模型[180]。1981年荷兰数学家Floris Takens用数学模型证明了只要合理选取嵌入维数和延迟时间，就可以重构相空间与原动力学系统微分同胚[181]，奠定了相空间重构技术坚实的基础。1983年，Grassberger和Procaccia利用相空间重构计算出了奇异吸引子的一系列混沌特征量[182]，使得混沌理论进入了应用阶段。

20世纪90年代至今，和其他许多学科的交叉研究是混沌研究的特点之一，其他科学的发展促进了对混沌理论的深入研究，混沌的研究反过来也为其他学科的发展提供了帮助。在数学、物理学、经济学、地球科学、生命科学和天文学等诸多领域都得到了广泛应用，展现出了良好的适用性和前景。

7.1.2　混沌的定义

关于混沌的概念，其实很难给出确切的定义，一般认为，混沌就是指在确定性系统中出现的一种貌似无规则的，类似随机的现象。混沌不是简单的无序而是没有明显的周期和对称，但却是具有丰富的内部层次的有序结构，是非线性系统中的一种新的存在形式。对于混沌的数学定义，目前有两种具有代表性的混沌定义。

(1) Li-Yorke混沌定义

李天岩和其导师（J. A. Yorke）在《Period three implies chaos》一文中提出了Li-Yorke定理[177]。

Li-Yorke定理　设f是$[a,b]$上的连续自映射，若$f(x)$有3周期点，则对任何正整数n，$f(x)$有n周期点。

并从区间映射的角度对混沌进行了定义：

对于$[a,b]$上的连续自映射f，存在不可数子集$S\subset[a,b]$，若满足以下条件，则称其具有混沌性质：

① S中无周期点；

② 对任意$x,y\in S$，有$\liminf\limits_{n\to\infty}|f^n(x)-f^n(y)|=0$；

③ 对任意$x,y\in S$，有$x\neq y$，$\limsup\limits_{n\to\infty}|f^n(x)-f^n(y)|>0$；

④ 对任意$x\in S$和f的任意周期点y，有$\limsup\limits_{n\to\infty}|f^n(x)-f^n(y)|>0$。

综上，Li-Yorke定义混沌对混沌系统的运动特征做了如下三点刻画：

① 有无穷多个稳定且可数的周期轨道；

② 有无穷多个稳定且不可数的非周期轨道；

③ 至少有一个非周期轨道是不稳定的。

（2） Devaney 混沌定义

1989 年，Devaney 从拓扑学角度给出了另一种混沌定义[183,184]。

设 V 是一个紧度量空间，连续映射 $f: V \rightarrow V$ 如果满足下列三个条件：

① 对初值敏感依赖：存在 $\delta>0$，对于任意的 $\varepsilon>0$ 和任意 $x \in V$，在 x 的 ε 邻域内存在 y 和自然数 n，使得 $d(f^n(x), f^n(y))>\delta$。

② 拓扑传递性：对于 V 上的任意一对开集 X、Y，存在 $k>0$，使 $f^k(X) \cap Y \neq \varnothing$。

③ f 的周期点集在 V 中稠密。

则称 f 是在 Devaney 意义下 V 上的混沌映射或混沌运动。

Devaney 混沌定义从更加直观的角度刻画了混沌运动的重要特性。对于初值的敏感依赖性，意味着无论 x、y 离得多么近，在 f 的作用下两者的轨道都有可能分开较大的距离，这意味着混沌系统有不可预测性。拓扑传递性意味着任一点的邻域在映射的多次作用下将遍及整个空间，说明映射不可能分解为两个互不影响的子系统。周期点的稠密性，说明混沌系统存在规律性成分，而非完全混乱无序。

7.1.3 典型混沌时间序列

（1） Lorenz 方程

Lorenz 方程所代表的混沌特性由美国气象学家 Lorenz 在 1963 年提出，该方程可以用一个三阶微分方程来描述[185,186]，表达式如下：

$$
\begin{cases}
\dfrac{\mathrm{d}x}{\mathrm{d}t}=-\sigma(x-y) \\
\dfrac{\mathrm{d}y}{\mathrm{d}t}=-xz+rx-y \\
\dfrac{\mathrm{d}z}{\mathrm{d}t}=xy-bz
\end{cases}
\tag{7.1}
$$

式中，x 表示振幅，与运动强度具有正相关关系，y 表示上升流与下降流间的温差，z 表示垂直分布的非线性度，σ 称作普朗特数，r 为瑞利数与其临界值之比，b 为正实数，没有直接的物理意义。

取初值 $x(0)=-1$，$y(0)=0$，$z(0)=1$，积分时间步长 $h=0.01$，固定参数 $\sigma=10$，$b=8/3$，$r=28$，对其进行积分，便可得关于 x、y、z 的

时间序列。

从图 7.1 中可得，尽管处于不同侧面上的曲线沿着一定轨迹进行重复性运动，但是它们最终都会趋向于相对稳定的区域。但曲线在重复的同时也在按照某种规律不断改变，这说明了混沌现象本身所具有的非周期性和随机性。而由于 Lorenz 轨线是反复折叠并且相互交叉形成的一个闭合空间，这种折叠交互空间构成的吸引子我们称为奇异吸引子。

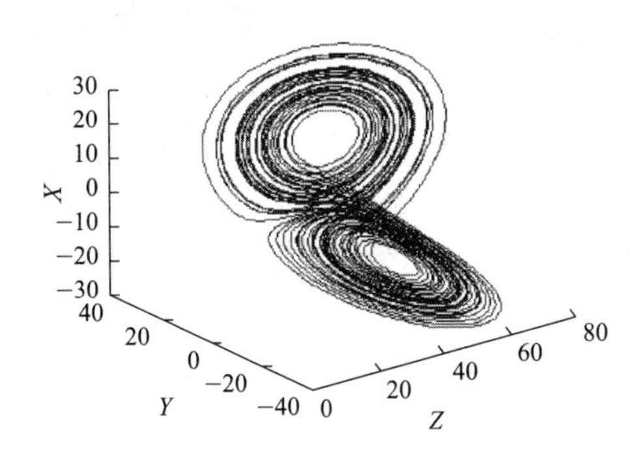

图 7.1　Lorenz 吸引子的三维立体图

（2）Logistic 映射

虫口模型（Logistic 映射）[187,188] 由美国数学生态学家 May 于 1976 年提出，其表达式如下：

$$x_{n+1}=x_n(a-bx_n) \tag{7.2}$$

式中，a 表示昆虫数目的增长率，$-bx_n$ 则表示在有限的资源条件下昆虫数量的饱和状态。即在一定范围内，由于支持该数量的昆虫所需要的食物资源是有限的，所以当特定范围内的昆虫数量过多、x 值极大时，昆虫之间为了争夺这些生存条件而抢占必要的资源。

选择 $a=b=\lambda$，考虑关系式 $x_{n+1}=\lambda x_n(1-x_n)(n=1,2,\cdots)$，根据 λ 的取值范围可以分为如下几种情况：

① 当 $0<\lambda\leqslant 1$ 时，系统的形态变得很简单，$x_0=0$ 为不动点，没有其余周期点的存在。

② 当 $1<\lambda<3$ 时，系统的形态变得相对简单，只有 0 和 $1-1/\lambda$ 这两个周期点。

③ 当 $3\leqslant\lambda\leqslant 4$ 时，系统的动力学特征变得很复杂，系统演化逐渐由倍周期分岔变成混沌。

④ 当 $\lambda>4$ 时，系统的动力学形态更加复杂。这四种情况如图 7.2 所示。

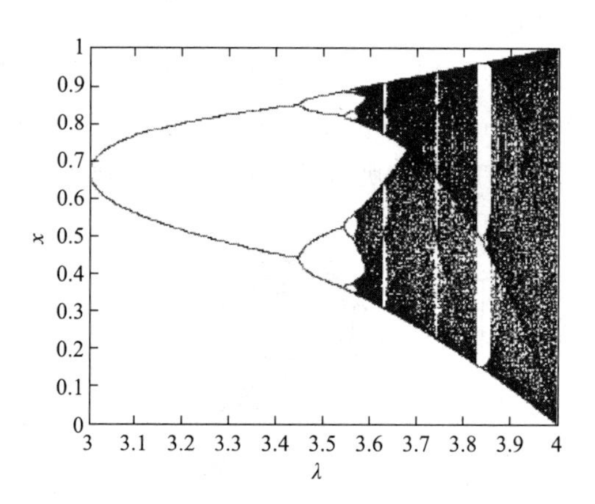

图 7.2 Logistic 映射的倍周期分叉通向混沌

(3) Chen's 吸引子

1998 年，香港城市大学的陈关荣教授在研究中发现了新的混沌吸引子[189,190]，其表达形式如下所示：

$$\begin{cases}\dot{x}=a(y-x)\\ \dot{y}=(c-a)x-xz+cy\\ \dot{z}=xy-bz\end{cases}\tag{7.3}$$

其中参数 $a=35$，$b=3$，$c=28$。

取初值 $x(0)=0$，$y(0)=1$，$z(0)=0$，积分时间步长 $h=0.01$，采用四阶 Runge-Kutta 求解积分方程组的方法，得到 Chen's 方程的三维空间相图如图 7.3所示。

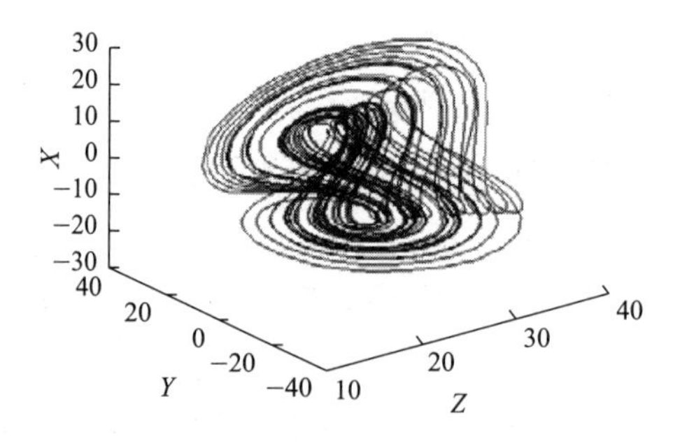

图 7.3 Chen's 方程的三维空间相图

（4）Rossler 吸引子

Rossler 吸引子是最著名的混沌吸引子之一，由 Otto Rossler 于 1976 年提出[191,192]。

Rossler 方程组的表达式如下

$$\begin{cases}\dot{x}=-(y+z)\\ \dot{y}=x+dy\\ \dot{z}=e+z(x-f)\end{cases}\tag{7.4}$$

固定参数 $d=0.52$，$e=2$，$f=4$，初值 $x(0)=y(0)=z(0)=0$，用四阶 Runge-Kutta 法进行积分，得到 Rossler 方程的三维空间相图如图 7.4 所示。

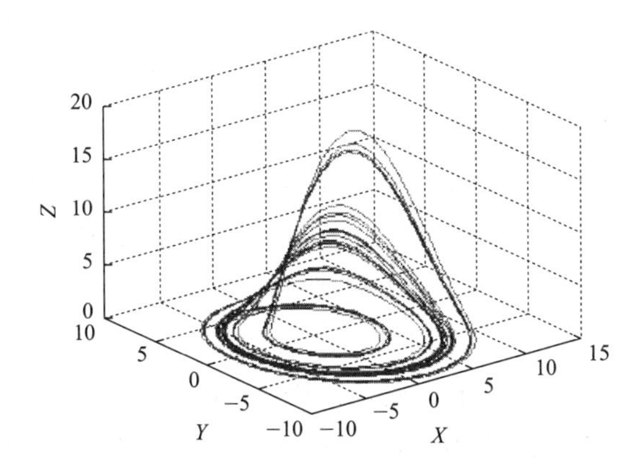

图 7.4　Rossler 方程的三维空间相图

7.2 混沌时间序列预测的研究现状

随着非线性科学的发展，混沌理论表明即使系统初始状态条件存在细微差异，最终系统演化也可能导致明显的差异，因而对混沌系统的长期演化结果是不可以预测的，但是混沌是确定系统的内在特性引起的，短期行为又是完全确定的，即可预测。这就是混沌时间序列预测的物理基础。基于混沌理论的时间序列预测较好地刻画了时间序列物理属性及影响因素，是一种预测精度高、简单、易行的时间序列预测方法。

研究混沌时间序列，始于 1980 年 Packard 等提出的重构相空间理论。Grassberger 和 Procaccia 等就如何计算关联积分进行了研究，由一维时间序列开始，运用时间延迟法，重构出了 Lorenz 方程、Logistic 方程、Henon 映射、Kaplan-York 映射等多种典型的混沌系统。G-P 算法研究的提出则使得对任何实测混沌时间序列的研究成为可能，为时间序列预测指明新的道路。传统的混沌时间序列的预测方法包括全域法、局域法、加权零阶局域法、加权一阶局域法、基于最大 Lyapunov 指数的预测方法、自适应预测等。

近年来，具有强大的非线性逼近能力的神经网络方法，已被用来研究混沌时间序列的预测问题[193]。最早采用的是多层感知机[194]和径向基（RBF）网络[195]，相比于传统的混沌时间序列预测方法，神经网络具有更高的预测精度。Ardalani-Farsa 和 Zolfaghari[196]提出了基于混合 Elman-NARX 神经网络的残差分析方法进行混沌时间序列预测。Chen 和 Han[197]采用径向基神经网络来预测多变量混沌时间序列，并在两个耦合的 Rossler 系统上进行了单步和多步的仿真测试。Najibi 和 Rostami[198]将三种回归神经回波状态网络用于混沌时间序列预测。Li 和 Lin[199]采用递归神经网络进行建模，对 Logistic 和 Henon 这两种典型的混沌时间序列进行了预测，具有更快的收敛性和更高的预报准确性。

基于混沌理论的非线性时间序列分析方法已广泛应用于电力负荷预测、电价预测、金融时间序列预测、径流预测、交通流预测、蒸汽负荷预测以及铁路货运量预测等领域。An 等[200]将小波分解和混沌理论应用到风电场的功率预测中，Yang 等[201]采用多步 BP 神经网络和 RBF 神经网络进行桥梁监测信息的混沌预报。李松[202]等提出了一种基于遗传算法优化 BP 神经网络的改进混沌时间序列预测方法，仿真结果表明该方法对典型混沌时间序列和短时交通流具有较好的非线性拟合能力和更高的预测准确性。Rong 和 Xiao[203]研究了混沌时间序列的非参数区间预测在气候系统中的应用，Chai 和 Lim[204]采用基于加权模糊隶属函数的混沌神经网络进行商业周期时间序列的预测。Wang 等[205]采用基于经验模态分解与样本熵融合（EEMD-SE）和全参数连续分数的混沌时间序列预报方法，用来预测风电时间序列，实验结果表明了所提方法的有效性。

7.3
时间序列的混沌特性识别研究

直至现在人们还没有对混沌下一个严格科学的定义，所以混沌信号的识别方法只是从某一方面来判别时间序列是否满足混沌的必要条件，现阶段的判定方法主要包括定性方法和定量方法两大类。定性判别主要是观察并判别时间序列的相关图形特征，直观性较强，而定量判别则不同，具有很强的客观性。因此，目前主流的判定时间序列的混沌特性的方法是定量判别。定量分析方法是在相空间重构理论的基础上，通过计算混沌信号奇异吸引子的特征参数来识别混沌系统，刻画系统奇异吸引子的主要参数有 Lyapunov 指数、关联维数和 Kolmogorov 熵。这三个参数在混沌信号的定量分析中起到至关重要的作用。

本节重点介绍时间序列的混沌特性分析及其相空间重构，并针对工业过程的熔融指数时间序列进行实例分析。首先，熔融指数时间序列的混沌特性分析与判定是研究熔融指数预报的前提和关键；其次，基于相空间重构理论，实现熔融指数时间序列的相空间重构，通过嵌入维数的方法把原本的系统拓展到高维的相空间中去。

7.3.1　平稳性分析

目前，时间序列分析方法中，时间序列的平稳性是随机时间序列分析和确定性时间序列分析的共性要求。检验时间序列是否平稳一般有两种方法：一种是利用自相关图及时序图的特征来进行判断的图检测方法；另一种是通过构造检验统计量来进行假设检验。图检验法操作简单但主观性较强，当前经常运用的是单位根检验法[206]。

ADF 检验法是目前普遍应用的单位根检验方法，考虑 y_t 存在 p 阶序列相关，用 p 阶自回归过程来修正：

$$y_t=\alpha+\phi_1 y_{t-1}+\phi_2 y_{t-2}+\cdots+\phi_p y_{t-p}+u_t \tag{7.5}$$

在上式两端减去 y_{t-1}，通过添项和减项的方法，可得

$$\Delta y_t = \alpha + \eta y_{t-1} + \sum_{i=1}^{p-1} \beta_i \Delta y_{t-i} + u_t \tag{7.6}$$

其中，$\eta = \sum_{i=1}^{p} \phi_i - 1$，$\beta_i = -\sum_{j=i+1}^{p} \phi_j$。

ADF 检验方法通过在回归方程右边加入因变量 y_t 的滞后差分项来控制高阶序列相关，如下所示：

$$\Delta y_t = \eta y_{t-1} + \sum_{i=1}^{p} \beta_i \Delta y_{t-i} + u_t \tag{7.7}$$

$$\Delta y_t = \eta y_{t-1} + \alpha + \sum_{i=1}^{p} \beta_i \Delta y_{t-i} + u_t \tag{7.8}$$

$$\Delta y_t = \eta y_{t-1} + \alpha + \delta t + \sum_{i=1}^{p} \beta_i \Delta y_{t-i} + u_t \tag{7.9}$$

原假设和备选假设表示如下

$$\begin{cases} H_0: \eta = 0 \\ H_1: \eta < 0 \end{cases} \tag{7.10}$$

原假设为：至少存在一个单位根；备选假设为：序列不存在单位根。序列可能还包含常数项和时间趋势项，判断的估计值是接受原假设或者接受备选假设，进而判断一个高阶自相关序列 $AR(p)$ 过程是否存在单位根。Mackinnon 通过模拟得出在不同的回归模型以及不同的样本容量下检验不同显著性水平的 t 统计量的临界值。这使得我们能够很方便地在设定的显著性水平下判断高阶自相关序列是否存在单位根。

ADF 检验以具有单位根为原假设，渐近稳定为备选假设；而 KPSS 检验以渐近稳定为原假设，具有单位根为备选假设。因此本节选用 KPSS 检验作为 ADF 检验的补充，两种检验方法在验证单位根过程方面具有互补性。

根据从待检验序列中剔除趋势项及截距项的残差序列来构造 LM 统计量是 KPSS 检验的基本原理。KPSS 检验法基于时间序列可分解为：

$$y_t = \mu + \omega t + r_t + u_t \tag{7.11}$$

其中，r_t 为随机游走过程，u_t 为扰动项。对式(7.11) 作最小二乘回归进而求得残差序列的估计 $\hat{e}_t$，$t=1,2,\cdots,T$，其部分和序列为 $S_t = \sum_{i=1}^{t} \hat{e}_i$，KPSS 的 LM 检验统计量为：

$$\mathrm{LM} = T^{-2} \sum_{t=1}^{T} S_t^2 \backslash S^2(l) \tag{7.12}$$

其中 T 是样本容量，并且

$$S^2(l) = T^{-1}\sum_{t=1}^{T} e_t^2 + 2T^{-1}\sum_{s=1}^{l} w(s,l)\sum_{t=s+1}^{T} e_t e_{t-s} \tag{7.13}$$

这里 $w(s,l)$ 是对应不同谱窗的可变权数函数，取巴特莱特窗 $w(s,l)=1-s/(l+1)$。

7.3.2 非线性检验

决定论规律的非线性，是混沌运动存在的必要条件。混沌系统最本质的特点是非线性系统对于初始条件的极端敏感性，采用 R/S 分析法来检验时间序列的非线性。R/S 分析法又称重标极差分析法，该法由英国学者 Hurst 首先提出[207]，它是自仿射分形衍生出的时间序列分析方法，通过改变时间尺度的大小来研究时间序列统计规律的变化，用来分析时间序列之间的长程相关性[208]。

对于一个时间序列 x_1，x_2，…，x_n，利用 R/S 分析法计算其 Hurst 指数如下：

① 定义其均值和标准差：$\overline{x}_n = \dfrac{1}{n}\sum_{t=1}^{n} x(t)$，$S(n) = \sqrt{\dfrac{1}{n}\sum_{i=1}^{n}(x_i - \overline{x}_n)^2}$；

② 计算累积离差：$y_t = x_t - \overline{x}_n$，$z_t = \sum_{i=1}^{t} y_i$，$t=1,2,\cdots,n$；

③ 调整得到极差：$R(n) = \max\limits_{1\leqslant t\leqslant n} z_t - \min\limits_{1\leqslant t\leqslant n} z_t$；

④ 获得重置标度：$R(n)/S(n)$。

R/S 分析法可表述为：

$$R(n)/S(n) = c \cdot n^H \tag{7.14}$$

其中，H 即为 Hurst 指数，c 为常数。对式(7.14) 取自然对数得到：

$$\ln R(n)/S(n) = \ln(c) + H \cdot \ln(n) \tag{7.15}$$

在坐标系 $\ln n$-$\ln R(n)/S(n)$ 中，对式(7.15) 用直线拟合，拟合直线的斜率即为 Hurst 指数 H，取值在 0～1 之间。

Hurst 指数的不同取值代表了时间序列的不同性质：①当 $H=0.5$ 时，时间序列服从标准的随机游走，事件是随机和不相关的，即过去与将来不存在相关性，时间序列为完全独立过程。②当 $0\leqslant H<0.5$ 时，时间序列是反持久性的，如果某一时刻序列向上，那么下一时刻它很可能反转

向下。并且 H 越接近 0，这种负相关性就越强。③当 $0.5<H\leqslant 1$ 时，时间序列服从持久的、有偏的随机过程，意味着时间序列具有持续性，即存在长期记忆的特性，理论上现在的变化将对后续变化产生持续的影响。并且 H 越接近 1，这种相关性就越强。

Hurst 指数和时间序列的分形维数之间存在如下关系：$D=2-H$，因此求出 H 就可以得出时间序列的分维 D，分形维数代表了分形的粗糙程度，一般来讲，值越大，说明分形现象越复杂。

7.3.3 相空间重构

相空间重构理论（phase space reconstruction theory，PSRT）是混沌时间序列分析的基础，因为混沌系统性质参数的计算、判别及预测模型的建立等都必须在相空间进行[209]。相空间重构的目的是在高维相空间中恢复出体现混沌系统规律性的混沌吸引子，从而获取更多的隐藏信息。1980 年，物理学家 Packard 和 Farmer 等人正式提出了相空间重构法——坐标延迟重构法。1981 年荷兰数学家 Takens 提出了著名的 Takens 定理，奠定了相空间重构技术的基础。根据此定理，若嵌入维数 $m\geqslant 2d+1$（d 是关联维数），则能够从这个嵌入维空间中恢复出混沌吸引子。

定义 1：设 (N,ρ)、(N_1,ρ_1) 是两个度量空间，如果存在映射 $\varphi: N\rightarrow N_1$ 满足①φ 满映射；②$\rho(x,y)=\rho_1(\varphi(x),\varphi(y))(\forall x,y\in N)$，则称 (N,ρ)、(N_1,ρ_1) 是等距同构的。

定义 2：如果 (N_1,ρ_1) 与另一度量空间 (N_2,ρ_2) 的子空间 (N_0,ρ_2) 是等距同构的，则称 (N_1,ρ_1) 可以嵌入 (N_2,ρ_2)。

Takens 定理：设 M 是 d 维紧流形，$\varphi: M\rightarrow M_1$，$\varphi$ 是一个光滑的微分同胚，$y: M\rightarrow R$，y 有二阶连续导数，$\varphi(\phi,y): M\rightarrow R^{2d+1}$，其中 $\varphi(\phi,y)=(y(x),y(\phi(x)),y(\phi^2(x)),\cdots,y(\phi^{2d}(x)))$，则 $\varphi(\phi,y)$ 是 M 到 R^{2d+1} 的一个嵌入。

设单变量混沌时间序列为 $\{x(t),t=1,2,\cdots,n\}$，由此序列嵌入 m 维相空间得到 N 个相点的相空间轨迹为：

$$X=\begin{bmatrix}X_1\\X_2\\\vdots\\X_N\end{bmatrix}$$

$$=\begin{bmatrix}x(1) & x(1+\tau) & \cdots & x(1+(m-1)\tau)\\x(2) & x(2+\tau) & \cdots & x(2+(m-1)\tau)\\\cdots & \cdots & \cdots & \cdots\\x(n-(m-1)\tau) & x(n-(m-2)\tau) & \cdots & x(n)\end{bmatrix} \tag{7.16}$$

其中，$N=n-(m-1)\tau$ 为相点数，m 为嵌入维数，τ 为延迟时间。

相空间将时间序列扩展到三维甚至更高维的向量空间中，它可以很好地把时间序列的本质信息充分显露出来。只要 τ 和 m 选取恰当，根据 Takens 定理就可以在拓扑等价的意义下恢复原来系统的动力学形态。一般情况下 $m \ll N$ 并且 $\tau>0$，但实际过程中，时间序列具有有限的长度，且总是会或多或少地包含噪声，此时 τ 和 m 就不能取任意值。

(1) 延迟时间

延迟时间的本质是两个重构变量之间所能达到最小的独立性的参数值，如混沌时间序列中 x_j 与 $x_{j+\tau}$ 这两者在某种程度上达到独立又不完全相关的程度，则此时延迟时间就能够求取出来。当 τ 取值太小，相空间轨迹发生挤压，此时信息显示不明显；如果 τ 取值太大，会导致系统前后状态发生巨大变动，系统变得更复杂，甚至失真。因此选取合适的延迟时间，使空间中相邻轨道最优程度地分离至关重要。

互信息法是估计重构相空间时间延迟的一种有效方法，它的理论基础是 Shannon 信息熵[210]，本质是计算两个随机变量的相关性，同时进一步判断两个变量的依赖性程度[211]。互信息法因为能够判断线性相关性也能判断非线性相关性，并且由于计算过程简单，原理清楚，因此得到了广泛的应用。

互信息法确定 τ，是在非线性情形下，对某个时刻 t 与另一时刻 $t+\tau$ 的信息量之间的关系进行分析。设 A、B 两个系统，a_r、b_k 是某一物理量的测量结果，$P_A(a_r)$、$P_B(b_k)$ 分别是 a_r 与 b_k 的概率，$P_{AB}(a_r,b_k)$ 表示为 A 与 B 的联合概率。那么互信息量定义为

$$I_{AB}(a_r,b_k)=\log_2\left[\frac{P_{AB}(a_r,b_k)}{P_A(a_r)P_B(b_k)}\right] \tag{7.17}$$

平均互信息量定义如下：

$$I_{AB}=\sum_{a_r,b_k}P_{AB}(a_r,b_k)I_{AB}(a_r,b_k) \tag{7.18}$$

如果A和B不相关，则 $I_{AB}(a_r,b_k)=0$。设A代表时间序列 $y(t)$，B代表时间序列 $y(t+\tau)$，则平均互信息量为：

$$I(\tau)=\sum_{t=1}^{N}P[y(t),y(t+\tau)]\log_2\left\{\frac{P[y(t),y(t+\tau)]}{P[y(t)]P[y(t+\tau)]}\right\} \tag{7.19}$$

绘制 τ-$I(\tau)$曲线，取曲线的第一个极小值点对应的时间作为相空间重构的延迟时间 τ。

（2）嵌入维数

混沌时间序列就是混沌轨迹从高维空间映射到低维空间上的投影。一般认为重构相空间具有足够大的嵌入维数就可以不失信息地刻画出系统的奇异吸引子，揭示原动力系统的运动规律。如果 m 选取太小，投影后吸引子会折叠，甚至相交。如果 m 选取太大，投影后吸引子完全打开，但会导致计算量增加，以及噪声和舍入误差的增大。

Cao方法在假最近邻法的基础上提出了改进，该方法在计算时只需要延迟时间一个参数，能够有效地区分随机系统和确定性系统，并且使用较少的数据就可以求出嵌入维数[212]。

在 m 维相空间中，第 i 个相点矢量记为

$$\boldsymbol{X}_m(i)=[x(i),x(i+\tau),\cdots,x(i+(m-1)\tau)]^{\mathrm{T}} \tag{7.20}$$

首先定义

$$a_2(i,m)=\frac{\|\boldsymbol{X}_{m+1}(i)-\boldsymbol{X}_{m+1}^{NN}(i)\|}{\|\boldsymbol{X}_m(i)-\boldsymbol{X}_m^{NN}(i)\|} \tag{7.21}$$

其中，$\boldsymbol{X}_m^{NN}(i)$ 为 $\boldsymbol{X}_m(i)$ 的最近邻点，$\boldsymbol{X}_{m+1}(i)$ 和 $\boldsymbol{X}_{m+1}^{NN}(i)$ 是相点 $\boldsymbol{X}_m(i)$ 和 $\boldsymbol{X}_m^{NN}(i)$ 在 $m+1$ 维相空间的延拓。距离公式采用最大范数，即

$$R_m(i)=\|\boldsymbol{X}_m(i)-\boldsymbol{X}_m^{NN}(i)\|=\max_{0\leqslant j\leqslant m-1}|x(i+j\tau)-x^{NN}(i+j\tau)| \tag{7.22}$$

记 $a_2(i,m)$ 关于 i 的均值为

$$E(m)=\frac{1}{N-m\tau}\sum_{i=1}^{N-m\tau}a_2(i,m) \tag{7.23}$$

为研究 $E(m)$ 的变换情况，定义

$$E_1(m)=\frac{E(m+1)}{E(m)} \tag{7.24}$$

如果时间序列是由吸引子产生的，那么当 m 大于某个 m_0 时，$E_1(m)$ 不再发生变化，则 m_0 就是重构相空间的最小嵌入维数。而如果时间序列是由随机系统产生的，那么 $E_1(m)$ 不会随着 m 的增加而达到饱和值。但在实际计算中，当嵌入维数充分大时，很难分辨 $E_1(m)$ 是稳定还是缓慢变化。为了更加精确地对确定性的混沌信号和随机信号进行区别，需要再增加一个判断标准，Cao 方法又定义了另一个参数，即：

$$E^*(m)=\frac{1}{N-m\tau}\sum_{i=1}^{N-m\tau}|x(i+m\tau)-x^{NN}(i+m\tau)| \tag{7.25}$$

$$E_2(m)=\frac{E^*(m+1)}{E^*(m)} \tag{7.26}$$

如果是随机序列，数据之间不存在相关性，$E_2(m)$ 的值对所有的 m 都会在 1 附近浮动。如果序列是确定性的，数据点间的相关性会取决于嵌入维 m 的值，总会存在一些 m 值使得 $E_2(m)\neq 1$。因此可以通过观察 $E_1(m)$ 趋于稳定性的值以及 $E_2(m)$ 是否为常值 1 来确定时间序列重构相空间的最小嵌入维数。

7.3.4　关联维数

关联维数在重构相空间的嵌入维数的选取中有着十分关键的作用，所以它也是一个十分重要的特征量。而且它和另一个重要的特征量——Kolmogorov 熵有十分密切的联系。

从一个时间间隔一定的单变量时间序列 x_1，x_2，x_3，…出发，构造一批 d 维矢量，支起一个嵌入空间。只要嵌入维数足够高（通常要求 $d\geqslant 2D_2+1$，D_2 为吸引子的维数），就可以在拓扑等价的意义下恢复原来的动力学性态[213]。1983 年，Grassberger 和 Procaccia 提出了从时间序列计算吸引子的关联维的 G-P 算法[182]。

对于 d 维重构混沌动力系统，奇异吸引子由点

$$\boldsymbol{y}_j=(x_j,x_{j+\tau},x_{j+2\tau},\cdots,x_{j+(d-1)\tau}) \tag{7.27}$$

所构成。在构造好矢量 $\boldsymbol{y}_j$ 之后，不妨以两个矢量的最大分量差作为距离

$$|\boldsymbol{y}_i-\boldsymbol{y}_j|=\max_{1\leqslant k\leqslant d}|\boldsymbol{y}_{ik}-\boldsymbol{y}_{jk}| \tag{7.28}$$

并且规定，凡是距离小于给定正数 r 的矢量，称为有关联的矢量。设重构相空间中有 N 个矢量，计算其中有关联的矢量对数，它在一切可能

的 N^2 种配对中所占的比例称为关联积分

$$C(r)=\frac{1}{N^2}\sum_{i,j=1}^{N}\theta(r-|y_i-y_j|) \tag{7.29}$$

其中 θ 为 Heaviside 单位函数

$$\theta(x)=\begin{cases}0, x\leqslant 0\\ 1, x>0\end{cases} \tag{7.30}$$

已知关联积分 $C(r)$ 在 $r\to 0$ 时与 r 存在以下关系

$$\lim_{r\to 0}C(r)\propto r^{D_2} \tag{7.31}$$

其中 D_2 称为关联维数，恰当地选取 r，使得 D_2 能够描述混沌吸引子的自相似结构。由于式(7.31) 有近似数值，计算关系式

$$D_2=\frac{\ln C(r)}{\ln r} \tag{7.32}$$

因此，画出 $\ln C(r)$ 相对于 $\ln r$ 的曲线，即可从其斜率中计算出 D_2 的值。如果曲线的斜率对于逐渐增大的嵌入维数 d 逐渐收敛于一个饱和值，那么该极限就被称为关联维数 D_2。对于一个随机过程来说，曲线的斜率将随嵌入维数的增大而不断增大。

7.3.5 Lyapunov 指数

运动对初始条件极为敏感是混沌运动的基本特点，两个极靠近的初值所产生的轨道，随时间按指数方式分离，用 Lyapunov 指数可以定量描述这一现象。

Lyapunov 指数作为沿轨道长期平均的结果，是一种整体特征，其值总是实数，可正、可负，也可等于零。Lyapunov 指数 $\lambda<0$ 的方向，相体积收缩，运动稳定，且对初始条件不敏感；在 $\lambda>0$ 的方向轨道迅速分离，系统的长时间行为对初值条件敏感，运动呈混沌状态；$\lambda=0$ 对应于稳定边界，属于一种临界状况。如果系统的最大 Lyapunov 指数 $\lambda_1>0$，则该系统一定是混沌的。所以可以根据最大 Lyapunov 指数判断系统的混沌特性[214]。

对于 $f: x(t+1)\to f[x(t)]$，若在 $x(t_0)$ 最近有一点 $x(t_0)+\delta x(t_0)$ 经过 n 次迭代后：

$$x(t_n)+\delta x(t_n+1)=f[x(t_n)+\delta x(t_n)]\approx f[x(t_n)]+\delta x(t_n)f'[x(t_n)] \tag{7.33}$$

所以有：

$$\delta x(t_n+1)=\delta x(t_n)f'[x(t_n)] \tag{7.34}$$

现假设相空间中任意两个相点间初始时刻的距离可表示成$|\delta x(t_0)|$，则经过 n 次迭代后该距离变为$\delta x(t_n)$，则式(7.34) 变为：

$$|\delta x(t_n)|=|\delta x(t_0)|\prod_{i=0}^{n-1}|f'[x(t_i)]|=|\delta x(t_0)e^{\lambda t_n}| \tag{7.35}$$

则有：

$$\lambda=\lim_{t_n\to\infty}\frac{1}{t_n}\sum_{i=0}^{n-1}\ln|f'[x(t_i)]| \tag{7.36}$$

式中，λ 称为原动力系统的 Lyapunov 指数，表示在多次迭代中平均每次迭代所引起的指数分离中的指数。

1993 年 Rosenstein 等人基于轨道跟踪法的思想，提出了计算最大 Lyapunov 指数的小数据量法[215]。该方法的精度较高，因为在该方法中使用了所有能够采用的数据。小数据量法运算速度快且易于实现。具体求解过程如下[216]：

① 对时间序列$\{x(t)|t=1,2,\cdots,n\}$进行快速傅里叶变换，计算其平均周期 P；

② 确定时间序列的延迟时间 τ 和嵌入维数 m，设重构以后的相空间为$\{X_i|i=1,2,\cdots,K\}$，其中 $K=n-(m-1)\tau$ 代表相空间中相点的个数；

③ 找到相点 X_i 在相空间中对应的最近邻点 $X_{\hat{i}}$，同时限制其在相空间中短时分离：

$$d_i(0)=\min_{X_{\hat{i}}}\|X_i-X_{\hat{i}}\|\ (|i-\hat{i}|>P) \tag{7.37}$$

④ 针对相空间中的任一相点 X_i，求得其对应邻点对的 j 个离散时间后的距离 $d_i(j)$ 为：

$$d_i(j)=|X_{i+j}-X_{\hat{i}+j}|\ (j=1,2,\cdots,\min(K-i,K-\hat{i})) \tag{7.38}$$

⑤ 对每个 j，求出所有的 $\ln(d_i(j))$ 的平均 $y(j)$，即：

$$y(j)=\frac{1}{q\Delta t}\sum_{i=1}^{q}\ln(d_i(j)) \tag{7.39}$$

式中，q 是记录 $d_i(j)\neq 0$ 的个数。

⑥ 用最小二乘法拟合⑤中的曲线，则回归直线的斜率就是该时间序列的最大 Lyapunov 指数 λ_1。

7.3.6 Kolmogorov 熵

Kolmogorov 熵描述的是混沌轨道随时间变化信息的产生率，是动力系统的轨道分裂数目逐渐增长率的度量，是系统混沌性的重要表征[217]。1983 年，Grassberger 和 Procaccia 提出二阶 Renyi 熵，简称 K_2 熵，K_2 为大于 0 的有限数，提供了系统是混沌的充分条件。在一般情况下，K_2 是 K_1（Kolmogorov 熵）一个很好的估计，它与关联积分 $C_d(r)$ 存在以下关系：

$$K_2 = -\lim_{\tau\to 0}\lim_{r\to 0}\lim_{d\to\infty}\frac{1}{\mathrm{d}\tau}\log_2 C_d(r) \tag{7.40}$$

对于离散时间序列，固定延迟时间 τ，式(7.40) 变为

$$K_2 = -\lim_{r\to 0}\lim_{d\to\infty}\frac{1}{\mathrm{d}\tau}\log_2 C_d(r) \tag{7.41}$$

在不考虑式(7.41) 右边的极限，重构分别为 d 和 $d+m$ 维下，有

$$K_2 = \lim_{r\to 0}\lim_{d\to\infty}\frac{1}{m\tau}\log_2\frac{C_d(r)}{C_{d+m}(r)} \tag{7.42}$$

在嵌入维按等间隔 m 不断增加的情况下，在无标度区间内，由式(7.42)做等斜率线性回归，可同时得到关联维 D_2 和 Kolmogorov 熵的稳定估计。注意此时嵌入维的下限必须是大于关联维的整数。

在某一嵌入维 i 下，在 $\log_2(r)$-$\log_2(C(r))$关系的无标度区间内，记

$$x_{ij} = [\log_2(r)]_{ij} \tag{7.43}$$

$$y_{ij} = [\log_2(C(r))]_{ij} \tag{7.44}$$

其中，j 为无标度区域内满足线性关系的点的下标。因此 x_{ij}、y_{ij} 满足

$$y_{ij} = ax_{ij} + b_i \tag{7.45}$$

在式(7.45) 中有 $a=D_2$，且在嵌入维 i 和 $i+m$ 下，有

$$K_2 = \lim_{i\to\infty}\frac{\Delta b_i}{m\tau} \tag{7.46}$$

其中 $\Delta b = b_i - b_{i+m}$。

根据 Kolmogorov 熵可以判断系统运动的性质：①若熵为 0，表示系统做规则运动；②若熵为无穷大，表示系统做随机运动；③若熵取有限正值，表示系统做混沌运动。

7.4 熔融指数时间序列的混沌特性分析

7.4.1 平稳性分析

对熔融指数时间序列运用 ADF 和 KPSS 方法进行单位根检验，结果如表 7.1 所示。分析表 7.1 可知，一方面，ADF 的 t 统计量小于显著性水平 1%以下，因而拒绝原假设，接受备选假设，即 MI 序列渐近稳定；另一方面，KPSS 的 LM 统计量小于显著性水平 10%，因而接受原假设，即 MI 序列渐近稳定。综上所述，熔融指数时间序列是平稳的。

表 7.1　熔融指数时间序列数据单位根检验

显著性水平	t 统计量	显著性水平	LM 统计量
ADF	−3.9762	KPSS	0.2153
1%	−2.5438	1%	0.6991
5%	−1.9218	5%	0.4238
10%	−1.6260	10%	0.3072

7.4.2 非线性检验

对熔融指数时间序列进行 R/S 分析，$\ln(R(n)/S(n))$与 $\ln(n)$的关系曲线如图 7.5 所示，用最小二乘法进行拟合，该直线的斜率即为 Hurst 指数值。拟合直线的表达式为 $y=0.9391x-0.7613$，则 MI 序列的 Hurst 指数为 0.9391，进一步计算出该序列的分维数 D 为 1.0609。这说明 MI 序列存在分形特征，具备持久性，是有偏的随机过程而不遵循随机游走。因此，MI 序列具有非线性特征。

7.4.3 相空间重构

对熔融指数时间序列进行相空间重构的重点是确定延迟时间和嵌入

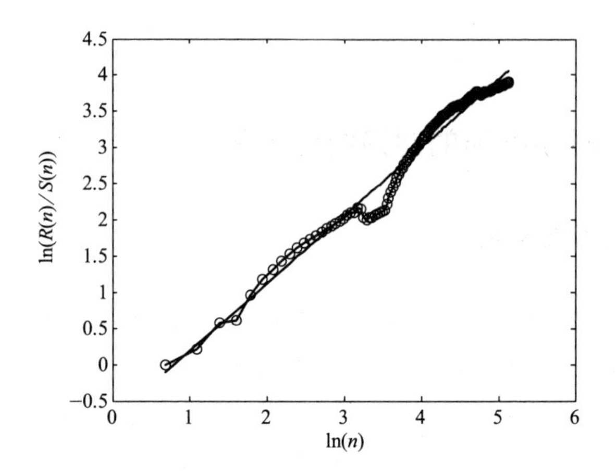

图 7.5　熔融指数时间序列 R/S 分析

维数。

（1）延迟时间估计

对于熔融指数时间序列，采用互信息法计算其延迟时间，MI 序列的互信息与时间延迟的关系曲线 τ-$I(\tau)$如图 7.6 所示。根据互信息法求延迟时间的定义，取曲线的第一个极小值点对应的时间作为相空间重构的最佳延迟时间。表 7.2 给出了 MI 序列时间延迟 τ 从 1 增加到 30 的平均互信息 $I(\tau)$，由此可以得出在时间延迟 $\tau=2$ 时，互信息 $I(\tau)$ 第一次取到极小值，因此 MI 序列的最佳延迟时间取 $\tau=2$。

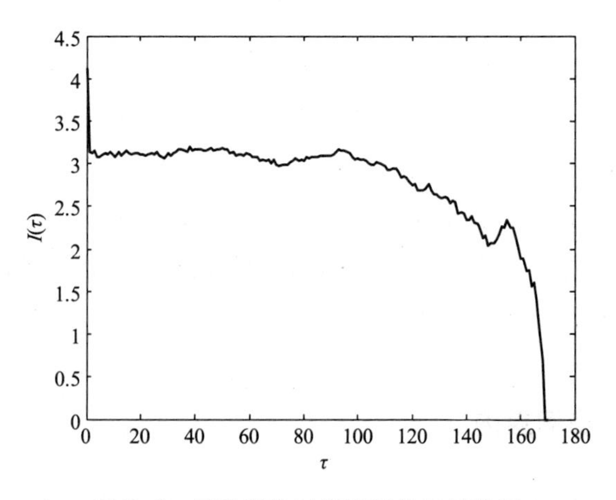

图 7.6　熔融指数时间序列的互信息图

表 7.2 MI 序列互信息与时间延迟对应关系表

时延 τ	互信息 $I(\tau)$	时延 τ	互信息 $I(\tau)$	时延 τ	互信息 $I(\tau)$
1	3.143	11	3.077	21	3.109
2	3.124	12	3.131	22	3.089
3	3.151	13	3.100	23	3.109
4	3.073	14	3.116	24	3.116
5	3.079	15	3.154	25	3.102
6	3.108	16	3.118	26	3.144
7	3.119	17	3.111	27	3.091
8	3.106	18	3.126	28	3.081
9	3.132	19	3.122	29	3.067
10	3.108	20	3.106	30	3.119

（2）嵌入维数估计

采用 Cao 方法来计算 MI 序列的嵌入维数，图 7.7 给出了 $E_1(m)$ 和 $E_2(m)$ 随着嵌入维数 m 值变化而变化的曲线。分析图中的 $E_1(m)$ 曲线可知，在 $m>5$ 后 $E_1(m)$ 变化较小，因此最佳嵌入维数取 5。分析图中的 $E_2(m)$ 曲线可知，存在一些 m 值使得 $E_2(m)\neq1$，因此该时间序列来自一个确定性的过程。

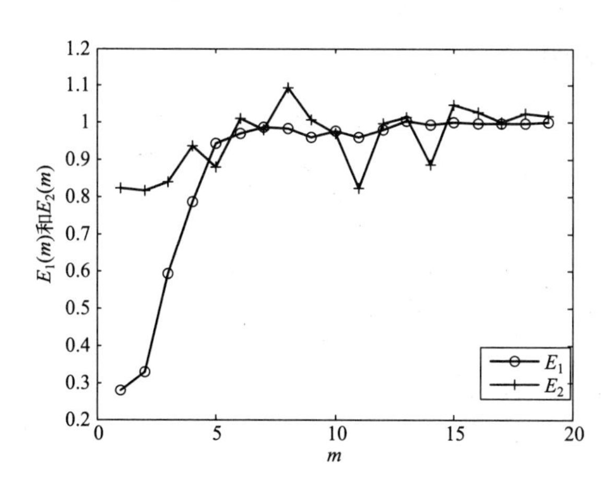

图 7.7 Cao 方法求 MI 序列的嵌入维数

（3）关联维数估计

应用 G-P 方法求 MI 序列的关联维数，并研究时间序列的嵌入维数和关联维数的关系。计算中选取嵌入维数 d 从 1 取到 10，最佳延迟时间取 2。图 7.8 是 MI 序列的 $\ln C(r)$-$\ln r$ 的双对数曲线。

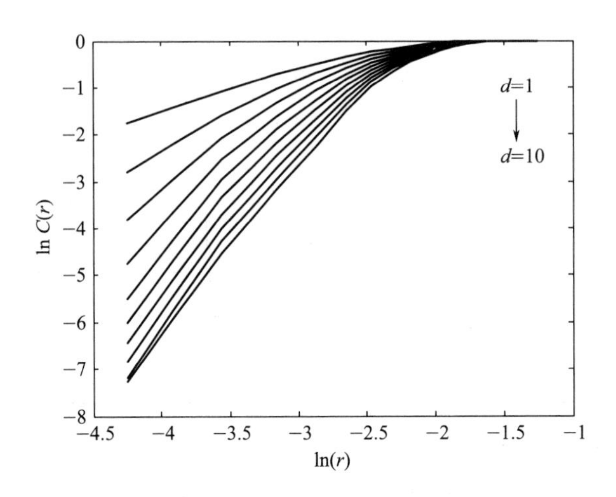

图 7.8　G-P 方法求 MI 序列关联维数的双对数曲线

根据定义，如果曲线的斜率对于逐渐增大的嵌入维数 d 逐渐收敛于一个饱和值，那么该极限就被称为关联维数 D_2。图 7.9 是 MI 序列的关联维数 D_2 随嵌入维数 d 的变化曲线，分析可知，当嵌入维数 $d=5$ 时曲线收敛，此时关联维数 $D_2=3.64$。

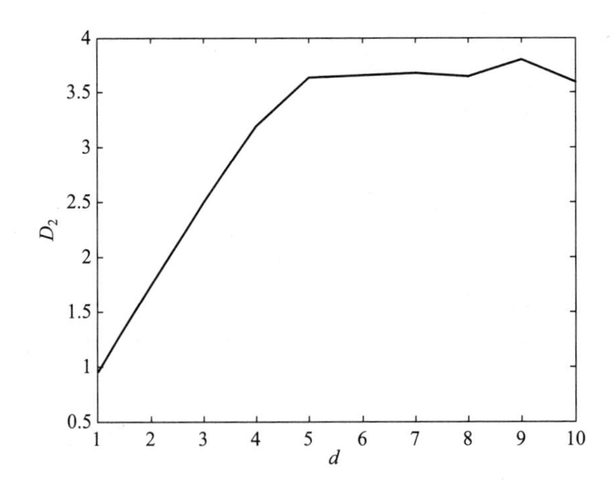

图 7.9　MI 序列关联维数和嵌入维数的关系

（4）最大 Lyapunov 指数估计

已经求出了熔融指数时间序列的延迟时间和嵌入维数，对其进行相空间重构以后，采用小数据量法进行最大 Lyapunov 指数的计算，结果如图 7.10所示。用最小二乘法进行拟合，拟合直线的斜率即为 MI 序列的最大 Lyapunov 指数 λ_1。拟合直线的表达式为 $y=0.1560x-214.5083$，则 MI 时间序列的最大 Lyapunov 指数 $\lambda_1=0.1560$，$\lambda_1>0$ 表明本书研究的 MI 时间序列具备混沌特性。

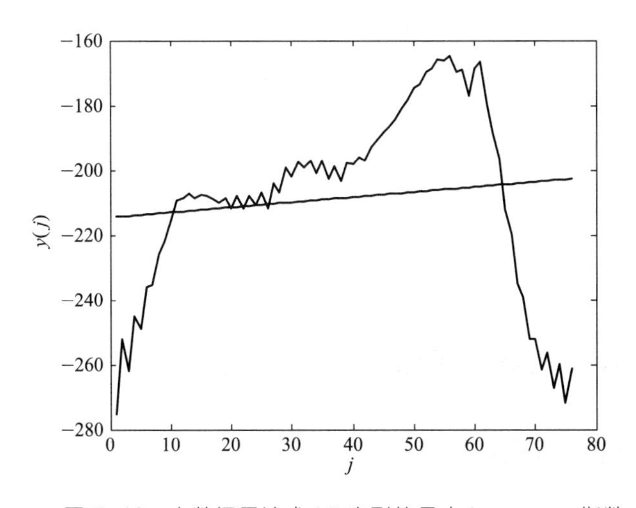

图 7.10　小数据量法求 MI 序列的最大 Lyapunov 指数

（5）Kolmogorov 熵估计

图 7.11 是采用关联积分法求 MI 序列 K_2 熵的 $\log_2 r$-$\log_2 C(r)$ 双对数曲线，其中延迟时间取 $\tau=2$。根据定义，在嵌入维按等间隔 m 不断增加的情况下，嵌入维的下限必须是大于关联维的整数。已求得关联维数 $D_2=3.64$，因此计算 K_2 熵时取嵌入维 $d=4\sim13$，嵌入维间隔 $m=1$。在图 7.11 中等斜率线性回归，可得 Kolmogorov 熵的估计 $K_2=1.61$。Kolmogorov 熵取有限正值，进一步表明了 MI 时间序列的混沌特性。

在相空间重构理论的基础上，通过计算混沌信号奇异吸引子的特征参数来识别混沌系统，刻画系统奇异吸引子的主要参数有关联维数（系统复杂度的估计）、Lyapunov 指数（系统的特征指数）和 Kolmogorov 熵（动力系统的混沌水平）。这三个指数对于混沌信号的定量分析起到至关重要的作用。

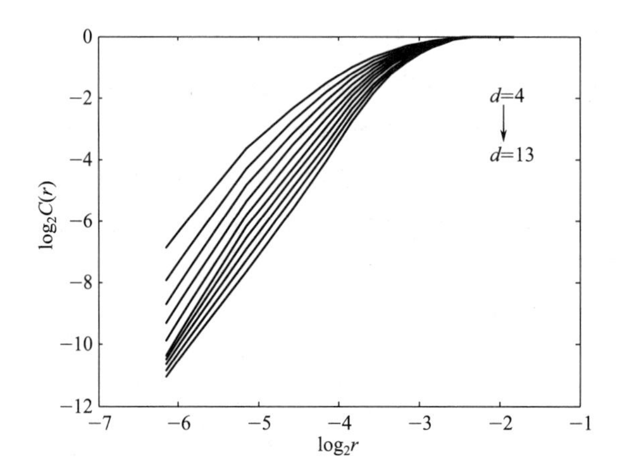

图 7.11　关联积分法求 MI 序列 K_2 熵的双对数曲线

7.5 基于 FWNN 的熔融指数混沌预报研究

7.5.1　小波神经网络简介

S. Yilmaz 和 Y. Oysal[98] 率先将小波函数引入到神经网络中，提出了小波神经网络（wavelet neural network，WNN）。它将小波基函数作为隐含层节点的传递函数，之后引入 BP 神经网络拓扑结构，信号前向传播的同时误差反向传播的神经网络[94]。小波神经网络的拓扑结构如图 7.12 所示。

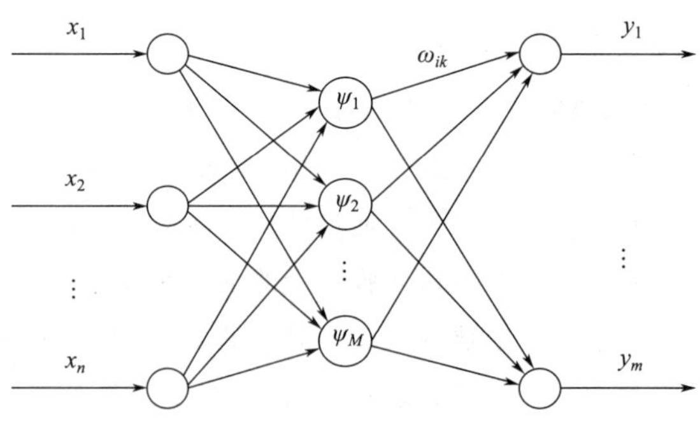

图 7.12　小波神经网络的拓扑结构

图 7.12 中，$x=(x_1,x_2,\cdots,x_n)^{\mathrm{T}}$ 是小波神经网络的输入向量，$\boldsymbol{y}=(y_1,y_2,\cdots,y_m)^{\mathrm{T}}$ 表示小波神经网络的预测输出。对于多变量过程的建模，我们定义如下式所示的多维小波函数：

$$\boldsymbol{\Psi}_i(\boldsymbol{x})=\prod_{j=1}^{n}\psi\left(\frac{x_j-b_{ij}}{a_{ij}}\right),\quad i=1,2,\cdots,M \tag{7.47}$$

其中，$\boldsymbol{\Psi}_i(\boldsymbol{x})$ 为隐含层第 i 个节点输出值，ψ 为小波基函数，$\boldsymbol{b}_i=(b_{ij})$ 和 $a_i=(a_{ij})$ 分别表示小波基函数 ψ 的平移因子和缩放因子。本书中采用的小波基函数为 Morlet 母小波基函数，其数学公式为

$$\psi_{a,b}(t)=\mathrm{e}^{-t^2/2}\cos(1.75t) \tag{7.48}$$

其中，$t=\dfrac{x-b}{a}$。

根据以下公式计算小波神经网络的输出：

$$y_k=\sum_{i=1}^{M}\omega_{ik}\boldsymbol{\Psi}_i,\quad k=1,2,\cdots,m \tag{7.49}$$

其中，ω_{ik} 是隐含层和输出层的连接权值，M 表示隐含层节点的数目，m 表示输出层节点的数目。

小波神经网络权值参数修正算法与 BP 神经网络权值修正算法相似，采用梯度修正法对网络的权值和小波基函数参数进行修正，从而使小波神经网络预测输出不断逼近期望输出。小波神经网络修正过程如下：

首先，计算网络的预测误差

$$e=\frac{1}{2}\sum_{k=1}^{m}(yn(k)-y(k))^2 \tag{7.50}$$

式中，$yn(k)$ 为期望输出，$y(k)$ 为小波神经网络的预测输出。

然后，根据预测误差 e 修正小波神经网络的权值和小波基函数参数：

$$\omega_{n,k}^{(i+1)}=\omega_{n,k}^{(i)}+\Delta\omega_{n,k}^{(i+1)} \tag{7.51}$$

$$a_k^{(i+1)}=a_k^{(i)}+\Delta a_k^{(i+1)} \tag{7.52}$$

$$b_k^{(i+1)}=b_k^{(i)}+\Delta b_k^{(i+1)} \tag{7.53}$$

式中，$\Delta\omega_{n,k}^{(i+1)}$、$\Delta a_k^{(i+1)}$、$\Delta b_k^{(i+1)}$ 是根据网络预测误差计算得到：

$$\Delta\omega_{n,k}^{(i+1)}=-\eta\frac{\partial e}{\partial\omega_{n,k}^{(i)}} \tag{7.54}$$

$$\Delta a_k^{(i+1)}=-\theta\frac{\partial e}{\partial a_k^{(i)}} \tag{7.55}$$

$$\Delta b_k^{(i+1)} = -\theta \frac{\partial e}{\partial b_k^{(i)}} \tag{7.56}$$

式中，η 为学习速率，θ 为动量因子。

隐含层节点数一般跟输入层和输出层的节点数有关，但目前定量关系无法给定，可采用以下的经验公式：

$$h = \sqrt{M+N} + c \tag{7.57}$$

式中，M 和 N 为输入层和输出层节点数，h 为隐含层节点数，c（$1<c<10$）为常数。通过改变 c 的取值确定隐含层节点数的取整数区间。针对不同的隐含层节点数进行小波神经网络学习训练，以求得网络训练误差[218]。

针对人工神经网络在过拟合方面的缺陷[168]以及模糊理论的快速发展，1987 年，Bart Kosko 率先将模糊理论与神经网络有机结合进行了较为系统的研究[169]，之后对模糊神经网络的理论研究与应用开始飞速发展。模糊逻辑能够帮助降低数据的复杂性并处理不确定性，小波变换具有良好的时频局域化性质，而神经网络具有自学习特性以提高模型准确性。模糊小波神经网络（fuzzy wavelet neural network，FWNN）是结合模糊逻辑、小波变换理论与人工神经网络的思想而构造的一种新的神经网络模型，因而具有较强的逼近能力和容错能力[98]。

本节将模糊神经网络与小波神经网络相结合，提出一种新的模糊小波神经网络，并建立基于 FWNN 的熔融指数混沌预测模型。为了寻找 FWNN 网络结构参数的最优值，首先根据梯度下降算法推导网络结构参数与学习速率之间的关系，然后提出一种改进的引力搜索算法（modified gravitational search algorithm，MGSA）在线调整 FWNN 的学习速率，以提高模型对熔融指数的预报精度。

7.5.2 模糊小波神经网络

模糊小波神经网络（fuzzy wavelet neural network，FWNN）的结构如图 7.13 所示，它是一个五层的网络结构，包含输入层、模糊化层、规则层、小波结果层、输出层。

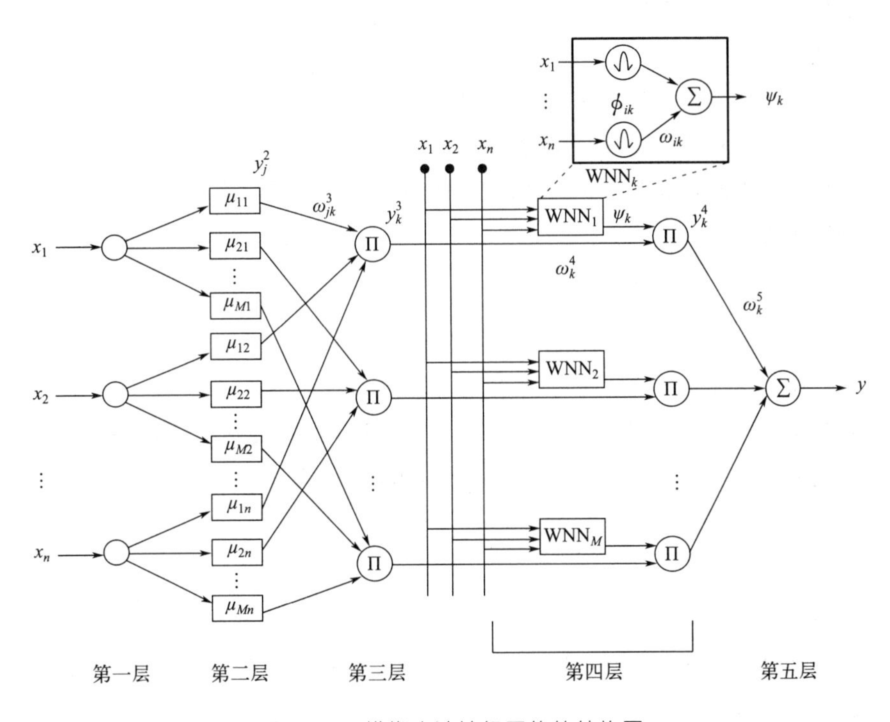

图 7.13 模糊小波神经网络的结构图

该网络的模糊规则服从下面的形式：

$$R_k: \text{IF } x_1 \text{ is } A_{k1} \text{ and } x_2 \text{ is } A_{k2} \text{ and } x_n \text{ is } A_{kn},$$
$$\text{Then } \psi_k \text{ is } \sum_i \omega_{ik}\phi_{ik}(x_i). \tag{7.58}$$

其中，x_1、x_2、…、x_n 表示输入变量，ψ_1、ψ_2、…、ψ_M 表示输出变量，A_{kj}是包含高斯成员函数的第 k 个模糊集，ω_{ik}是连接权值。

对每一层节点的描述如下：

第一层（输入层）：在这一层里，每个节点代表一个输入变量，每个输入变量$\boldsymbol{x}=[x_1,\cdots,x_n]$在节点处都被直接映射到节点的输出，其中 n 表示输入变量的个数。

第二层（模糊化层）：第一层的输出作为成员函数的输入，相应的成员函数值可以根据下面的高斯函数计算得到：

$$\mathrm{net}_j^2=-\left(\frac{x_j-m_j}{\sigma_j}\right)^2 \tag{7.59}$$

$$y_j^2=\exp(\mathrm{net}_j^2), \quad j=1,2,\cdots,M\cdot n \tag{7.60}$$

其中，m_j 和 σ_j 分别表示高斯成员函数的中心和宽度，M 表示规则的个数。

第三层（规则层）：在这一层里，节点数等于规则数，每一个节点都代表了一个对输入变量的 T-范数操作，这里的输入变量即为第二层模糊化层的输出值，节点的输出为输入变量对此规则的适用度。则第 k 个节点的输出为

$$y_k^3 = \prod_j \omega_{jk}^3 y_j^2, \quad k = 1, 2, \cdots, M \tag{7.61}$$

其中，模糊化层和规则层之间的连接权值 ω_{jk}^3 设定为 1。

第四层（小波结果层）：小波层接收变量 x_1、x_2、…、x_n 作为输入信号，它包含 M 个小波神经网络，并且每个小波神经网络对应一个模糊规则的结果层。ψ_k 是小波神经网络的输出，表示如下：

$$\psi_k = \sum_i \omega_{ik} \phi_{ik}(x_i) \tag{7.62}$$

$$\phi_{ik}(x_i) = \prod_i \varphi\left(\frac{x_i - b_{ik}}{a_{ik}}\right) \tag{7.63}$$

结果层的节点接收来自小波层和规则层的输入，并将两者相乘，作为该层的输出：

$$y_k^4 = \prod_k \psi_k \omega_k^4 y_k^3 \tag{7.64}$$

其中，结果层和规则层之间的连接权值 ω_k^4 设定为 1。

第五层（输出层）：这一层的每个输出都代表了一个输出变量，输出变量是由该层的节点集合第四层的输出变量值并对其进行反模糊化，这里采用加权求和作为反模糊化函数。网络的最终输出可以根据下式计算：

$$y = \sum_k \omega_k^5 y_k^4 \tag{7.65}$$

7.5.3 网络学习算法

在 FWNN 中需要修正的参数集合为 $\Theta = (m_j, \sigma_j, b_{ik}, a_{ik}, \omega_{ik}, \omega_k^5)$，包括第二层中高斯成员函数的中心 m_j 和宽度 σ_j，小波函数的平移因子 b_{ik} 和缩放因子 a_{ik}，第四层小波层的权值参数 ω_{ik}，第五层的连接权值 ω_k^5。本小节采用梯度下降算法推导 FWNN 的结构学习算法，包含了所有参数及其

学习速率之间的关系。

在梯度下降算法中，根据目标函数梯度的反方向来调整网络的结构参数 $\Theta=(m_j, \sigma_j, b_{ik}, a_{ik}, \omega_{ik}, \omega_k^5)$，定义目标函数如下：

$$E(\Theta, \boldsymbol{x}, \hat{y})=\frac{1}{2}(y-f)^2 \tag{7.66}$$

其中，y 和 f 分别表示预测值和真实值。

FWNN 参数的更新规则如下式所示：

$$\Theta(t+1)=\Theta(t)+\Delta\Theta \tag{7.67}$$

$$\Delta\Theta=\left(-\eta_m \frac{\partial E}{\partial m_j}, -\eta_\sigma \frac{\partial E}{\partial \sigma_j}, -\eta_b \frac{\partial E}{\partial b_{ik}}, -\eta_a \frac{\partial E}{\partial a_{ik}}, -\eta_{\omega 1} \frac{\partial E}{\partial \omega_{ik}}, -\eta_{\omega 2} \frac{\partial E}{\partial \omega_k^5}\right) \tag{7.68}$$

其中，$\boldsymbol{\eta}=(\eta_m, \eta_\sigma, \eta_b, \eta_a, \eta_{\omega 1}, \eta_{\omega 2})$表示各参数对应的学习速率，式中的微分项可以根据下文描述的后向传播算法计算得到。

第五层：这一层需要传播的误差项为

$$\delta_o^5=-\frac{\partial E}{\partial y}=-(y-f) \tag{7.69}$$

相应地，连接权值 ω_k^5 的增量计算如下：

$$\Delta\omega_k^5=-\eta_{\omega 2}\frac{\partial E}{\partial \omega_k^5}=-\eta_{\omega 2}\frac{\partial E}{\partial y}\frac{\partial y}{\partial \omega_k^5}=\eta_{\omega 2}\delta_o^5 y_k^4 \tag{7.70}$$

第四层：这一层需要传播的误差项为

$$\delta_k^4=-\frac{\partial E}{\partial y_k^4}=-\frac{\partial E}{\partial y}\frac{\partial y}{\partial y_k^4}=\delta_o^5\omega_k^5 \tag{7.71}$$

小波层权值参数 ω_{ik} 的增量计算如下：

$$\Delta\omega_{ik}=-\eta_{\omega 1}\frac{\partial E}{\partial \omega_{ik}}=-\eta_{\omega 1}\frac{\partial E}{\partial y_k^4}\frac{\partial y_k^4}{\partial \psi_k}\frac{\partial \psi_k}{\partial \omega_{ik}}=\eta_{\omega 1}\delta_k^4 y_k^3 \phi_{ik} \tag{7.72}$$

缩放因子 a_{ik} 的增量计算如下：

$$\Delta a_{ik}=-\eta_a\frac{\partial E}{\partial a_{ik}}=-\eta_a\frac{\partial E}{\partial y_k^4}\frac{\partial y_k^4}{\partial \psi_k}\frac{\partial \psi_k}{\partial \phi_{ik}}\frac{\partial \phi_{ik}}{\partial a_{ik}}=\eta_a\delta_k^4 y_k^3\omega_{ik}\frac{-(x_i-b_{ik})}{(a_{ik})^2} \tag{7.73}$$

平移因子 b_{ik} 的增量计算如下：

$$\Delta b_{ik}=-\eta_b\frac{\partial E}{\partial b_{ik}}=-\eta_b\frac{\partial E}{\partial y_k^4}\frac{\partial y_k^4}{\partial \psi_k}\frac{\partial \psi_k}{\partial \phi_{ik}}\frac{\partial \phi_{ik}}{\partial b_{ik}}=\eta_b\delta_k^4 y_k^3\omega_{ik}\frac{-1}{a_{ik}} \tag{7.74}$$

第三层：这一层需要传播的误差项为

$$\delta_k^3=-\frac{\partial E}{\partial y_k^3}=-\frac{\partial E}{\partial y_k^4}\frac{\partial y_k^4}{\partial y_k^3}=\delta_k^4\psi_k\omega_k^4 \tag{7.75}$$

第二层：这一层的误差项计算如下：

$$\delta_j^2=-\frac{\partial E}{\partial \mathrm{net}_j^2}=-\frac{\partial E}{\partial y_k^3}\frac{\partial y_k^3}{\partial y_j^2}\frac{\partial y_j^2}{\partial \mathrm{net}_j^2}=\sum_k \delta_k^3 y_k^3 \tag{7.76}$$

相应地，成员函数中心参数 m_j 的增量计算如下：

$$\Delta m_j=-\eta_m\frac{\partial E}{\partial m_j}=-\eta_m\frac{\partial E}{\partial \mathrm{net}_j^2}\frac{\partial \mathrm{net}_j^2}{\partial m_j}=\eta_m\delta_j^2\frac{2(x_j-m_j)}{(\sigma_j)^2} \tag{7.77}$$

成员函数宽度参数 σ_j 的增量计算如下：

$$\Delta \sigma_j=-\eta_\sigma\frac{\partial E}{\partial \sigma_j}=-\eta_\sigma\frac{\partial E}{\partial \mathrm{net}_j^2}\frac{\partial \mathrm{net}_j^2}{\partial \sigma_j}=\eta_\sigma\delta_j^2\frac{2(x_j-m_j)^2}{(\sigma_j)^3} \tag{7.78}$$

因此，只要确定了学习速率 $\boldsymbol{\eta}=(\eta_m,\eta_\sigma,\eta_b,\eta_a,\eta_{\omega 1},\eta_{\omega 2})$，就可以调整网络的结构参数，从而使网络预测输出不断逼近期望输出。为了避免人为选择参数的影响，下面采用改进的引力搜索算法对 FWNN 的学习速率进行寻优，旨在提高预报模型的学习能力以及预报精度。

下面讲述改进的引力搜索算法。

（1）基本引力搜索算法

引力搜索算法（gravitational search algorithm，GSA）是伊朗克曼大学的教授 Esmat Rashedi 等在 2009 年提出的一种新的群智能优化方法[219]，他的优化思想是源于对万有引力的模拟。GSA 将一组在空间运行的粒子视为优化问题的潜在解，粒子之间通过万有引力作用相互吸引，粒子运动遵循动力学规律，万有引力的作用使得粒子朝着质量最大的粒子移动，而质量最大的粒子占据最优位置，从而可求出优化问题的最优解。算法通过个体间的万有引力相互作用实现优化信息的共享，引导群体向最优解区域搜索[220]。

在一个 D 维的搜索空间中，假设有 NP 个粒子，定义第 i 个粒子的位置为

$$x_i=(x_i^1,x_i^2,\cdots,x_i^d,\cdots,x_i^D),\quad i=1,2,\cdots,NP \tag{7.79}$$

在某 t 时刻，定义第 j 个粒子作用在第 i 个粒子上的引力大小 $F_{ij}^d(t)$为：

$$F_{ij}^d(t)=G(t)\frac{M_{pi}(t)M_{aj}(t)}{R_{ij}(t)+\varepsilon}(x_j^d(t)-x_i^d(t)) \tag{7.80}$$

式中，$M_{aj}(t)$ 和 $M_{pi}(t)$ 分别为作用粒子 j 的惯性质量和被作用粒子i 的惯性质量，$R_{ij}(t)$ 是第 i 个粒子和第 j 个粒子之间的欧氏距离，ε 是一个很小的常量，$G(t)$ 是在 t 时刻的引力常数：

$$G(t)=G_0\exp\left(-\alpha\frac{t}{\text{iter}_{\max}}\right) \tag{7.81}$$

式中，α 是下降系数，G_0 是初始引力常数，$\text{iter}_{\max}$是最大迭代次数。

在 GSA 中，假设 t 时刻在第 d 维上作用在第 i 个粒子上的总作用力 $F_i^d(t)$ 等于其他所有粒子对它的作用力之和，计算公式如下：

$$F_i^d(t)=\sum_{j\in \text{Kbest},j\neq i}^{NP}\text{rand}_j F_{ij}^d(t) \tag{7.82}$$

式中，rand_j 是范围在［0,1］的随机数，Kbest 是一开始具有最佳适应度的前 K 个粒子的集合。

根据牛顿第二定律，t 时刻粒子 i 在第 d 维上的加速度 $a_i^d(t)$ 为：

$$a_i^d(t)=\frac{F_i^d(t)}{M_i(t)} \tag{7.83}$$

式中，$M_i(t)$ 是第 i 个粒子的惯性质量。

在下一次迭代中，粒子的新速度为部分当前速度与其加速度的总和。因此，GSA 在每一次迭代运算过程中，粒子都会根据以下公式更新它的速度和位置：

$$v_i^d(t+1)=\text{rand}_i\times v_i^d(t)+a_i^d(t) \tag{7.84}$$

$$x_i^d(t+1)=x_i^d(t)+v_i^d(t+1) \tag{7.85}$$

粒子依据其适应度值的大小来计算其惯性质量，惯性质量越大表明它越接近最优值，同时意味着该粒子的吸引力越大，但其移动速度却越慢。假设引力质量与惯性质量相等，粒子的质量可以通过适当的运算规则去更新，更新算法如下所示：

$$M_{ai}=M_{pi}=M_{ii}=M_i,\quad i=1,2,\cdots,NP \tag{7.86}$$

$$m_i(t)=\frac{\text{fit}_i(t)-\text{worst}(t)}{\text{best}(t)-\text{worst}(t)} \tag{7.87}$$

$$M_i(t)=\frac{m_i(t)}{\sum_{j=1}^{N}m_j(t)} \tag{7.88}$$

式中，$\text{fit}_i(t)$ 代表在 t 时刻第 i 个粒子的适应度值的大小。对求解最小值问题，$\text{best}(t)$ 和 $\text{worst}(t)$ 定义如下：

$$\text{best}(t)=\min_{j\in\{1,\cdots,NP\}} fit_j(t) \tag{7.89}$$

$$\text{worst}(t)=\max_{j\in\{1,\cdots,NP\}} fit_j(t) \tag{7.90}$$

对求解最大值问题，best(t) 和 worst(t) 定义如下：

$$\text{best}(t)=\max_{j\in\{1,\cdots,NP\}} fit_j(t) \tag{7.91}$$

$$\text{worst}(t)=\min_{j\in\{1,\cdots,NP\}} fit_j(t) \tag{7.92}$$

(2) 改进的引力搜索算法

虽然GSA算法具有较强的全局搜索性能，但由于其缺乏稳定的局部搜索能力，在迭代后期，由于大惯性质量粒子的出现，GSA算法变得迟钝，需要更多的时间达到最优解。另一方面，GSA在更新粒子位置时只考虑到当前位置的影响，而并未将粒子的记忆性纳入考虑范围中。当粒子在最优解附近并且移动非常缓慢的时候，我们引入PSO算法中的全局记忆功能帮助它们开发全局最优，每个粒子都能观察到当前时刻的全局最优并向它逼近。

这样，通过将引入粒子群算法中的全局最优记忆项和群体交流机制，本书提出一种改进的引力搜索算法（modified gravitational search algorithm，MGSA)，改进后该算法的空间搜索方法将按照新的寻优策略，不仅遵守粒子的运动定律，又加入了历史最优记忆和群体信息的交互功能，改进后的速度更新公式为

$$v_i(t+1)=\omega v_i(t)+c_1 r_{i1} a_i(t)+c_2 r_{i2}(\text{gbest}-x_i(t)) \tag{7.93}$$

式中，$v_i(t)$ 是粒子 i 在第 t 次迭代后保持的速度，$x_i(t)$ 是粒子 i 在第 t 次迭代后的位置，$a_i(t)$ 是粒子 i 在第 t 次迭代的速度增量，gbest是当前的最优解，r_{i1} 和 r_{i2} 是 $[0,1]$ 之间的两个随机数；ω 逐渐减小的惯性因子，c_1 和 c_2 是自适应加速度系数，计算公式如下：

$$\omega=1-\frac{1}{\text{iter}_{\max}} \tag{7.94}$$

$$c_1=(c_{1f}-c_{1i})\frac{t}{\text{iter}_{\max}}+c_{1i} \tag{7.95}$$

$$c_2=(c_{2f}-c_{2i})\frac{t}{\text{iter}_{\max}}+c_{2i} \tag{7.96}$$

式中，t 和 $\text{iter}_{\max}$ 分别是当前迭代次数和最大迭代次数；c_{1i}、c_{1f}、c_{2i} 和 c_{2f} 是常数，使得 c_1 从2.5逐渐减小到0.5，c_2 从0.5逐渐增加到2.5。

在每次迭代过程中，粒子的位置更新公式为

$$x_i(t+1)=x_i(t)+v_i(t+1) \tag{7.97}$$

在MGSA算法中，首先对所有粒子的位置和速度进行随机初始化，其中每个粒子的位置就代表了优化问题的一个候选解。然后根据上述公式计算引力常数 $G(t)$，评估每个粒子的适应度 $fit_i(t)$，提取出适应度最佳和最差的粒子，并进一步计算出粒子的惯性质量 $M_i(t)$。下一步，根据牛顿定律结合上述公式分别计算作用在每个粒子上的总作用力 $F_i^d(t)$ 和粒子的加速度 $a_i^d(t)$，从而更新粒子的速度和位置。之后再重新评估粒子的适应度，同时更新群体的最优解 gbest。重复以上步骤，直至找到待求解问题的最优解或者达到最大迭代次数。需要注意的是，如果在迭代过程中，将速度或位置更新超出了最大值或最小值的粒子重置为对应的最大值或最小值。

7.5.4　基于FWNN的熔融指数混沌预报模型

FWNN预测模型的输入层拥有 m 个输入节点，其中 m 由时间序列的嵌入维数决定，即被预测的熔融指数时间序列的嵌入维数，已求得 $m=5$。建模时，将相空间中的第 k 个相点作为输入变量，将第 $k+1$ 个相点的最后一维作为输出变量。模型性能的评价指标也已经在3.2.2中给出了计算公式。

基于MGSA-FWNN的生产现场熔融指数预报的全过程见图7.14。基于FWNN的混沌时间序列预测的过程，首先需要根据混沌理论计算延迟

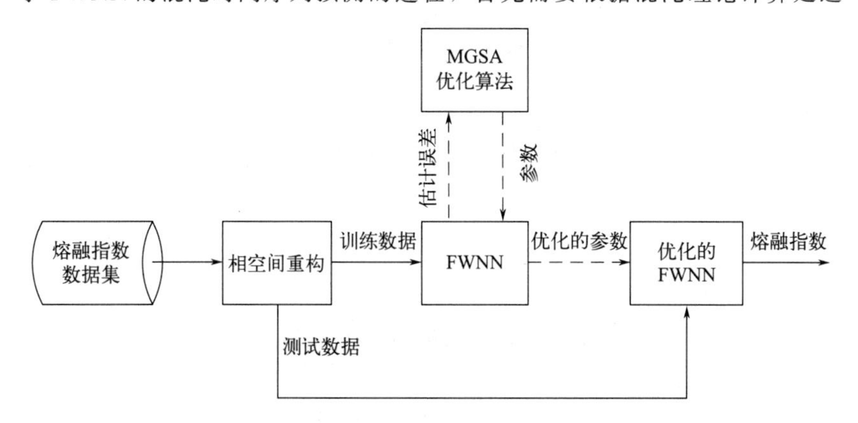

图7.14　基于MGSA-FWNN的熔融指数预报过程

时间、嵌入维数，然后在构建相空间的基础上对混沌时间序列进行判定，再利用训练数据集对 FWNN 进行训练，利用梯度下降算法推导 FWNN 模型的学习算法，同时采用 MGSA 算法对 FWNN 网络结构参数的学习速率进行优化，从而得到 MGSA-FWNN 混沌预报模型，最后将训练好的模型投入到测试数据的预报。

MGSA-FWNN 算法的流程图如图 7.15 所示，MGSA 算法优化 FWNN

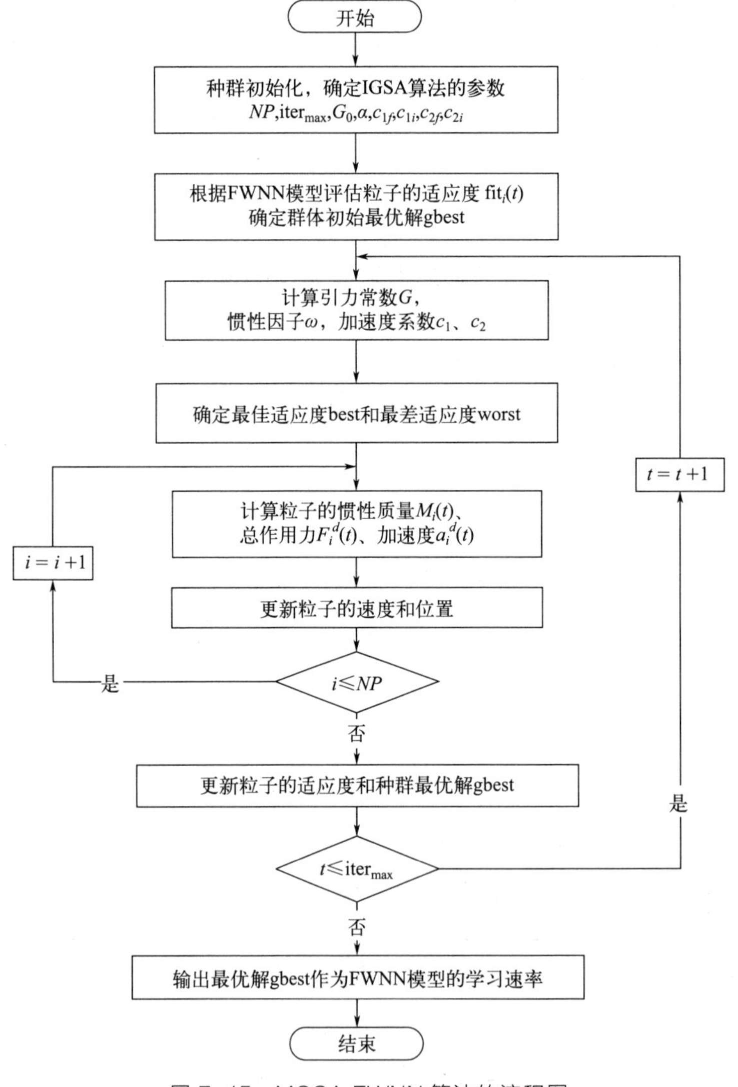

图 7.15 MGSA-FWNN 算法的流程图

的目的是提高模型的预报精度和学习能力，本书中 MGSA 算法的适应度函数 $f(x)$ 采用的是预报值和实测值之间的均方根误差，目标是找到具有最佳适应度值的粒子作为全局最优解，$f(x)$ 定义如下：

$$f(x)=\sqrt{\frac{1}{n}\sum_{i=1}^{n}(y_i-\hat{y}_i)^2} \tag{7.98}$$

式中，y_i 和 $\hat{y}_i$ 分别表示实测值和预报值，n 为样本数。

MGSA 算法优化 FWNN 模型的具体实现步骤如下：

① 初始化粒子群的种群规模 NP、每个粒子的位置 x 与速度 v；定义 MGSA 算法中的参数 G_0、α、c_{1f}、c_{1i}、c_{2f}、c_{2i}；设定迭代结束条件，即最大迭代次数 $\mathrm{iter}_{\max}$；初始化迭代次数 $t=1$。

② 根据 FWNN 预报模型，计算得到预报值 $\hat{y}_i$，然后根据式(7.87) 评估每个粒子的适应度值 $\mathrm{fit}_i(t)$。通过比较适应度确定群体初始的最优解 gbest。

③ 根据式(7.81) 计算引力常数 G，根据式(7.94) 计算惯性因子 ω，根据式(7.95)、式(7.96) 计算加速度系数 c_1 和 c_2。

④ 对于求误差最小化问题，根据式(7.89)、式(7.90) 找到具有最佳适应度值 best(t) 和最差适应度值 worst(t) 的粒子。

⑤ 对每个粒子，根据式(7.88) 计算其惯性质量 $M_i(t)$，根据式(7.80)计算作用在粒子上的总作用力 $F_i^d(t)$，根据式(7.83) 计算粒子的加速度 $a_i^d(t)$。

⑥ 计算出粒子的加速度以后，按式(7.84) 和式(7.85) 更新粒子的速度和位置。如果粒子的速度或位置超出其上限或下限，粒子将取其相应的上限或下限值。

⑦ 对每个粒子都进行上述操作，如果 $i\leqslant NP$，转至步骤⑤，否则转至步骤⑧。

⑧ 将新的候选解作为 FWNN 模型结构参数的学习速率，根据新的预报模型评估每个粒子的适应度，同时更新群体的最优解 gbest。

⑨ 重复步骤③～⑧，直至达到最大迭代次数 $\mathrm{iter}_{\max}$；否则转步骤⑩。

⑩ 输出群体的最优解 gbest 作为 FWNN 模型结构参数的最优学习速率，从而得到最终的 MGSA-FWNN 预报模型。

7.6 实例验证

采用本章提出的 MGSA 算法优化 FWNN 模型结构参数的学习速率，在此基础上采用 MGSA-FWNN 混沌预报模型对聚丙烯熔融指数进行预报，并采用了 GSA-FWNN 模型和未优化的 FWNN 模型作为对比。MGSA 算法中的参数设置如下：种群规模 $N_p=50$，初始引力常数 $G_0=100$，下降系数 $\alpha=20$，加速度系数计算公式中的常数 $c_{1f}=2.5$、$c_{1i}=0.5$、$c_{2f}=2.5$、$c_{2i}=0.5$，最大迭代次数 $iter_{max}=100$。模型的训练单独基于选取的训练集进行，测试数据集和推广数据集则被用来检验模型的预报能力与推广泛化能力。

将 FWNN 模型、GSA-FWNN 模型和 MGSA-FWNN 模型用于对测试数据集进行误差预报，情况如表 7.3 所示。比较表中的五项误差指标可知：①MGSA-FWNN 模型的预报性能最好，MAE、MRE、RMSE、TIC、STD 等各项误差指标都是最小的，GSA-FWNN 模型次之，FWNN 模型的误差最大。②经过 GSA 算法优化后，GSA-FWNN 模型预报效果得到提升：MAE 从 0.01320 降到 0.00924，MRE 从 0.506％降到 0.353％，RMSE 从 0.01603 降到 0.01096，TIC 从 0.00306 降到 0.00209，STD 从 0.01621 降到 0.01026。③MGSA 算法比 GSA 算法优化的 FWNN 模型性能更好：MRE 从 0.353％降到 0.288％，RMSE 从 0.01096 降到 0.00952。④与未优化的 FWNN 模型相比，MGSA-FWNN 模型的 MAE 下降了 43.0％，MRE 下降了 43.1％，RMSE 下降了40.6％，TIC 下降了 40.5％，STD 下降了 40.7％。预报误差指标上大幅度的减小，充分说明了 MGSA-FWNN 混沌预报模型预报的准确性，同时也说明了 MGSA 算法对解决 FWNN 网络学习速率优化问题的有效性。

表 7.3　FWNN 优化模型对测试数据集的预报误差

模型	MAE	MRE/%	RMSE	TIC	STD
FWNN	0.01320	0.506	0.01603	0.00306	0.01621
GSA-FWNN	0.00924	0.353	0.01096	0.00209	0.01026
MGSA-FWNN	0.00753	0.288	0.00952	0.00182	0.00961

为了更直观地考察模型在各个样本点上具体的预报情况，给出了 FWNN 优化模型对测试数据集的预报效果对比图 7.16。可以看出，标记为三角形的 FWNN 模型在某些样本点上预报误差较大，偏离了实际值；标记为虚线的 GSA-FWNN 模型预报效果有所提升；标记为圆圈的 MGSA-FWNN 模型在大多数样本点很接近真实值，并且能够比较好地跟踪真实值的变化。说明 FWNN 模型经过优化后，不管是模型的预报精度还是跟踪性能都得到很大提升，MGSA 算法比 GSA 算法的优化效果更好。再次从预报效果图形上验证了前面关于误差指标的分析，肯定了 GSA-FWNN 模型良好的预报性能。

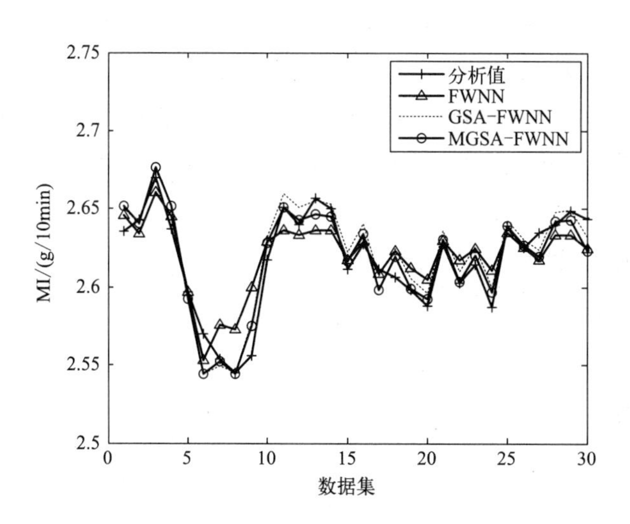

图 7.16　FWNN 优化模型对测试数据集的预报效果对比图

根据前面的经验，MGSA-FWNN 模型的推广能力需要通过模型对推广数据集的预报误差来反映，FWNN、GSA-FWNN 和 MGSA-FWNN 模型对推广数据集的预报误差如表 7.4 所示。表中各项误差指标的减少说明了 GSA-FWNN 模型和 MGSA-FWNN 模型比优化之前的 FWNN 模型要准确得多，并且 MGSA-FWNN 模型的优化效果更好。相比于 FWNN 模型，MGSA-FWNN 模型的 MAE 降低了 44.8%，MRE 降低了 44.8%，RMSE 降低了 36.2%，TIC 降低了 35.9%，STD 降低了 41.9%。推广数据集上的误差指标对比结果说明了 MGSA-FWNN 模型良好的推广泛化能力。

表 7.4 FWNN 优化模型对推广数据集的预报误差

模型	MAE	MRE/%	RMSE	TIC	STD
FWNN	0.00531	0.203	0.00613	0.00117	0.00608
GSA-FWNN	0.00425	0.162	0.00556	0.00106	0.00498
MGSA-FWNN	0.00293	0.112	0.00391	0.00075	0.00353

图 7.17 给出了 FWNN 模型、GSA-FWNN 模型和 MGSA-FWNN 模型预报值和实际值之间的曲线对比。可以看到 MGSA-FWNN 模型在推广数据集的大多数样本点上预报值都很接近实际值，相比于 FWNN 模型和 GSA-FWNN 模型，该模型的预报效果是最好的。以上在测试数据集和推广数据集上对 FWNN 优化模型的图表分析，充分说明了提出的 MGSA-FWNN 模型的准确性与良好的推广泛化能力。同时也证明了 MGSA 算法对优化 FWNN 网络结构参数的学习速率问题的有效性，该方法为熔融指数的混沌预报提供了一种新的建模方法。

本章小结

模糊小波神经网络（FWNN）是结合模糊逻辑、小波变换理论与人工神经网络的思想而构造的一种新的神经网络模型，具有较强的逼近能力和容错能力。本章在熔融指数相空间重构的基础上建立基于 FWNN 的熔融指数混沌预报模型。

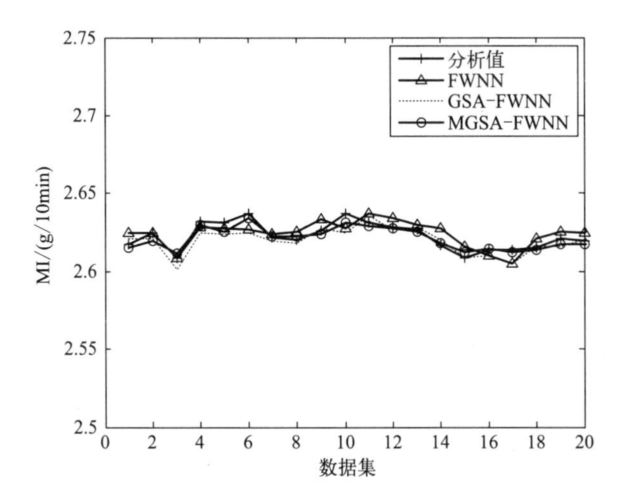

图 7.17　FWNN 优化模型对推广数据集的预报效果对比图

本章介绍了 WNN 和 FWNN 的相关理论，对网络结构每一层的输入输出进行了详细的阐述，并采用梯度下降算法对 FWNN 的结构学习算法进行推导，包含了所有参数及其学习速率之间的关系，确定了待优化参数的学习速率，研究了基本的 GSA 算法，并对其优缺点进行了分析。GSA 算法在迭代后期，由于大惯性质量粒子的出现而变得迟钝，同时由于该算法在更新种群位置时考虑的只有当前的位置信息，忽略了粒子的记忆性。这样，结合粒子群算法中的全局记忆项和群体间的交互策略，提出了一种改进的引力搜索算法（MGSA）。采用该改进 MGSA 算法对 FWNN 网络结构参数的学习速率进行在线调整，提高了模型对熔融指数的预报精度。

建立了基于 FWNN 的熔融指数混沌预测模型，利用训练数据集对 FWNN 进行训练，同时采用 MGSA 算法来优化 FWNN 网络结构参数的学习速率，进一步得到 MGSA-FWNN 混沌预报模型，最后将训练好的模型投入到测试数据和推广数据的预报。在此基础上采用 MGSA-FWNN 混沌预报模型预报聚丙烯熔融指数，建立了 GSA-FWNN 模型和未优化的 FWNN 模型作为对比。在测试数据集和推广数据集上对 FWNN 优化模型进行图表分析，分析结果证明了 MGSA-FWNN 混沌预报模型的准确性和泛化能力，同时也证明了 MGSA 算法可以有效优化 FWNN 网络结构参数的学习速率，这为熔融指数的混沌预报提供了一种新的建模方法。

思考题

1. 在构建 FWNN 的熔融指数混沌预测模型中，FWNN 如何利用模糊逻辑、小波变换理论和神经网络的特性，来实现对熔融指数的混沌预测？

2. 在进行 MGSA-FWNN 模型与 GSA-FWNN 模型对比的过程中，从准确性和泛化能力的角度，应该如何合理设计实验并选择评价指标来确保评价的客观和准确？

3. 假设在聚丙烯熔融指数的预测中，MGSA-FWNN 模型在某些特定条件下的预测表现不理想，应当如何进一步优化模型或者算法来适应这些特定条件？

第8章 多尺度

丙烯聚合过程中熔融指数时间序列是依照时间的先后次序，以相同的时间间隔所排列的一组值，该时间序列可以看作是十分复杂的非线性离散信号。多尺度分析又叫多分辨率分析，是将待处理的某个原始信号在不同的尺度上进行分解，然后按照信号处理的要求，由信号的各个分量更好地分析信号，而且可以无失真地重建原始信号[221]。组合预测，就是设法把不同的预测模型组合起来，综合利用不同理论基础、不同建模思路的各种预测模型所提供的信息，用一种合适的结构或者组合形式将多个模型融合成一个整体，以提高模型对时间序列的预测精度、建模复杂度等多方面的综合性能[222]。

本章首先对熔融指数时间序列分别采用小波变换和经验模态分解进行多尺度分析，之后将两者的分解效果进行对比。然后根据混沌理论对多尺度分析得到的多个分量序列进行特性分析，在此基础上进一步建立熔融指数的组合预测模型。分别将 RVM 和 FWNN 应用于熔融指数混沌时间序列的预报，而进一步建立基于多尺度分析的熔融指数组合预测模型，要根据各分解序列的不同特性，针对性地采用不同的预测方法。最后将所有分解序列各自的最优预测模型进行整合，获得熔融指数时间序列的最终预测结果。

8.1 基于多尺度分析的熔融指数组合预测研究

8.1.1 小波变换

小波变换（wavelet transform，WT）是 20 世纪 80 年代后期在傅里叶分析的基础上发展起来的，小波分析在时域和频域同时具有良好的局部化特性，克服了传统傅里叶分析的不足，这使得小波分析在数据压缩、边缘检测、信号处理和语音分析等领域得到了广泛应用[223]。

设 $\psi(t)\in L^2(R)$ 表示平方可积的实数空间，即能量有限的信号空间，其傅里叶变换为$\hat{\psi}(\omega)$。当$\hat{\psi}(\omega)$ 满足容许条件[224]

$$C_\psi=\int_R\frac{|\hat{\psi}(\omega)|^2}{|\omega|}\mathrm{d}\omega<+\infty \tag{8.1}$$

时，称 $\psi(t)$ 为基本小波或母小波。式中容许条件的提出，保证了变换的反变换存在，因为存在相对应的反变换的变换才有实际意义。

母函数经过平移和拉伸后，得到一个小波序列：

$$\psi_{a,b}(t)=\frac{1}{\sqrt{a}}\psi\left(\frac{t-b}{a}\right),\quad a,b\in R,a\neq 0 \tag{8.2}$$

其中，a 是缩放因子（又称尺度因子），而 b 是平移因子。

连续小波变换（CWT）定义为：设函数 $f(t)$ 平方可积，$\overline{\psi}(t)$ 表示 $\psi(t)$的复共轭，则 $f(t)$ 的连续小波变换为

$$\begin{aligned}(W_{\psi}f)(a,b)&=<f(t),\psi_{a,b}(t)>\\&=\frac{1}{\sqrt{|a|}}\int_{-\infty}^{+\infty}f(t)\,\overline{\psi}\left(\frac{t-b}{a}\right)\mathrm{d}t\end{aligned} \tag{8.3}$$

可以看出，小波变换也是一种积分变换，由于小波基具有尺度 a 和平移 b 两个参数，所以函数经小波变换，就意味着将一个时间函数投影到二维的时间——尺度相平面上，这样有利于提取某些信号函数的某些本质特征。

若采用的小波满足容许性条件，则其逆变换存在，即根据信号的小波变换系数就可以精确地回复原信号。小波变换的重构公式如下[225]：

$$f(t)=C_{\psi}^{-1}\iint_{R^2}(W_{\psi}f)(a,b)\psi\left(\frac{t-b}{a}\right)\frac{\mathrm{d}a\,\mathrm{d}b}{a^2} \tag{8.4}$$

因为小波函数 $\psi_{a,b}(t)$ 是由其母小波函数得到的，在分析信号的过程中，$\psi(t)$ 起到了一个观察窗的功能。所以，$\psi(t)$ 还应满足一般函数的约束条件：

$$\int_{-\infty}^{+\infty}\psi(t)^2\mathrm{d}t<\infty \tag{8.5}$$

相应地，$\hat{\psi}(\omega)$ 是一个连续函数，它的表达式如下：

$$\hat{\psi}(0)=\int_{-\infty}^{+\infty}\psi(t)\mathrm{d}t=0 \tag{8.6}$$

为实现信号重构在数值上的稳定性，除了满足完全重构约束条件之外，还必须保证 $\psi(t)$ 的傅里叶变换满足如下式所示的稳定性条件：

$$A\leqslant\sum_{-\infty}^{+\infty}|\hat{\psi}(2^{-j}\omega)|^2\leqslant B \tag{8.7}$$

其中，$0\leqslant A\leqslant B\prec\infty$。

连续小波变换的尺度因子 a 和移位因子 b 都是连续变化的，有很大的冗余度，于是将尺度因子 a 和移位因子 b 离散化以减小冗余度。若对 a 和 b 按二进制的方式离散化，取如下式所示的一系列离散值：

$$a=2^{-j},\quad b=2^{-j}k,\quad j,k\in \mathbf{Z} \tag{8.8}$$

可以得到离散小波变换的表达式为：

$$(DW_{\psi}f)(j,k)=\langle f(t),\psi_{j,k}(t)\rangle \tag{8.9}$$

$$\psi_{j,k}(t)=2^{\frac{j}{2}}\psi(2^{j}t-k),\quad j,k\in \mathbf{Z} \tag{8.10}$$

其中，$\psi_{j,k}(t)$ 在某些特定条件下可以构成 $L^2(R)$ 空间的“基”。

小波变换主要有以下特点：

① 具有多分辨率亦称多尺度的特点，可以由粗到细地逐步观察信号。

② 可以把小波变换看成用基本频率特性为 $\psi(\omega)$ 的带通滤波器在不同尺度 a 下对信号进行滤波。

③ 选择适当的小波函数，使 $\psi(t)$ 在时域上为有限支撑，$\psi(\omega)$ 在频域上也比较集中，便可以使小波变换在时、频两域都具有表征信号局部特征的能力，有利于检测信号的瞬态或者奇异点。

8.1.2 经验模态分解

经验模态分解（empirical mode decomposition，EMD）是美国工程院院士 Norden E. Huang 在 1998 年提出的一种处理非线性时间序列的谱分析方法[226]。该方法认为任何复杂的时间序列的基本组成单位都是不相同的、简单的、非正弦函数的固有模态函数（intrinsic mode function，IMF），基于此可以从复杂时间序列直接分离出从高频到低频的若干阶固有模态函数，即基本时间序列。它克服了在小波变换中需要选择小波基的困难性，但是保存了小波变换多分辨率的优势。该方法是自适应性的，既能对线性稳态信号进行分析，又能对非线性非稳态信号进行分析[227]。

EMD 分解过程基于以下假设：①信号数据至少有一个极大值和一个极小值；②极值间的时间间隔为特征时间尺度；③如果信号数据只有拐点，可通过对信号数据进行一次或几次微分来获得极值点，再积分获得分解结果。

如上所述，组成一个复杂的时间序列的有限个固有模态函数（IMF）

需满足以下两个条件：

① 分解得到的IMF的极值（包括极大值和极小值）数目和过零点数目要相等或最多相差一个；

② 在任一时间点上，信号的局部极大值所确定的上包络线与局部极小值所确定的下包络线的局部均值为零。

对信号 $X(t)$ 进行EMD分解求得IMF的方法如下：

首先找出 $X(t)$ 上所有的极值点，然后用三次样条函数曲线连接所有的极大值点，得到信号 $X(t)$ 的上包络线 $X_{max}(t)$，采用同样的方法连接所有的极小值点，得到信号 $X(t)$ 的下包络线 $X_{min}(t)$。求上、下两条包络线上对应点的均值可得到一条均值线 $m_1(t)$：

$$m_1(t)=\frac{X_{max}(t)+X_{min}(t)}{2} \tag{8.11}$$

信号 $X(t)$ 和均值线 $m_1(t)$ 的差值定为分量 $h_1(t)$：

$$h_1(t)=X(t)-m_1(t) \tag{8.12}$$

如果 $h_1(t)$ 满足IMF的两个条件，则 $h_1(t)$ 即为第一阶IMF。反之，则将 $h_1(t)$ 当作新的信号，按照上个步骤得到 $h_1(t)$ 的上下包络线，设置 $m_{11}(t)$ 为该上下包络线的均值，则 $h_1(t)$ 和 $m_{11}(t)$ 的差值分量为：

$$h_{11}(t)=h_1(t)-m_{11}(t) \tag{8.13}$$

如果仍然不满足IMF的条件，则继续筛选，重复上述方法 k 次，可以得到：

$$h_{1k}(t)=h_{1(k-1)}(t)-m_{1k}(t) \tag{8.14}$$

在实际计算中，满足IMF的两个条件会比较困难，因此必须确定一个使筛选过程能够终止的准则。Huang等提出可以利用两个连续处理结果之间的标准差 SD 作为判据[228]，其公式如下：

$$SD=\sum_{t=0}^{T}\left[\frac{|h_{1(k-1)}(t)-h_{1k}(t)|^2}{h_{1(k-1)}^2(t)}\right] \tag{8.15}$$

其中，T 为原始信号的长度，SD 是一个预先设定的值，一般取0.2～0.3。

进一步，根据上述停止规则，得到第一阶IMF，记为 $c_1(t)$，该分量为原始信号中的最高频率分量，意味着 $c_1(t)$ 包含信号 $X(t)$ 的最细尺度。从而，$c_1(t)$ 可以从原始信号中分离出来并得到残余信号 $r_1(t)$：

$$r_1(t)=X(t)-c_1(t) \tag{8.16}$$

将 $r_1(t)$ 看作一新信号，重复上述 EMD 分解过程，通过不断地进行分解，得到第 $i(i\geqslant 2)$ 个残余信号为：

$$r_i(t)=r_{i-1}(t)-c_i(t),\quad i=1,2,\cdots,n \tag{8.17}$$

整个筛选过程满足以下两个准则中的任意一个则停止：①当最后得到的 IMF 分量 $c_n(t)$ 或残余信号 $r_n(t)$ 的值小于预先设定好的值；②最后的残余信号 $r_n(t)$ 已经是单调函数，即无法再提取 IMF 分量。

遗留下来的序列 $r_n(t)$ 被称作原始数据 $X(t)$ 的残余向量，残余向量体现了原始数据 $X(t)$ 或其平均值的整体走向，所以它通常也被称作趋势项。最终，原始信号 $X(t)$ 可表示成 n 阶 IMF 和残差 $r_n(t)$ 之和：

$$X(t)=\sum_{i=1}^{n}c_i(t)+r_n(t) \tag{8.18}$$

8.2 熔融指数时间序列的多尺度分析

8.2.1 小波分解与经验模态分解的结果分析与比较

本小节分别对熔融指数时间序列进行小波分解和经验模态分解，并比较不同分解方法对时间序列信号的分解与重构结果。

(1) 小波分解

首先对熔融指数时间序列进行小波分解。其中，基小波函数选用 db4，分解层数选择与经验模态分解保持一致的 5 层分解，则熔融指数时间序列的小波分解结果如图 8.1 所示。图中 D1 到 D5 分别从高频到低频表示了时间序列中的各层细节数据，A5 是维持时间序列曲线原始形状的趋势（低频）部分。从图中可以很明显地看出，不同层面的信号表现出完全不同的行为，即使是第 5 层细节数据 D5 也存在多个不同频率叠加的现象。

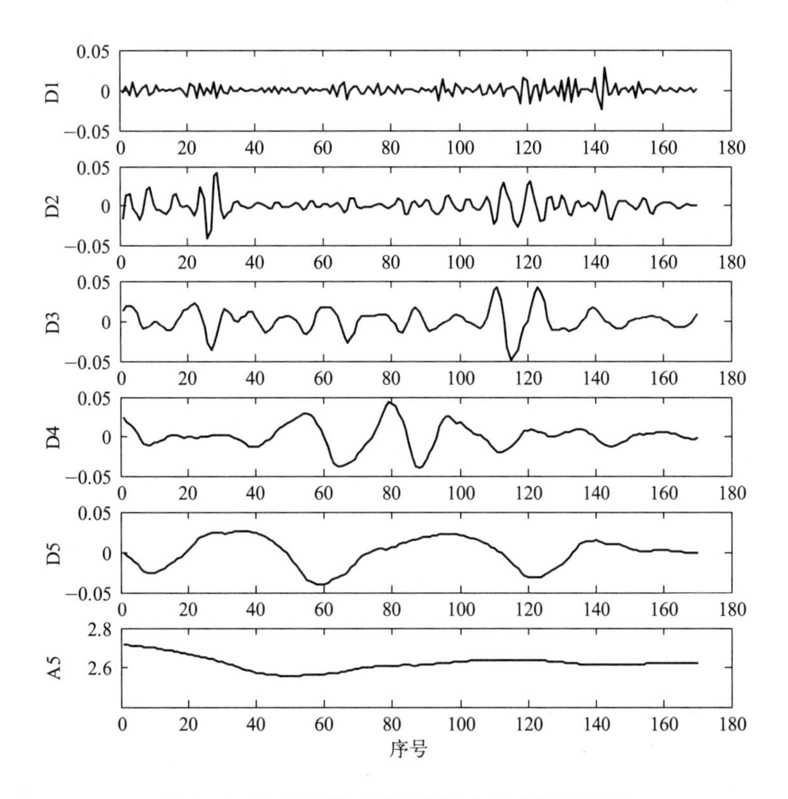

图 8.1　熔融指数时间序列的小波分解结果图

（2）经验模态分解

对熔融指数时间序列进行经验模态分解，结果如图 8.2 所示，分解层数同样是 5 层。图中 IMF1～IMF5 是分解得到的 5 个固有模态函数；RES 是残余序列，它体现了原时间序列的整体走向，也被称作趋势项。

（3）结果分析与比较

通过比较图 8.1 和图 8.2 中的第 3 层和第 4 层的分解结果，即 D3 和 IMF3，D4 和 IMF4 可以看出，经验模态分解所得的结果中夹杂的频率明显少于小波分解的结果。因此，相对于小波分解，经验模态分解可以更好地区分原始信号中不同频率范围的数据。

熔融指数时间序列小波分解的重构误差与经验模态分解的重构误差

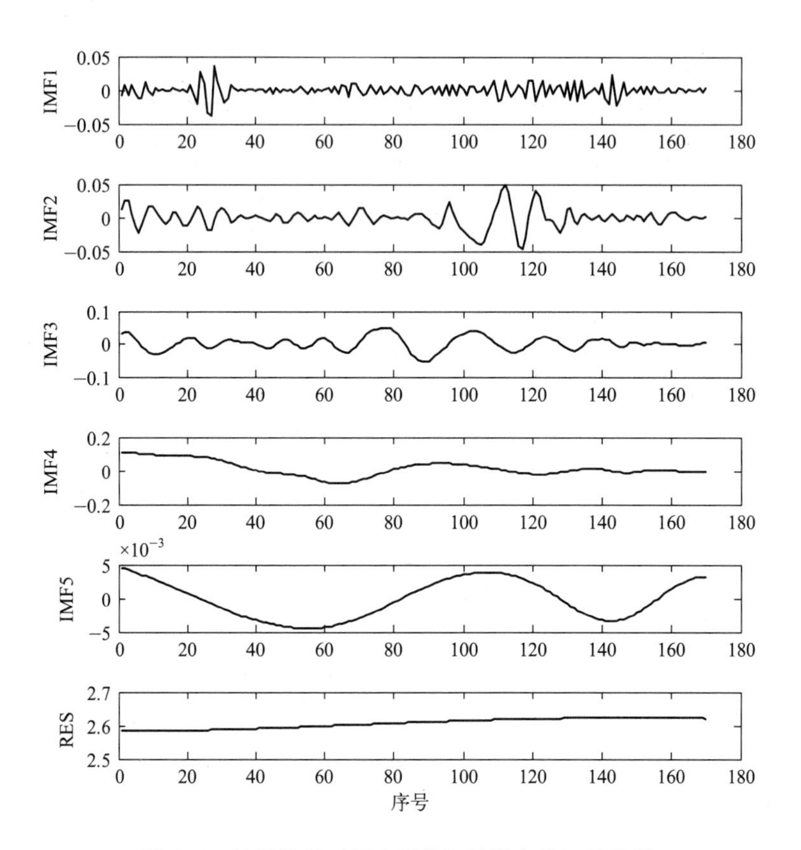

图 8.2　熔融指数时间序列的经验模态分解结果图

如图8.3 所示。比较两者误差可知，小波重构的误差数量级为 10^{-13}，而经验模态重构的误差数量级为 10^{-15}，甚至接近 10^{-16}。通过对两者重构误差进行进一步计算可知，熔融指数时间序列的小波重构的最大误差是 4.62×10^{-13}，平均误差是 1.16×10^{-13}；而经验模态重构的最大误差是 8.88×10^{-16}，平均误差是 2.30×10^{-16}。因此，下面对经验模态分解得到的经验模态函数 IMF1～IMF5 进行特性分析。

8.2.2　对分解序列的混沌特性分析

应用经验模态分解方法，熔融指数时间序列被分解成了 5 个固有模态函数序列 IMF1～IMF5 和 1 个残余序列 RES，以下采用混沌特性识别方

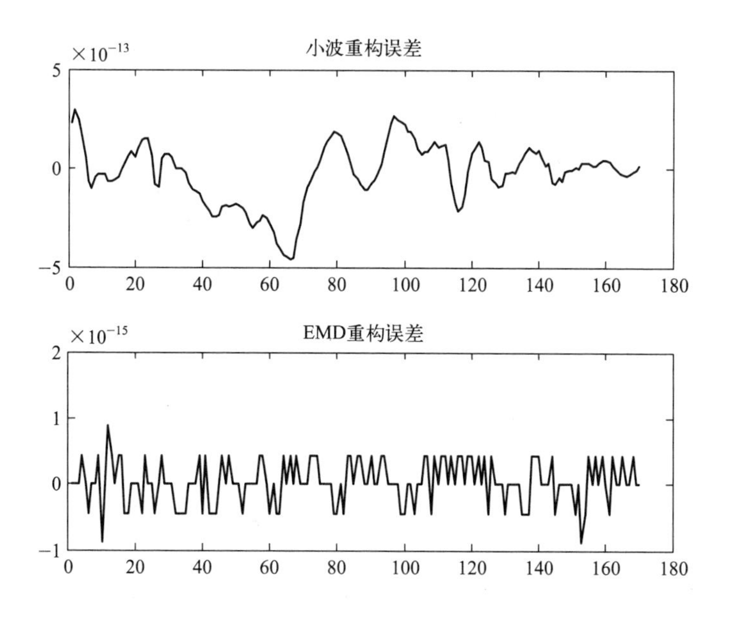

图 8.3　熔融指数时间序列的小波重构与经验模态重构误差对比图

法，来计算各分解序列的性质参数。

首先对 5 个固有模态函数进行 R/S 分析计算其 Hurst 指数，IMF1～IMF5 的 $\ln(R(n)/S(n))$ 与 $\ln(n)$ 的关系曲线如图 8.4 所示，用最小二乘法进行拟合，图中拟合直线的斜率即为 Hurst 指数值。据此求得 IMF1～IMF5 的 Hurst 指数依次为 0.5015、0.6262、0.5802、0.9178、0.9509。当 $0.5<H\leqslant 1$ 时，时间序列服从持久的、有偏的随机过程。意味着时间

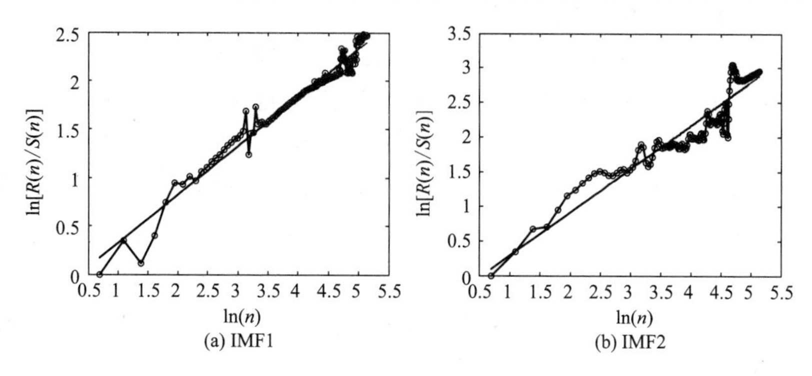

图 8.4

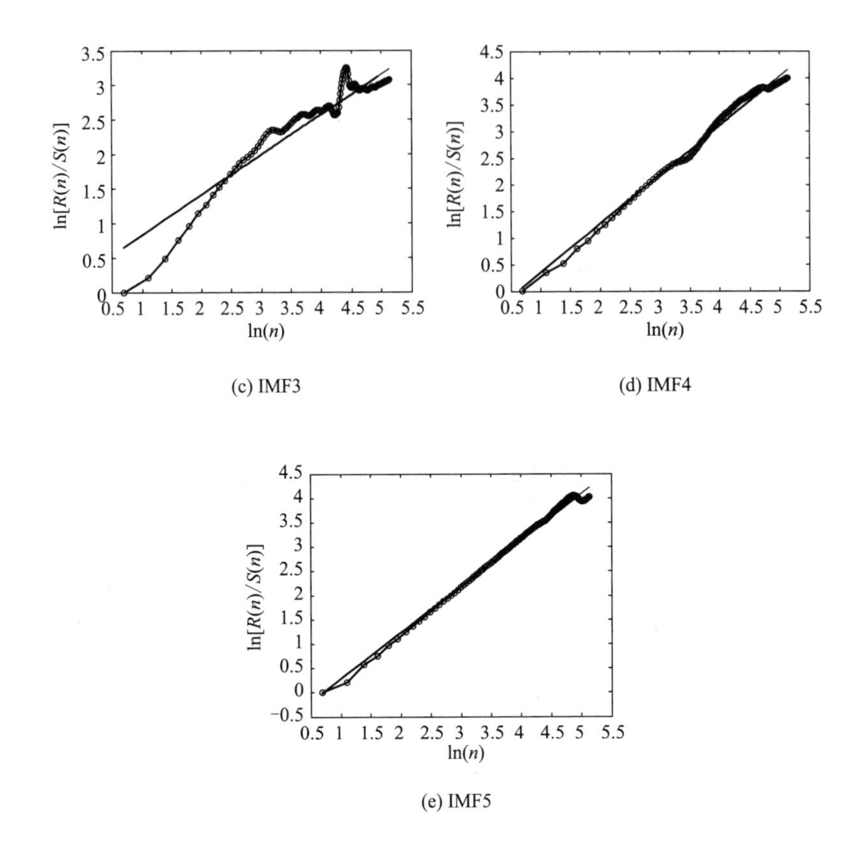

(c) IMF3

(d) IMF4

(e) IMF5

图 8.4　固有模态函数的 R/S 分析

序列具有持续性，即理论上来说，现在的变化将持续影响后续变化。并且 H 越接近 1，这种相关性就越强。

采用互信息法计算 5 个固有模态函数的延迟时间，图 8.5 分别是 IMF1～IMF5 的交互信息图。图中横坐标表示延迟时间，纵坐标表示交互信息，曲线表示的是交互信息随延迟时间的变化情况。根据互信息法求延迟时间的定义，取曲线的第一个极小值点对应的时间作为最佳延迟时间。分析图 8.5 可知，固有模态函数 IMF1～IMF5 的时间延迟分别为 2、2、2、2、2。

确定了延迟时间以后，下面采用 Cao 方法计算 5 个固有模态函数的嵌入维数，图 8.6 分别给出了 IMF1～IMF5 的 $E_1(m)$ 和 $E_2(m)$ 随着嵌入维数 m 值变化而变化的曲线。可以通过观察 $E_1(m)$ 趋于稳定性的

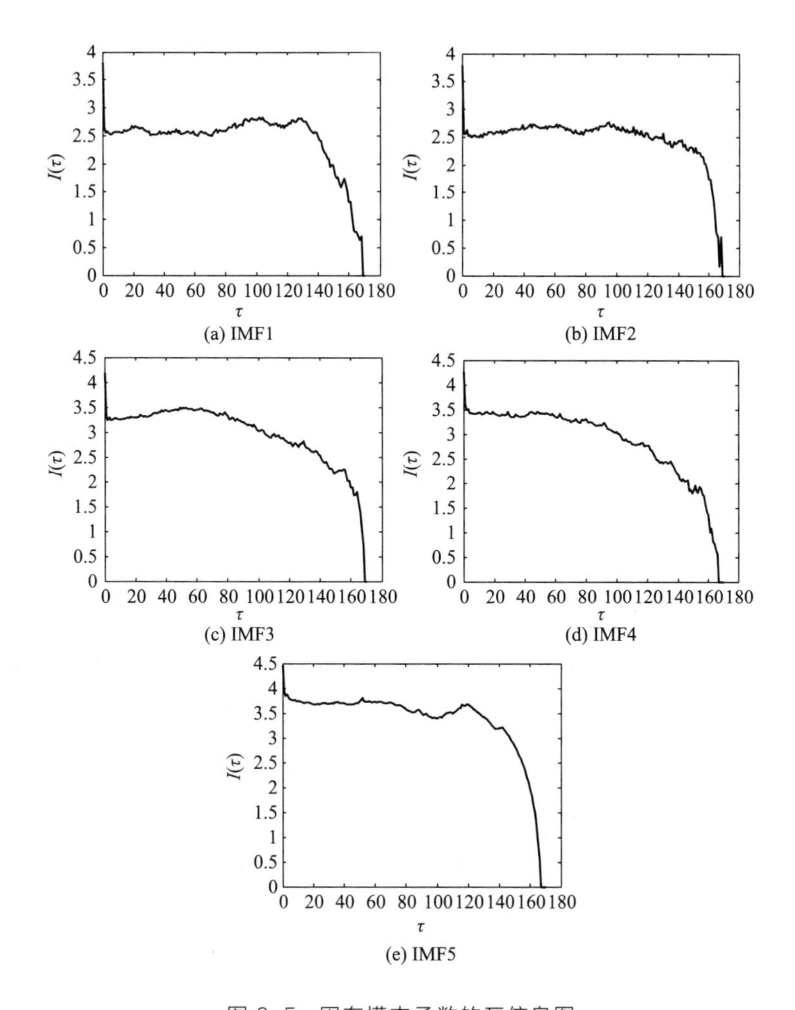

图 8.5　固有模态函数的互信息图

值以及 $E_2(m)$ 是否为常值 1 来确定时间序列重构相空间的最小嵌入维数。分析图 8.6 可知，固有模态函数 IMF1～IMF5 的嵌入维数分别为 7、7、5、3、6。

图 8.6 已经求出了固有模态函数 IMF1～IMF5 的延迟时间和嵌入维数，分别进行相空间重构以后，采用小数据量法计算其最大 Lyapunov 指数。最后得出固有模态函数 IMF1～IMF5 的最大 Lyapunov 指数 λ_1 分别为 −0.0206、0.1912、0.3231、−0.3998、1.9714。表 8.1 总结了固有模态函数 IMF1～IMF5 的性质参数，包括 Hurst 指数、延迟时间、嵌入维数

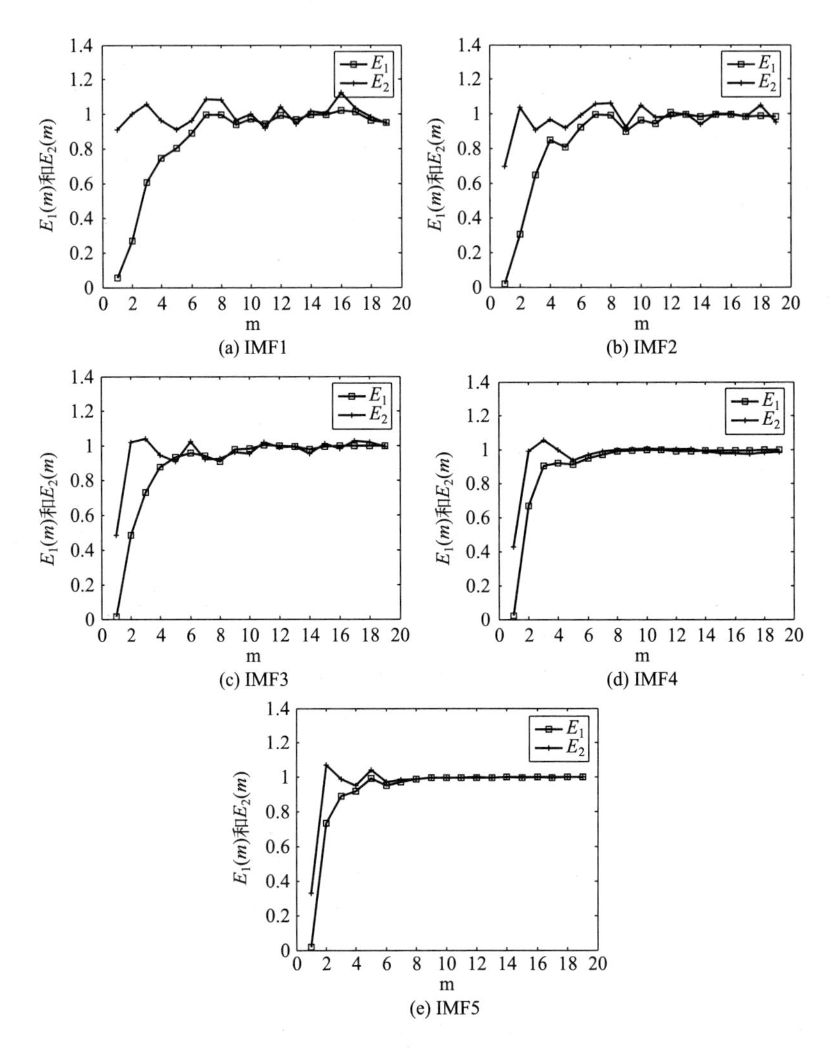

(a) IMF1
(b) IMF2
(c) IMF3
(d) IMF4
(e) IMF5

图 8.6 Cao 方法求 IMF 的嵌入维数

和最大 Lyapunov 指数。分析表中数据可知，IMF2、IMF3、IMF5 拥有正的有限的最大 Lyapunov 指数，可以判定 IMF2、IMF3、IMF5 是混沌序列，而 IMF1 和 IMF4 不具备混沌特性。

表 8.1 各固有模态函数序列的特性分析结果

序列	Hurst 指数	延迟时间	嵌入维数	最大 Lyapunov 指数
IMF1	0.5015	2	7	−0.0206
IMF2	0.6262	2	7	0.1912

续表

序列	Hurst 指数	延迟时间	嵌入维数	最大 Lyapunov 指数
IMF3	0.5802	2	5	0.3231
IMF4	0.9178	2	3	−0.3998
IMF5	0.9509	2	6	1.9714

总之，通过经验模态分解以及对各分量混沌特性的分析，可以确定聚丙烯熔融指数时间序列具有多尺度特性。熔融指数是一个复杂的信号，而多尺度方法降低了信号的复杂度，为熔融指数的预测提供了一种新的方法和思路。

8.3 基于多尺度分析的熔融指数组合预测模型

8.3.1 组合预测方法

Bates 和 Granger 于 1969 年首次提出组合预测方法，为克服单一预测模型的缺陷带来了越来越多的可能。

组合预测的一种思路是对不同模型预测得到的结果进行组合，即对各个竞争模型的预测结果赋权组合为一个预测结果。假设对某一时间序列可以用 k 个预测模型 f_1、f_2、…、f_k 分别进行预测，那么它们的一般预测结果组合模型可以表示为：

$$f=\sum_{i=1}^{k}\omega_i f_i$$

其中，ω_i 为预测模型 $f_i(i=1,2,\cdots,k)$的权重。显然，如何确定组合预测的权重是这类组合方法的研究重心，常用的方法包括等权重法、最小方差法、优势矩阵法和线性回归法。

组合预测的另一种思路是基于数据分解的分量预测模型之间的组合。很多情况下，被预测序列往往存在着不止一种成分的动态变化，因此为了得到更好的预测结果，可以把数据序列分为预测趋势、季节或周期项和扰动项，针对各分量项选择最优的单项预测算法进行建模，再将所有分量各自的最优预测模型整合成一个完整的时间序列预测系统。下面的逻辑等式描述了基于数据分解的分量预测模型之间的组合：

$$y_t = T_t + S_t + C_t + I_t$$

其中，T 是趋势成分，S 是季节成分，C 是周期成分，I 是剩余的扰动项。

通过小波变换、经验模态分解以及对各分量混沌特性的分析，确定了聚丙烯熔融指数时间序列的多尺度特性，并将该序列分解成了 5 个固有模态函数序列和 1 个残余序列。在此基础上，本书采用第二种组合预测思路，建立基于多尺度分析的熔融指数组合预测模型，针对性地根据各分解序列的不同特性，采用不同的预测方法，最后将所有分解序列各自的最优预测模型进行整合，获得熔融指数时间序列的最终预测结果。

8.3.2 基于多尺度分析的熔融指数组合预测模型

图 8.7 给出了基于多尺度分析的熔融指数组合预测模型的流程图，具体实现步骤描述如下。

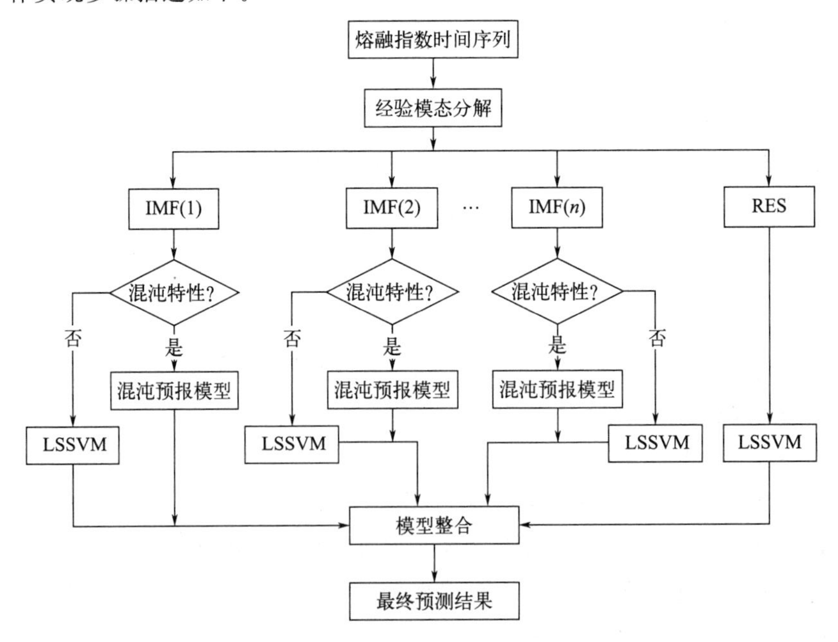

图 8.7 基于多尺度分析的熔融指数组合预测模型

第一步：对聚丙烯熔融指数进行经验模态分解。熔融指数被分解为5个固有模态函数序列和1个残余序列。

第二步：采用混沌理论计算并分析各个固有模态函数序列的混沌特性。通过计算IMF1～IMF5的Hurst指数、时间的推延、维数的嵌入与具有最大值的Lyapunov指数，根据结果最后得到IMF2、IMF3、IMF5是混沌序列，而IMF1和IMF4不具备混沌特性。

第三步：针对性地根据各分解序列的不同特性采用不同的预测方法。对于具有混沌特性的IMF2、IMF3、IMF5，首先我们需要对相空间进行重构，采用延迟后的时间与嵌入维数，然后采用混沌预报模型找到其中预测效果最好的模型，输出预测结果。根据LSSVM能有效地解决小样本、高维、非线性回归问题，对不具有混沌特点的IMF1与IMF4采用LSSVM对其进行预测，输出预测结果。对于残差向量RES，仍采用LSSVM进行预测，输出预测结果。

第四步：整合固有模态函数序列和残余序列各自的最优预测模型，获得熔融指数时间序列的最终预测结果，并检验模型的预测性能。

8.4 实例验证

预报聚丙烯熔融指数，我们使用的组合预测模型是基于多尺度分析，并且分析对比所得到的预报结果与单一预报模型。将所有分量的数据分为三组：用于训练数据的训练集、用来测试的数据集以及作为模型的泛化推广所使用的数据集。按照时间顺序选取训练集和测试集，推广数据集与前面两者来自不同批次。所有的模型都是在训练数据集的基础上训练及优化得到的，用来测试的数据集可以测验该模型的预报准确能力，同时推广数据集不仅可以测验模型最后的预报准确性也可以获取该模型推广泛化能力值的大小。仍然采用以下五项误差指标来衡量模型的预报效果，包括：平均绝对误差（MAE）、平均相对误差（MRE）、均方根误差（RMSE）、泰勒不等式系数（TIC）以及标准差（STD），误差指标越小，模型预报性能越好。

首先找出对每个固有模态分量和残余分量最合适的预测模型。分别采用 HACDE-RVM 混沌预报模型和 MGSA-FWNN 混沌预报模型对 IMF2、IMF3、IMF5 这三个混沌序列进行建模预测，计算得到对于 IMF2 和 IMF3 选择 HACDE-RVM 模型预报效果更好，而对于 IMF5 选用 MGSA-FWNN 模型更优。采用 LSSVM 模型对 IMF1 和 IMF4 这两个非混沌序列进行建模预测，对残余向量 RES 的建模预测也采用 LSSVM 模型，结果表明选择 LSSVM 模型是合适的。

整合固有模态函数序列和残余序列各自的最优预测模型，分别对测试数据集和推广数据集进行预报，获得熔融指数时间序列的最终预测结果。将预报结果与单一预报模型进行比较分析，着重对比了各模型在测试数据集和推广数据集上的预报结果。

表 8.2 给出了组合预测模型与单一模型对测试数据集的预报误差。分析表中误差可知，虽然单一模型 MGSA-FWNN 和 HACDE-RVM 的预报误差已经很小，但是组合预测模型表现出更好的预报精度，各项误差指标均有大幅度提升。相比于单一的 MGSA-FWNN 模型，MAE 减少了 56.3%，MRE 减少了 56.6%，RMSE 减少了 54.3%，TIC 减少了 54.4%，STD 减少了 55.0%。相比于单一的 HACDE-RVM 模型，MAE 减少了 41.1%，MRE 减少了 41.6%，RMSE 减少了 39.7%，TIC 减少了 39.9%，STD 减少了 40.4%。以上数据，十分有利地表明基于多尺度分析的预测模型在组合各分量的最优预测模型下得到最终模型的预报能力大大提升；组合预测模型可以解决单一预报模型所无法解决的一些问题，建模方法也更为实用合理。

表 8.2　组合预测模型与单一模型对测试数据集的预报误差

模型	MAE	MRE/%	RMSE	TIC	STD
MGSA-FWNN	0.00753	0.288	0.00952	0.00182	0.00961
HACDE-RVM	0.00559	0.214	0.00721	0.00138	0.00725
组合预测模型	0.00329	0.125	0.00435	0.00083	0.00432

为了更直观地说明组合策略对最终得到的模型性能的影响和改善，图 8.8给出了组合预测模型与 MGSA-FWNN 模型、HACDE-RVM 模型在测试数据集上的预报效果对比图。由图可知，组合预测模型的预报值与实

际值是最接近的，在所有的样本点上都只有极小的误差；尤其在样本点 1/6/9/27/30 上对 MGSA-FWNN 模型的预报效果改善非常明显，在样本点 6/7/8/11/12 上对 HACDE-RVM 模型预报效果的改善也显而易见。以上分析说明本章提出的基于多尺度分析的组合预测方法是有效的。

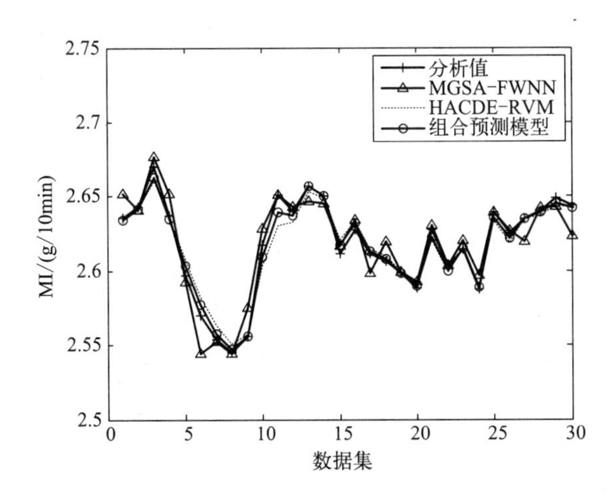

图 8.8　组合预测模型与单一模型对测试数据集的预报效果对比图

表 8.3 为组合预测模型与单一模型对推广数据集的预报误差。模型在推广数据集上的预报误差情况与在验证数据集上的情况一致，组合预测模型表现出更好的预报性能。相比于单一的 MGSA-FWNN 模型，MAE 减少了 34.8%，MRE 减少了 34.8%，RMSE 减少了 22.5%，TIC 减少了 22.7%，STD 减少了 25.2%。相比于单一的 HACDE-RVM 模型，各项误差指标均有所改善。图 8.9 给出了 MGSA-FWNN 模型、HACDE-RVM 模型、组合预测模型预报值和实际值之间曲线对比，再次说明了组合预测模型具有更好的预报性能。

表 8.3　组合预测模型与单一模型对推广数据集的预报误差

模型	MAE	MRE/%	RMSE	TIC	STD
MGSA-FWNN	0.00293	0.112	0.00391	0.00075	0.00353
HACDE-RVM	0.00243	0.093	0.00348	0.00066	0.00310
组合预测模型	0.00191	0.073	0.00303	0.00058	0.00264

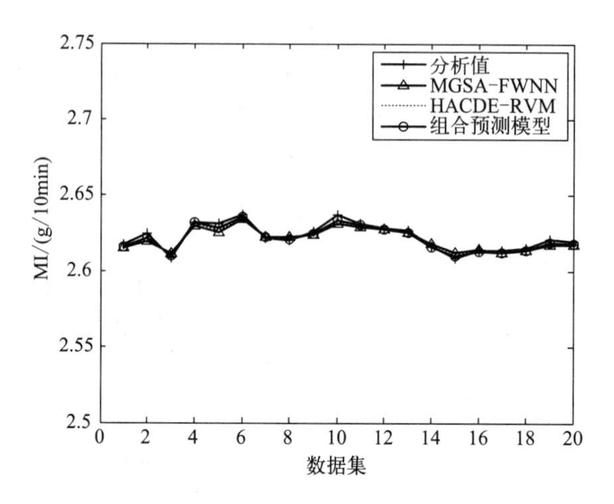

图 8.9 组合预测模型与单一模型对推广数据集的预报效果对比图

本章小结

本章用以小波变换和经验模态分解为原理的两种多尺度分析方法分析了熔融指数的时间序列。以熔融指数具备的多尺度的特性为基础，介绍了组合预测模型概念，最后分析得到基于多尺度分析的熔融指数组合预测模型。

本章首先对小波变换和经验模态分解的理论与实现步骤进行了详细的阐述。接下来对熔融指数的时间序列采用小波分解和经验模态分解，横向对比时间序列信号在不同分解方法下的分解和重构结果。实验结果显示，经验模态分解比起小波分解在区分原始信号所具有的不同频率范围的数据上具有更好效果，同时前者得到的重构误差小于后者。所以，采用混沌特性识别方法，对通过经验模态分解的 5 个固有模态函数进行特征分析，可知 IMF2、IMF3、IMF5 是混沌序列，IMF1 和 IMF4 是非混沌序列。通过以上分析，可以确定聚丙烯熔融指数时间序列具有多尺度特性。

随后采用基于数据分解的组合预测方法，建立了以多尺度分析为主的熔融指数组合预测模型。针对不同特性的分解序列，一对一地使用不同的预测方法，找到其中预测效果最好的模型。最后将所有分解序列各自的最优预测模型进行整合，得到最终关于熔融指数时间序列的预测结果。聚丙烯熔融指数预报也采用建立得到的组合预测模型，并分别对比预报结果与单一预报模型结果。在测试数据集和推广数据集上对组合预测模型的图表分析，有力表明了基于多尺度分析的熔融指数组合预报模型具备良好的预报准确性和良好的推广泛化能力，组合预测模型能够克服单一预报模型的一些问题，建模方法更加合理、有效。

思考题

1. 在经验模态分解后得到的各固有模态函数（IMF）中，如何准确区分哪些是混沌序列，哪些是非混沌序列，并在建立预测模型时这种区分如何发挥作用？

2. 在利用多尺度分析得到的不同分解序列建立组合预测模型时，如何选择并验证各分解序列的最优预测模型，以及如何整合这些预测模型来提高最终预测结果的准确性？

3. 当组合预测模型在测试数据集上表现优异时，如何确保该模型在未来推广应用中依然保持良好预测能力？哪些因素可能会影响模型推广泛化能力？

第9章 半监督

对于丙烯聚合过程的熔融指数预报建模，较多的无标签样本数据和少量的样本标签数据出现在此过程中，根据这种情况提出一种基于邻域核密度估计的稀疏贝叶斯半监督回归方法（KDSBSR），在贝叶斯框架下引入核方法拟合非线性，通过无标签样本数据的密度估计聚合过程中样本在特征空间内的分布结构，改善丙烯聚合生产过程熔融指数预报的准确性。方法是通过合理充分使用无标签样本信息，使用稀疏贝叶斯回归方法学习聚合过程中从过程重要操作变量到质量指标的映射关系，建立熔融指数预报模型。与传统的熔融指数预报方法相比，KDSBSR 模型在贝叶斯概率框架下能够有效利用无标签数据。

为了满足现代石化企业对高质量精细化的聚丙烯产品生产需求，对工业聚合过程的在线监控越来越重要。关键变量预报通过建立 DCS 系统易采集的操作变量与离线分析的质量指标间的映射关系，实现对流程中的质量指标的预测[230]。关键变量预报在先进工业体系中发挥着越来越重要的作用。聚丙烯熔融指数（melt index，MI）在工业丙烯聚合过程质量监测中是最重要的指标之一，可以由它决定聚合物产品牌号。以往的熔融指数分析方法中得到的聚丙烯的物理流动特性是采用离线设备，这种方法既昂贵又耗时。如何通过建立有效的熔融指数预报模型实现 MI 的快速准确测量是一个具有挑战性的问题。

在聚丙烯工业过程生产中，压力、温度、流量等变量由于拥有完善精密的传感设备，能够廉价便捷地记录、传输、存储入 DCS 数据库，数据更新频率为秒级；熔融指数由于人工采样、离线分析的手段获取，样本采样分析的时间间隔为 2～4h，数据更新频率为小时级。因此，在熔融指数建模研究中，存在少量的样本标签和大量无标签样本数据。在数据驱动的丙烯聚合过程熔融指数建模中，如何有效利用海量的无标签数据，提升熔融指数预报模型，降低建模成本，是十分有意义的问题。

传统的熔融指数建模方法通过监督学习建立工业过程特征变量与质量指标间的关系。本章的研究目的是提出一种半监督的预报模型，在熔融指数预报中同时考虑含标签的样本数据和无标签数据，从而提升建模精度并降低数据成本。

半监督学习按照建模方法可分为四类，分别为自训练（self-training）、协同训练（co-training）、图方法（graph-based method）和生成式方法（generative method）[230]。自学习方法首先按照监督学习方法训练模型，然后对无标签数据进行预测，再将预测结果作为新的样本加入训练集进行模型训练[231]。自训练的优点是机制简单性，但是方法过于粗糙。自训练初期的预报误差会影响后续的模型训练过程，造成误差积累并可能产生更大的预报误差。协同训练的特点是对同一种标签数据采用两组不同的特征建立两个训练模型，两个模型将各自置信度最高的无标签数据的估计值输入对方的训练集中，实现对无标签数据的有效利用[232]。协同训练相比自训练，更可靠地使用了无标签样本的信息；但协同训练假定两种模型的两组特征是互相独立的，且都蕴含研究对象建模的重要信息，这对工业过程的特征挖掘提出了很高的要求。同样，图方法[233]假定待测变量熔融指数的变化是平滑且连续的，对于高维动态聚合过程，这个假设往往无法满足。生成式方法[234]旨在通过概率估计产生对标签数据的概率分布描述，基于生成式模型寻找过程状态期望最大化的熔融指数估计。与其他半监督训练方法相比，生成式方法不要求聚合过程满足限制性较强的假设条件，可以根据工业过程的统计特性为无标签样本提供合适的估计值，从而实现对无标签数据的有效利用。

因此，本章以生成式方法巧妙地提出基于核密度估计的稀疏贝叶斯半监督回归方法，并应用于聚合过程熔融指数预报研究。该模型采用邻域核密度估计学习含标签样本与标签数据间的分布关系，并引入稀疏性约束条件避免模型过拟合，在不同样本标签采样率的条件下进行对比研究。

9.1 基于核密度估计的稀疏贝叶斯半监督回归

假设训练集（X,Y）包含带标签的采样点数据集$\{(x_i^l,y_i^l)\}_{i=1}^{n_1}$和不带标签的采样点数据集$\{(x_j^u,y_j^u)\}_{j=1}^{n_2}$，其中训练集共计 N 个样本，$N=n_1+n_2$。不带标签的数据集没有熔融指数数值，因此不能直接用于训练预报模型。核密度估计作为一种应用广泛的非参数数据分析方法，能够通过无监督学习挖掘丙烯聚合过程中不同操作变量间的模态关系。无标签样本可通过操作变量的核函数计算得出，如下式所示：

$$y_j^u=\frac{\sum_{i=1}^{n_1}y_iK(x_j^u,x_i^l)}{\sum_{i=1}^{n_2}K(x_j^u,x_i^l)},\quad j=1,\cdots,n_2 \tag{9.1}$$

其中，x_i^l 为带标签样本的建模辅助变量，即工业聚合过程的重要操作变量，y_i^l 为对应的样本标签，即熔融指数化验分析数值。y_j^u 是无标签数据 x_j^u 的标签估计值。$K(x_j^u, x_i^l)$是描述特征空间内带标签样本与无标签样本的各个操作变量分布关系的核函数。在本小节研究中采用改进的高斯核函数进行样本标签估计。改进高斯核函数为分段核函数，使用待估计样本的邻域内样本进行标签估计，邻域外样本不参与运算。这样一方面能减少无监督学习运算量，提高算法效率；另一方面能加强样本邻域信息权重，降低在特征空间中距离待测样本较远的不相似样本的干扰，提高算法精度。改进高斯核函数的代数表达式：

$$K(x_j^u, x_i^l) = \begin{cases} \exp(-\| x_j^u - x_i^l \|^2 / 2\gamma), & x_i^l \in \Omega(x_j^u) \\ 0, & \text{其他} \end{cases} \tag{9.2}$$

其中，γ 是核函数参数的径向基宽度值，通过交叉验证方法辨识其在熔融指数预报模型中的取值大小。为了平衡算法求解精度和运算效率，取待测样本最邻近的 5 个含标签样本作为邻域相关样本，计入核函数运算。从核函数回归的角度来看，通过归一化后径向基函数定义为：

$$\varphi(x_j^u, x_i^l) = \frac{K(x_j^u, x_i^l)}{\sum_{i=1}^{n_1} K(x_j^u, x_i^l)} \tag{9.3}$$

则丙烯聚合过程无标签样本的核密度估计方法可以简化为：

$$y_j^u = \sum_{i=1}^{n_1} \varphi(x_j^u, x_i^l) y_i^l, \quad j = 1, \cdots, n_2 \tag{9.4}$$

训练集数据标签 y_i^l 可以看作是径向基函数的权重，即有：

$$v_i = y_i^l, \quad i = 1, \cdots, n_1 \tag{9.5}$$

因此，无标签样本的熔融指数核密度估计值为径向基的加权平均，即：

$$y_j^u = \sum_{i=1}^{n_1} v_i \varphi(x_j^u, x_i^l), \quad j = 1, \cdots, n_2 \tag{9.6}$$

无标签数据估计的有效性对预报模型的性能有较大影响。无标签样本估计得越准确，预报模型性能越好。因此，在核密度估计中应用邻域估计技术，查找无标签样本与含标签样本之间的相邻和非相邻关系，选择无标签数据相邻的含标签样本而不是所有含标签样本以计算 y^u 的值。无标签样本的求解精度和运算效率由于采用了邻域信息而得到提高。

通过邻域核密度估计分析无标签数据与含标签样本间的关系，从而得到无标签数据的模态分布，进一步，在稀疏贝叶斯回归框架下建立含标签数据的操作变量、无标签数据的操作变量与熔融指数间的函数关系，从而建立丙烯聚合工业生产过程的熔融指数预报模型。给定特征输入向量 $\boldsymbol{x}$，熔融指数的条件概率分布为：

$$p(t|\boldsymbol{x},\boldsymbol{w},\sigma^2)=N(t|y(\boldsymbol{x},\boldsymbol{w}),\sigma^2) \tag{9.7}$$

则熔融指数向量的似然函数表达式如下所示

$$p(\boldsymbol{t}\mid \boldsymbol{x},\boldsymbol{w},\sigma^2)=\prod_{i=1}^{n_1}N(t_i\mid y(x_i^l,\boldsymbol{w}),\sigma^2)\prod_{j=1}^{n_2}N(t_j\mid y(\boldsymbol{x}^l,\boldsymbol{y}^l,x_j^u,\boldsymbol{w}),\sigma^2) \tag{9.8}$$

其中连乘式的第一部分为基于含标签样本进行推导熔融指数的高斯分布卷积，第二部分为无标签数据进行推导的高斯分布卷积。因为无标签数据可由近邻核密度估计计算得到，上式中两项具有相同的数学表达形式，能够进行合并简化，改写为：

$$p(\boldsymbol{t}\mid \boldsymbol{x},\boldsymbol{w},\sigma^2)=\prod_{i=1}^{N}N(t_i\mid x_i,\boldsymbol{w},\sigma^2) \tag{9.9}$$

由于样本采样遵循独立同分布假设，所以在给定权重和方差条件下，熔融指数分布的表达式为：

$$p(\boldsymbol{t}|\boldsymbol{x},\boldsymbol{w},\sigma^2)=(2\pi\sigma^2)^{-\frac{N}{2}}\exp\left(-\frac{\|\boldsymbol{t}-\boldsymbol{\Phi w}\|^2}{2\sigma^2}\right) \tag{9.10}$$

其中，$\boldsymbol{w}$ 为权重系数向量，$\boldsymbol{w}=[w_0,w_1,\cdots,w_n,\cdots,w_N]^{\mathrm{T}}$。$\boldsymbol{\Phi}$ 为核函数矩阵，其表达式为：

$$\boldsymbol{\Phi}=\begin{bmatrix}1 & K(x_1,x_1) & \cdots & K(x_1,x_n) & \cdots & K(x_1,x_N)\\ 1 & K(x_2,x_1) & \cdots & K(x_2,x_n) & \cdots & K(x_2,x_N)\\ \vdots & \vdots & \vdots & \vdots & \vdots & \vdots\\ 1 & K(x_N,x_1) & \cdots & K(x_N,x_n) & \cdots & K(x_N,x_N)\end{bmatrix} \tag{9.11}$$

稀疏贝叶斯回归通过最大似然法拟合模型参数，而由于核函数矩阵参数过多可能导致过拟合，从而降低预报模型的泛化性能。因此，对权重系数 $\boldsymbol{w}$ 引入稀疏性约束，令权重系数数值服从期望为 0 的高斯分布，则使得大部分权重系数为零或接近为零，从而达到降低模型复杂度的目的。从贝叶斯理论的角度来看，引入的稀疏性约束相当于给定一个关于权重系数 $\boldsymbol{w}$ 的先验分布：

$$p(\boldsymbol{w}\mid \boldsymbol{\alpha})=\prod_{i=0}^{N}N(w_i\mid 0,\alpha_i^{-1}) \tag{9.12}$$

其中，$\boldsymbol{\alpha}$ 为权重约束条件的超参数向量，$\boldsymbol{\alpha}=[\alpha_0,\alpha_1,\cdots,\alpha_N]^{\mathrm{T}}$。由于每个超参数与一个权重系数一一对应，各个超参数之间相互独立，所以权重系数的条件概率密度函数为：

$$p(\boldsymbol{w} \mid \boldsymbol{\alpha})=\prod_{i=0}^{N} \frac{\alpha_i}{\sqrt{2\pi}}\exp\left(-\frac{\alpha_i w_i^2}{2}\right) \tag{9.13}$$

在稀疏性约束条件下，许多权重系数数值接近于零，其余小部分非零权重在特征空间中构成决策超平面，从而建立稀疏贝叶斯回归模型。为了得到模型参数 $\boldsymbol{w}$，通过贝叶斯定理将 $p(\boldsymbol{w}|\boldsymbol{t},\boldsymbol{\alpha},\sigma^2)$展开为如下形式：

$$\begin{aligned}
p(\boldsymbol{w}|\boldsymbol{t},\boldsymbol{\alpha},\sigma^2)&=\frac{p(\boldsymbol{w},\boldsymbol{t},\boldsymbol{\alpha},\sigma^2)}{p(\boldsymbol{t},\boldsymbol{\alpha},\sigma^2)}\\
&=\frac{p(\boldsymbol{t}|\boldsymbol{w},\boldsymbol{\alpha},\sigma^2)}{p(\boldsymbol{t}|\boldsymbol{\alpha},\sigma^2)}\frac{p(\boldsymbol{w},\boldsymbol{\alpha},\sigma^2)}{p(\boldsymbol{\alpha},\sigma^2)}\\
&=\frac{p(\boldsymbol{t}|\boldsymbol{w},\boldsymbol{\alpha},\sigma^2)}{p(\boldsymbol{t}|\boldsymbol{\alpha},\sigma^2)}\frac{p(\boldsymbol{w}|\boldsymbol{\alpha},\sigma^2)p(\boldsymbol{\alpha},\sigma^2)}{p(\boldsymbol{\alpha},\sigma^2)}\\
&=\frac{p(\boldsymbol{t}|\boldsymbol{w},\sigma^2)p(\boldsymbol{w}|\boldsymbol{\alpha})}{p(\boldsymbol{t}|\boldsymbol{\alpha},\sigma^2)}\\
&=\frac{p(\boldsymbol{t} \mid \boldsymbol{w},\sigma^2)p(\boldsymbol{w} \mid \boldsymbol{\alpha})}{\int p(\boldsymbol{t} \mid \boldsymbol{w},\sigma^2)p(\boldsymbol{w} \mid \boldsymbol{\alpha})\mathrm{d}\boldsymbol{w}}
\end{aligned} \tag{9.14}$$

由式(9.9) 与式(9.13) 可得与 $p(\boldsymbol{t}|\boldsymbol{w},\sigma^2)$为多个高斯函数连乘形式，因此模型参数 $\boldsymbol{w}$ 的后验分布为：

$$p(\boldsymbol{w} \mid \boldsymbol{t},\boldsymbol{\alpha},\sigma^2)=(2\pi)^{-\frac{N+1}{2}} \left|\sum\right|^{-\frac{1}{2}}\exp\left\{-\frac{1}{2}(\boldsymbol{w}-\boldsymbol{\mu})^{\mathrm{T}}\sum{}^{-1}(\boldsymbol{w}-\boldsymbol{\mu})\right\} \tag{9.15}$$

其中，后验均值 μ 和后验方差Σ分别如下所示：

$$\mu=\sigma^{-2}\Sigma\boldsymbol{\Phi}^{\mathrm{T}}\boldsymbol{t} \tag{9.16}$$

$$\Sigma=(\sigma^{-2}\boldsymbol{\Phi}^{\mathrm{T}}\boldsymbol{\Phi}+\boldsymbol{A})^{-1} \tag{9.17}$$

其中，$\boldsymbol{\Phi}$ 为核函数矩阵，$\boldsymbol{A}$ 为超参数 $\boldsymbol{\alpha}$ 的对角矩阵，即 $\boldsymbol{A}=\mathrm{diag}(\alpha_0,\alpha_1,\cdots,\alpha_N)$。

为了准确辨识稀疏贝叶斯回归模型参数，通过最大似然法求取超参数 $\boldsymbol{\alpha}$ 和方差 σ^2，即：

$$(\boldsymbol{\alpha}_{\mathrm{MP}},\sigma_{\mathrm{MP}}^2)=\arg\max_{\boldsymbol{\alpha},\sigma^2} p(\boldsymbol{t}|\boldsymbol{\alpha},\sigma^2) \tag{9.18}$$

其中，$\boldsymbol{\alpha}_{\mathrm{MP}}$和 σ_{MP}^2分别为超参数 $\boldsymbol{\alpha}$ 和方差 σ^2 的最大似然估计。为了构建聚丙烯熔融指数预报模型，假设待预报时刻工业过程的操作变量为 x_*，对应时刻的熔融指数预测值为 t_*，其预测分布为：

$$p(t_* \mid x_*,\boldsymbol{x},\boldsymbol{t},\boldsymbol{\alpha}_{\mathrm{MP}},\sigma_{\mathrm{MP}}^2)=\int p(t_* \mid x_*,\boldsymbol{w},\sigma_{\mathrm{MP}}^2)p(\boldsymbol{w} \mid \boldsymbol{x},\boldsymbol{t},\boldsymbol{\alpha}_{\mathrm{MP}},\sigma_{\mathrm{MP}}^2)\mathrm{d}\boldsymbol{w} \tag{9.19}$$

上式的概率分布的积分为高斯函数的卷积，因此，根据式(9.10) 与式(9.15)，预报模型可以表示为下列形式：

$$p(t_* \mid x_*, \boldsymbol{t}) = N(t_* \mid \boldsymbol{\mu}^{\mathrm{T}} \phi(x_*), \sigma_*^2) \tag{9.20}$$

其中，σ_*^2 为预报值分布方差，$\sigma_*^2 = \sigma_{\mathrm{MP}}^2 + \phi(x_*)^{\mathrm{T}} \sum \phi(x_*)$。

对模型参数求取边缘积分可得熔融指数预报值对模型参数的似然函数：

$$\begin{aligned} p(\boldsymbol{t} \mid \boldsymbol{\alpha}, \sigma^2) &= \int p(\boldsymbol{t} \mid \boldsymbol{w}, \sigma^2) p(\boldsymbol{w} \mid \boldsymbol{\alpha}) \mathrm{d}\boldsymbol{w} \\ &= (2\pi)^{-\frac{N}{2}} \mid \Omega \mid^{-\frac{1}{2}} \exp\left(-\frac{\boldsymbol{t}^{\mathrm{T}} \Omega^{-1} \boldsymbol{t}}{2}\right) \end{aligned} \tag{9.21}$$

通过Ⅱ型最大似然算法迭代求解预报模型的超参数 $\boldsymbol{\alpha}$ 与方差 σ^2，参数迭代更新公式如下所示：

$$\frac{\partial p(\boldsymbol{t} \mid \boldsymbol{\alpha}, \sigma^2)}{\partial \alpha_i} = 0 \Rightarrow \alpha_i^{\mathrm{new}} = \frac{1 - \alpha_i \sum_{ii}}{\mu_i^2} \tag{9.22}$$

$$\frac{\partial p(\boldsymbol{t} \mid \boldsymbol{\alpha}, \sigma^2)}{\partial \sigma^2} = 0 \Rightarrow (\sigma^2)^{\mathrm{new}} = \frac{\| \boldsymbol{t} - \boldsymbol{\Phi\mu} \|}{N - \sum_{i=0}^{N} (1 - \alpha_i \sum_{ii})} \tag{9.23}$$

其中协方差矩阵表达式为 $\Omega = \sigma^2 I + \Phi A^{-1} \Phi^{\mathrm{T}}$，由式(9.16) 可以计算得到第 i 轮迭代的后验分布均值 μ_i，根据式(9.17) 可得第 i 轮迭代的协方差矩阵对角阵 $\sum_{ii}$。根据式(9.22) 与式(9.23) 迭代计算得到预报模型的稀疏权重超参数和方差。因此，在少量样本标签条件下使用贝叶斯概率框架建立了工业丙烯聚合反应过程的稀疏权重概率预报模型。

9.2 基于 KDSBSR 的熔融指数预报模型

本节根据前述的核密度稀疏贝叶斯半监督回归方法，建立丙烯聚合过程的熔融指数预报模型。KDSBSR 模型学习无标签数据的邻域密度分布，构建稀疏权重的条件概率分布，然后根据贝叶斯定理预报熔融指数数值，模型的参数通过递归 EM 技术进行估计。KDSBSR 模型建模步骤如图 9.1 所示。构建熔融指数预报模型具体分八个步骤：

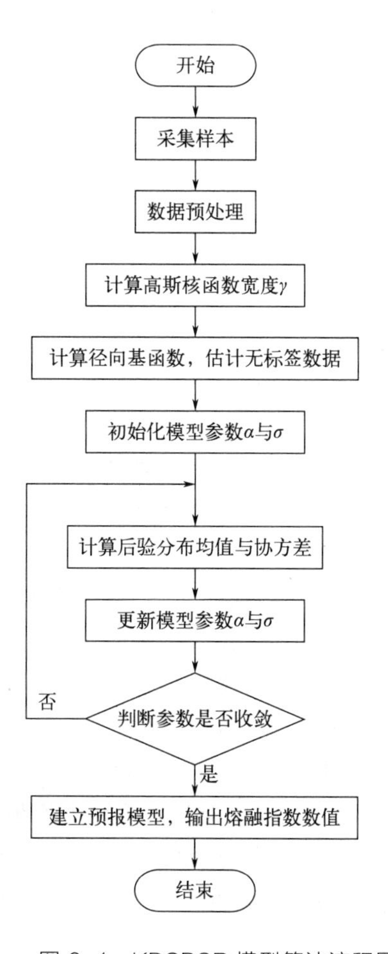

图9.1　KDSBSR模型算法流程图

步骤1：采集样本数据，包含带标签的样本$\{(x_i^l, y_i^l)\}_{i=1}^{n_1}$与无标签的样本数据$\{(x_j^u, y_j^u)\}_{j=1}^{n_2}$，对数据归一化处理；

步骤2：用交叉验证法计算RBF的宽度γ；

步骤3：根据式(9.3)计算归一化的径向基函数，根据式(9.6)学习无标签数据分布特征，得到其对应的熔融指数估计；

步骤4：初始化预报模型的参数$\boldsymbol{\alpha}$和σ^2；

步骤5：在给定的参数$\boldsymbol{\alpha}$和σ^2条件下，通过训练数据，根据式(9.16)和式(9.17)计算后验分布的均值μ和协方差Σ；

步骤6：在给定后验分布均值μ和协方差Σ条件下，根据式(9.22)

和式(9.23) 计算模型参数 $\boldsymbol{\alpha}$ 和 σ^2；

步骤 7：若模型参数 $\boldsymbol{\alpha}$ 和 σ^2 收敛至最优值，继续步骤 8；若模型参数未收敛，转至步骤 5；

步骤 8：根据式(9.20) 建立熔融指数预报模型，由预报模型输出 MI 的估计值。

9.3 实例验证

本节通过工业聚丙烯生产装置实际采样数据验证提出的 KDSBSR 模型的熔融指数预报效果。数据采集自 Spheripol 工艺过程，熔融指数为待测的生产质量指标，选用生产负荷、一环丙烯流量、氢气流量、氢气浓度、压力、温度等 24 个变量作为辅助变量，采用数据降维与变量解耦方法进行数据预处理。

为了合理评测半监督预报模型性能，将该方法与国际上公开发表文献的工业过程半监督回归模型进行对比，参比方法分别为自训练相关向量回归（Self-RVR）、半监督核回归（SSKR）[230] 和基于 k 近邻回归的协同训练（COREG）模型[235]。使用 k 折交叉验证客观地评价预报模型的准确性，本章节 k 取 10。为了获取更可靠的预报误差信息，每种模型独立运行 50 次，误差取均值。模型算法迭代的终止条件是边缘概率函数不再增加或迭代超过 500 次。

对无标签数据作估计时，高斯核宽度 γ 是影响算法预报效果的重要参数。图 9.2 展示了 10 折交叉验证方法下不同核函数高斯核宽度 γ 得到的 RMSE 折线图。由图 9.2 可得，当核函数高斯核宽度 γ 的取值从 0.1 到 1 变化时，参数的最优取值是 0.2，此时 KDSBSR 模型的预报误差最小

9.3.1 不同熔融指数标签采样率下 KDSBSR 模型预报效果考察

为了研究 KDSBSR 模型在不同熔融指数采样率下的鲁棒性，将熔融指数采样率从 0.1 到 0.5 变化（熔融指数采样率的含义是，在参与训练的

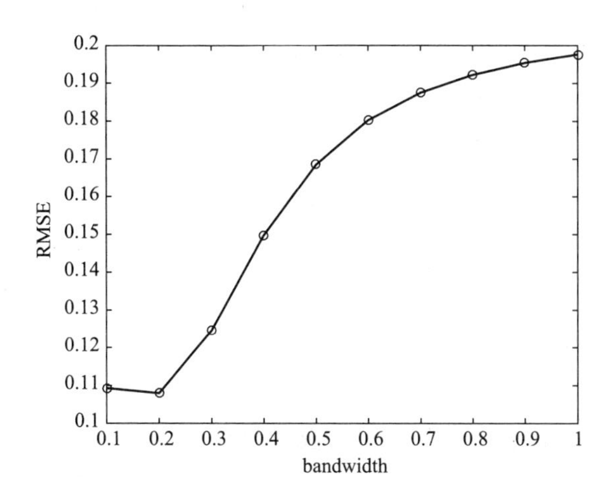

图 9.2 KDSBSR 模型高斯核函数宽度参数整定图

样本中含标签数据与总样本数的比值），观察各个模型的预报误差变化情况。图 9.3 展示了丙烯聚合过程中 MI 预报的 RMSE 指标随采样率提高而变化的折线图。图中 RMSE 值为 20 次独立运行测试的平均值。

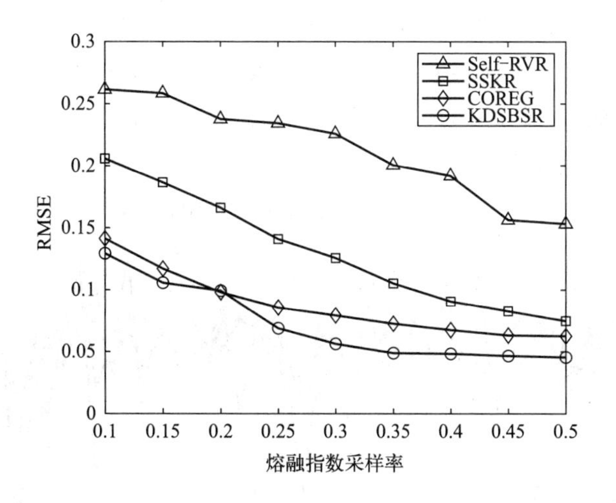

图 9.3 不同熔融指数采样率下预报性能对比图

自训练方法对无标签数据估计后将其加入训练集从而导致了误差随着预报过程的进行而逐渐积累。特别是在熔融指数采样率比较低的情况下，Self-RVR 模型的预报误差比较大。由图可得，Self-RVR 和 SSKR 在极少量样本标签条件下建立半监督模型的预报误差明显大于 COREG 与 KDSBSR 模型。COREG 和 KDSBSR 在各种熔融指数采样率条件下具有相对理想和稳定的预报精度。与 Self-RVR、SSKR 和 COREG 模型相比，提出的 KDSBSR 具有较高的预测准确度。在 0.30 采样率条件下，从 RMSE 指标的角度来看，提出的模型与其他模型相比，预报误差降低了 0.1816 (Self-RVR)、0.0832(SSKR)、0.0279(COREG)。KDSBSR 模型的预报误差折线随着熔融指数采样率的提高而下降，且一直处于其他预报模型折线的下方，表明了所提出的 KDSBSR 模型的有效性。

9.3.2 不同半监督模型预报性能对比研究

在实例测试实验中，将同时使用含标签样本与无标签数据训练的半监督模型应用于测试集和推广集数据，验证提出方法的预报精度和 MI 预报在不同批次过程的推广能力。

图 9.4 可视化展示了 Self-RVR、SSKR、COREG 和 KDSBSR 在测试集上的预报效果。模型的预报值越接近真值越好。由图 9.4 可得，Self-RVR 模型的预报效果不稳定，出现比较大的预报偏差。SSKR 模型的波动幅度比较小，无法跟上 MI 的波动变化，COREG 会在某些点出现较大偏差（如第 11 个采样点）。本章节提出的 KDSBSR 方法在大多数测试集样本上优于其他半监督学习参比方法。

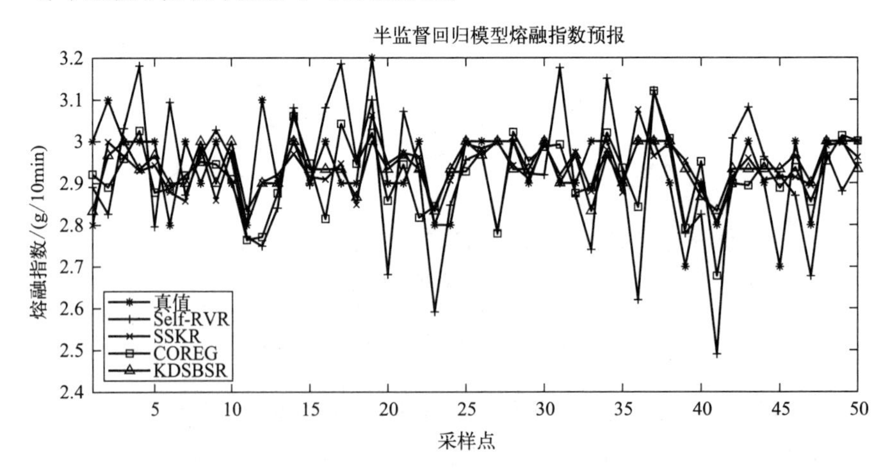

图 9.4 半监督回归模型在测试集上熔融指数预报图

表9.1列出了模型在测试集上的具体预报结果。实验的熔融指数采样率为0.30，以平均绝对误差（MAE）、平均相对误差（MRE）、泰勒一致性系数（TIC）和标准差（STD）为评价指标进行实证研究。从表9.1可以看出，提出的KDSBSR模型具有最好的预报误差结果。具体地讲，KDSBSR的RMSE指标数值为0.0637，与COREG模型的0.0916、SSKR的0.1469、Self-RVR的0.2453相比，预报误差分别降低了30.5%，56.6%，74.0%，在本实例测试中KDSBSR明显优于其他半监督学习方法。

表9.1　KDSBSR预报模型在测试集上的预报效果

模型	MRE	MAE	RMSE	TIC	STD
Self-RVR	0.0551	0.1495	0.2453	0.0377	0.2116
SSKR[230]	0.0407	0.1135	0.1469	0.0301	0.1783
COREG[235]	0.0246	0.0716	0.0916	0.0156	0.1004
KDSBSR	0.0213	0.0637	0.0637	0.0106	0.0935

表9.2与图9.5展示了KDSBSR模型在推广集上的MI预报效果，以研究模型在不同批次数据上的泛化能力。四种半监督模型在推广集上的预报性能的相对关系与测试集上表现的预报效果排序基本一致。SSKR与Self-RVR模型的预报误差相对较大，其MRE指标是KDSBSR的两倍甚至两倍以上；COREG与本章提出的KDSBSR具有相对稳定的MI预报能力，平均相对误差在3%～3.7%左右。

表9.2　KDSBSR预报模型在推广集上的预报效果

模型	MRE/%	MAE	RMSE	TIC	STD
Self-RVR	0.0829	0.2242	0.3238	0.0556	0.3174
SSKR[230]	0.0610	0.1702	0.2653	0.0452	0.2674
COREG[235]	0.0369	0.1074	0.1396	0.0235	0.1506
KDSBSR	0.0313	0.0937	0.1145	0.0162	0.1238

图9.6展示了四种模型在MI时序序列上单步预报的绝对误差箱型图。在每个箱型中，中心线为模型预报绝对误差的中位数，上边框与下边框分别为75%、25%分位数。

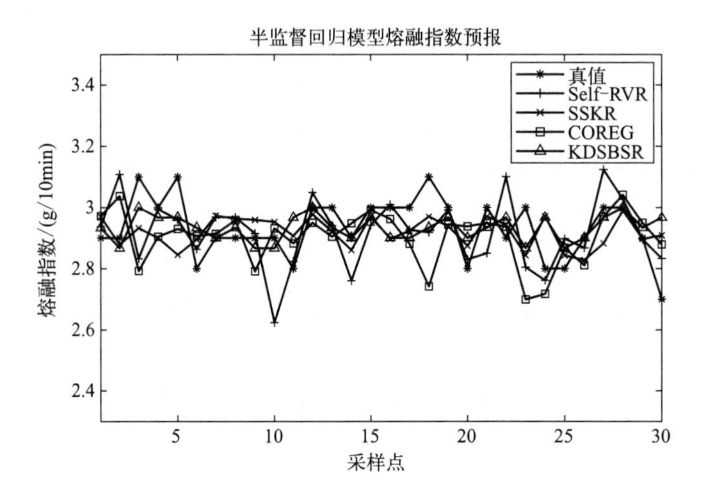

图 9.5　半监督回归模型在推广集上熔融指数预报图

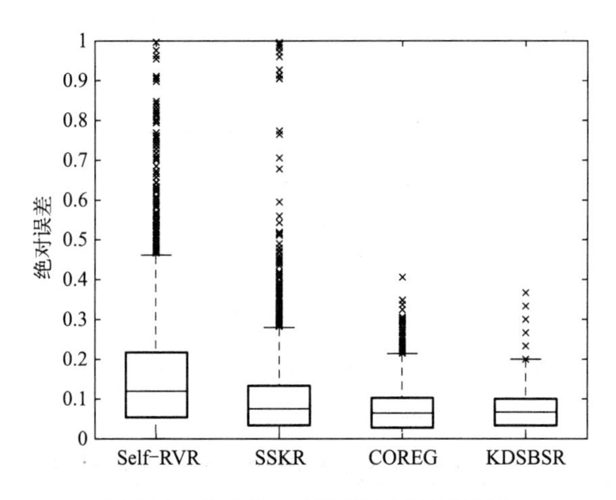

图 9.6　模型单步预报绝对误差箱型图

从图 9.6 中可以得到三个主要结论：首先，KDSBSR 与 COREG 的绝对误差中位数比其他两种模型更小，这表明了提出方法的有效性；其次，KDSBSR 与 COREG 的矩形主体长度小于 Self-RVR 与 SSKR 模型，这说明本章提出的方法的预报误差更集中，表明模型具有稳定的预报性能；最后，KDSBSR 模型的异常值分布具有“短尾”特征，与 COREG、Self-RVR、SSKR 模型相比，预报绝对误差的异常点数目更少，这说明本章提出的 KDSBSR 模型发生较大的预报偏差的次数比较少，模型相比其他方法更鲁棒。

本章小结

本章针对丙烯聚合工业生产过程中，存在大量无标签数据未被有效利用的难题，提出了一种基于邻域核密度估计的稀疏贝叶斯半监督回归模型（KDSBSR），采用生成式半监督学习策略，通过 KDE 方法学习无标签数据的分布信息，结合含熔融指数分析值的采样数据进行 SBR 建模，达到结合少量标签数据和大量无标签数据建立 MI 预报模型的目的。

通过实例验证，将本章提出的模型与 Self-RVR 模型，以及国际上公开发表的 SSKR[230] 和 COREG[235] 模型的预报效果进行对比研究，结果表明了提出的 KDSBSR 模型的有效性，得到以下结论：

在不同熔融指数采样率条件下，提出的 KDSBSR 模型具有更小的 RMSE 预报误差，工业实际数据实验结果表明了提出的 KDSBSR 方法的有效性；

在测试集与验证集上，KDSBSR 模型具有更小的预报误差，实验研究表明本章提出的模型的优越性；

通过单步预报绝对误差箱型图结果的对比研究，KDSBSR 的预报误差较低，且更集中于较小区间，预报出现大偏差的频率较低，表明了提出的 KDSBSR 模型的预报性能更稳定、鲁棒。

以上结论表明在丙烯聚合过程少量样本标签的情况下本章提出的 KDSBSR 模型在 MI 预报方面的有效性。

思考题

1. 请简述 KDSBSR 模型的基本原理。

2. 请简述 KDSBSR 模型相比其他模型的优越性表现在哪些方面？

3. 请简述 KDSBSR 模型在聚丙烯工业生产中的应用范围和局限性是什么？

第10章 群智能

10.1 基于ACO算法模型优化研究

10.2 基于PSO算法模型优化研究

在实际工业应用中，研究对象的梯度信息很难求取，传统的梯度下降法难以“施展拳脚”，而进化算法、群智能算法、启发式算法等智能优化（intelligent optimization，IO）方法在迭代求解过程中不需要梯度信息[236]，越来越多的智能优化方法应用于模型优化研究。

智能优化一般都是建立在生物智能或物理现象基础上的随机搜索算法。该算法对数学问题的描述不需要满足连续可微、目标函数是凸的、可行域是凸集等条件，甚至不要求有解析表达式，能适应于数据的不确定性。智能优化算法的优点在于：能够并行计算，具有全局寻优能力，具有鲁棒性和通用性，能在有限时间内求得可以接受的近似解。

本章考虑到聚丙烯生产过程中的非线性，将围绕人工群智能优化算法——蚁群算法ACO和粒子群算法PSO来对熔融指数预报模型中的参数优化问题进行讨论。通过智能优化算法来对聚丙烯熔融指数预报模型进行参数优化，进一步提高预报模型的效果。

10.1 基于ACO算法模型优化研究

10.1.1 ACO算法介绍

针对连续空间优化问题对传统蚁群算法进行改进已经得到许多学者的关注和研究[237-239]，其中的一种改进算法是实数编码小生境ACO算法。在该算法中，一只蚂蚁与PSO算法中一个粒子类似，即代表优化问题的一个解，该蚂蚁的信息素浓度与该解的适应度值有关。在每一次迭代循环中，根据每一只蚂蚁信息素浓度，计算其被选中进行局部搜索的概率，若没有被选中就对其进行全局搜索；如果搜索到的解更优，就用它替换原来的解，并更新蚂蚁群体中对应的信息素浓度。

局部搜索的蚂蚁的信息素浓度高（适应度值大），随机偏移一段较小的距离，即将一个随机微小的波动附加在蚂蚁对应的解上，以期望在这些较优秀解的附近搜索区域内找到更优秀的解。全局搜索的蚂蚁信息素浓度不够高（适应度值比较小），将一个较大的变动添加给蚂蚁对应的解，期望在这些较不优秀的解较远的搜索区域内找到优秀的解。信息素浓度越高的蚂蚁，被选中作局部搜索的概率越大。

该 ACO 算法的实现步骤如下：

① 初始化 ACO 的预设参数，包括最大迭代次数 Max、蚁群大小 N、信息素挥发系数 P 和全局转移概率 P_0。

② 每只蚂蚁的初始位置根据下式初始化

$$x_i = \mathrm{low} + (\mathrm{high} - \mathrm{low})\mathrm{Rand}(1) \tag{10.1}$$

其中，high 为待优化问题搜索区域的上限，low 则为搜索区域的下限。

每只蚂蚁的信息素浓度为：

$$T_i = f(x_i) \quad i = 1, 2, \cdots, N \tag{10.2}$$

算法的初始迭代次数 $k=1$。

③ 找到当前群里各只蚂蚁信息素浓度的最大值 $T\_\mathrm{Best} = \max(T_i)$，$i=1,2,\cdots,N$，接下来计算各只蚂蚁的转移概率 P_i：

$$P_i = (T\_\mathrm{Best} - T_i)/T\_\mathrm{Best}, \quad i = 1, 2, \cdots, N \tag{10.3}$$

④ 如果蚂蚁满足 $P_i < P_0$（即第 i 只蚂蚁的信息素浓度足够大，以至于转移概率比全局转移概率小），则对该蚂蚁进行局部搜索：

$$x_{\mathrm{temp}} = x_i + \mathrm{min\_step}(\mathrm{Rand}(1) - 0.5) \tag{10.4}$$

其中 min _ step 为预先设置的一个较小的局部搜索步长。

如果 $P_i \geq P_0$（即第 i 只蚂蚁的信息素浓度足够小，以至于转移概率超过了全局转移概率），则对该蚂蚁进行全局搜索：

$$x_{\mathrm{temp}} = x_i + \mathrm{max\_step}(\mathrm{Rand}(1) - 0.5) \tag{10.5}$$

其中 max _ step 为预先设置的一个较大的全局搜索步长。

对局部搜索和全局搜索的蚂蚁都要对其临时解 x_{temp} 进行检查，保证其在优化问题的搜索空间 [low, high] 内，否则需要将其拉回到搜索空间内。

⑤ 检查每只蚂蚁临时解 x_{temp} 的适应度值，如果大于原先的适应度值，即 $f(x_{\mathrm{temp}}) > f(x_i)$，则用临时解 x_{temp} 替代解 x_i；否则保留解 x_i。

⑥ 更新蚂蚁的信息素浓度，并且迭代次数 $k=k+1$。

$$T_i=(1-P)T_i+cf(x_i) \tag{10.6}$$

其中 c 为常数。

⑦ 如果 $k<\text{Max}$，则调回步骤③，继续蚁群搜索的下一次迭代过程；否则，输出信息素浓度最高的蚂蚁对应的解，算法结束。

10.1.2 ACO 算法优化 D-FNN 参数

D-FNN 参数较多，需要对上一小节中的实数编码小生境 ACO 算法进行更深入的考虑。

步骤④中，将得到的蚂蚁转移概率与全局转移概率 P_0 相比，这样会使蚂蚁选择进行全局搜索还是局部搜索过分依赖于当前最高信息素浓度值。当当前最优解为某一个局部最优解时，它在蚂蚁进行全局还是局部搜索方面的指导作用就有可能是不准确的。当前最优解的信息素浓度不够高时，比如为一个局部最优解，计算得到的 P_i 就会偏小，则蚂蚁更倾向于局部搜索；但是当前最优解是局部最优解时，蚁群需要全局搜索来找到更优的解，最后会搜索不到期望的优秀的解。本小节为了解决该问题，引入了遗传算法中的选择算子和交叉算子[240]，蚁群中进行局部搜索的蚂蚁数目为 R_1，进行全局搜索的蚂蚁数目为 R_2。采用轮盘赌注法选择进行局部搜索的蚂蚁，蚂蚁的信息素浓度越高，就越可能被选做局部搜索；采用遗传算法的交叉策略来执行全局搜索，信息素浓度低的蚂蚁尽可能进行交叉，以期望产生较优的解。

步骤④中，蚂蚁的局部搜索步长和方向与 min _ step 有关，全局搜索步长和方向与 max _ step 有关，但是没有可靠的指导原则来确定；再者，这两个步长一旦确定，蚂蚁将沿固定方向移动展开局部搜索或全局搜索；因为 min _ step 向量在各个维度上的值已经固定（即向量的方向是固定的），只有幅度受系数(Rand(1)－0.5)调整（方向只能正负调整），所以蚂蚁搜索时，只是朝一个固定方向前进或者倒退，幅度随机。这样搜索的效果是很有限的，尤其对于高维的优化问题。为了解决这个难题，将 ACO 算法的局部搜索步长修改为 $\text{del}=(d_1,d_2,\cdots,d_D)$，其中 d_i 为在每一个维度上独立获得的随机值；全局搜索问题的蚂蚁不再是随机移动一段距离，而是采用遗传算法的交叉策略。

经过以上思想，解决本节熔融指数预报 D-FNN 模型中参数优化问题的实数编码小生境ACO算法步骤表述如下：

（1）算法准备阶段：

① 设置蚂蚁的数量为 n，根据优化问题的搜索空间设置蚂蚁的初始位置 $S=(s_1,s_2,\cdots,s_n)$，其中 $s_i=(x_1,x_2,\cdots,x_D)(i=1,2,\cdots,n)$，$D$ 为优化问题的维度；

② 计算所有蚂蚁的信息素浓度 $F_i(i=1,2,\cdots,n)$；

③ 设置ACO的最大迭代次数 $\text{iter}_{\max}$ 和当前迭代次数 $k=1$；

④ 设置每次迭代过程中蚂蚁进行局部搜索的数目 R_1 和全局搜索的数目 R_2；

（2）ACO算法的局部搜索阶段：

① 计算第 i 只蚂蚁被选中局部搜索的概率：

$$P_i(k)=\frac{F_i}{\sum_{i=1}^{n}F_i}\quad(i=1,2,\cdots,n)\tag{10.7}$$

② 由局部搜索概率 P_i，通过轮盘赌注法选出局部搜索的 R_1 只不同蚂蚁，即保证一只蚂蚁在一次迭代过程中最多只被选择1次。

③ 在蚂蚁局部搜索时，随机产生不同的步长 $\text{del}=(d_1,d_2,\cdots,d_D)$（$d_i$ 都是独立随机值），使蚂蚁产生新的解：

$$s_{\text{inew}}=s_{\text{iold}}+\text{del}\tag{10.8}$$

根据 s_{inew} 计算蚂蚁新的适应度值，如果 s_{inew} 的适应度值大于原来解的适应度值（$f(s_{\text{inew}})>f(s_{\text{iold}})$），则用 s_{inew} 取代 s_{iold}，并更新其对应的信息素浓度，否则不做任何操作。

（3）ACO算法的全局搜索阶段：

① 局部搜索后蚁群的位置为 $S=(s_1,s_2,\cdots,s_n)$，确定每只蚂蚁进行全局搜索的概率：

$$Q_i(k)=\frac{1/F_i}{\sum_{i=1}^{n}1/F_i}\quad i=1,2,\cdots,n\tag{10.9}$$

② 由蚂蚁的全局搜索概率 Q_i，采用轮盘赌注法选出 R_2 只不同蚂蚁做全局搜索，保证一只蚂蚁在一次迭代过程中最多只被选择1次。

③ 在这 R_2 只蚂蚁中，随机选取一只蚂蚁 s_{iold}，然后在 S 中随机选择一只蚂蚁 s_{irandom} 与其交叉，生成一个新的解 s_{inew}，使用 s_{inew} 替代 s_{iold}，并更新信息素浓度 F_i：

$$s_{\text{inew}} = ps_{\text{iold}} + (1-p)s_{\text{irandom}} \tag{10.10}$$

式中 p 为交叉系数。

(4) 完成一轮局部搜索阶段和全局搜索后，迭代次数加 1($k=k+1$)。如果迭代次数超过了最大迭代次数，即 $k>\text{iter}_{\max}$，转至步骤 (5)；否则转步骤 (2)。

(5) 输出蚁群中适应度值最高的蚂蚁对应解。

上述的实数编码小生境 ACO 算法可以解决熔融指数预报 D-FNN 模型的参数优化问题。

10.1.3 自适应 ACO 算法优化 D-FNN 参数

局部搜索在 ACO 算法中起到了最关键的作用，该操作期望在较优秀的解附近搜索到更好的解。在这些较优秀的解附近搜索时，确实更有可能找到更优的解，如果已找到某个在全局最优解附近的解，算法有可能会找得到全局最优解；但是局部搜索的过程仍然存在改进的空间。

经过一次局部搜索后，如果蚂蚁找到了一个更优的解，说明蚂蚁在朝着更优秀解的方向和幅度 [由 $\text{del}=(d_1,d_2,\cdots,d_D)$表示] 搜索。蚂蚁如果继续沿着这一方向和幅度前进，即继续使用 $\text{del}=(d_1,d_2,\cdots,d_D)$，很有可能找到一个更优的解。

另一方面，算法局部搜索时的幅度虽然具有一定的随机性 $\text{del}=(d_1,d_2,\cdots,d_D)$，但总体上是一成不变的。但根据实际情况，随着迭代次数的增加，蚁群离全局最优解越来越近时，局部搜索的幅度应该逐渐减小，所以局部搜索的幅度需要根据算法进行的程度自适应地减小。

根据上述思想，对 ACO 算法进行改进。首先在一轮迭代过程中每只蚂蚁局部搜索的次数由 1 次增加到某一设定值 $q_{\max}$；如果在某一次局部搜索中得到了一个比原先更优的解，则在本轮迭代的下一次局部搜索中仍用这一次的搜索方向，从而使局部搜索受到已获得的有利信息的指导；步长幅度随着迭代次数的增加而自适应性地减小。经过改进后的蚁群算法称为自适应蚁群算法 (adaptive ACO，A-ACO)，具体表现为：

① 对被选中做局部搜索的蚂蚁 s_i 依次实施局部搜索。

② 设蚂蚁 s_i 局部搜索的最大次数为 $q_{\max}$，并设局部搜索次数初始值$q=1$。

③ 生成蚂蚁局部搜索的步长

$$\text{del}=(d_1, d_2, \cdots, d_D)k^{\alpha}q^{\beta} \tag{10.11}$$

其中，k 为当前迭代次数，q 为蚂蚁在第 k 次迭代过程中的当前局部搜索次数，α、β 为负常数。这样蚂蚁局部搜索的幅度会随着迭代次数的增加而自适应地减小。

④ 通过局部搜索步长 del，使蚂蚁在现有解 s_{iold} 的基础上产生一个新的解 s_{inew}：

$$s_{\text{inew}}=s_{\text{iold}}+\text{del} \tag{10.12}$$

计算新解 s_{inew} 的适应度值，如果大于原来解 s_{iold} 的适应度值（即 $f(s_{\text{inew}})>f(s_{\text{iold}})$），则用 s_{inew} 取代 s_{iold}，并维持 del 不变，转至④；否则转至⑤；

⑤ 蚂蚁 s_i 的局部搜索次数加 1（$q=q+1$）。如果 $q>q_{\max}$，转至⑥；否则转至③，重新生成局部搜索步长 del 进行局部搜索。

⑥ 更新蚂蚁 s_i 的信息素浓度。

事先将 D-FNN 的参数表示成一个行向量的形式，以便 ACO 算法的编码；使用上述自适应蚁群算法（A-ACO）能够解决熔融指数预报 D-FNN 模型中参数优化问题。

10.1.4 ACO 算法优化效果分析

为了研究 ACO 算法和 A-ACO 算法在熔融指数预报 D-FNN 模型参数优化上的效果，得到的模型分别称为 ACO-D-FNN 模型和 A-ACO-D-FNN 模型。本小节为了体现模型的预报性能和推广泛化能力，着重对比了模型在验证和推广数据集上的预报结果。

（1）在验证数据集上的预报结果

D-FNN 模型、ACO-D-FNN 模型和 AACO-D-FNN 模型在验证数据集上的预报误差如表 10.1 所示。ACO-D-FNN 模型在预报性能上比 D-FNN 模型提高了很多，MAE 减少了 19.2%，MRE 减少了 19.1%，RMSE 减少了 19.4%，TIC 减少了 19.1%；而经过 A-ACO 算法优化 D-FNN 参数后得到的 A-ACO-D-FNN 模型的预报性能比 ACO-D-FNN 模型更好，相比之下，MAE 进一步减少了 23.7%，MRE 减少了 23.6%，RMSE 减少了 21.0%，TIC 减少了 20.8%。

表 10.1　不同模型在验证数据集上的预报误差

模型	MAE	MRE/%	RMSE	TIC
D-FNN	0.0334	1.31	0.0449	0.0089
ACO-D-FNN	0.0270	1.06	0.0362	0.0072
A-ACO-D-FNN	0.0206	0.81	0.0286	0.0057

（2）在推广数据集上的预报结果

图 10.1 为模型在验证数据集的预报结果和实际结果。D-FNN 模型在大部分样本点上预报误差较小，个别样本点上误差较大；ACO-D-FNN 模型预报结果比 D-FNN 模型要准确得多；经过自适应 A-CO 算法优化后得到的 A-ACO-D-FNN 模型预报精度最高，能很好地跟踪熔融指数的实际值。

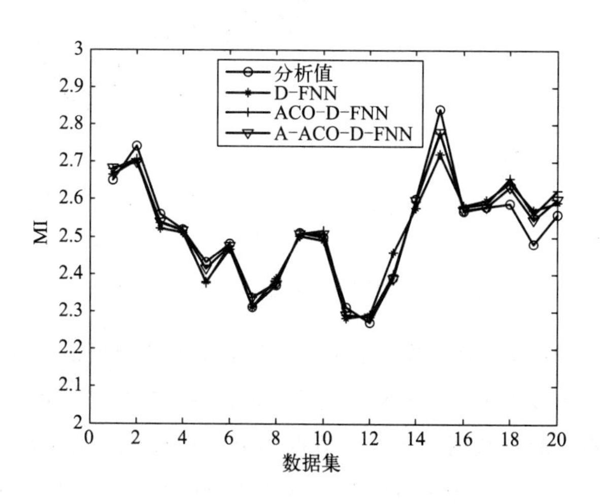

图 10.1　模型对验证数据集的预报结果对比

表 10.2 中列出了 D-FNN 模型、ACO-D-FNN 模型和 A-ACO-D-FNN 模型在推广数据集上的预报误差情况。ACO-D-FNN 模型在预报误差上相比 D-FNN 模型 MAE 减少了 22.5%，MRE 减少了 23.8%，RMSE 减少了 13.3%，TIC 减少了 12.7%；A-ACO-D-FNN 模型预报准确性更高，相比 ACO-D-FNN 模型，在 MAE 上进一步减少了 9.4%，MRE 减少了

8.5%，RMSE 减少了 9.8%，TIC 减少了 10.1%。

表 10.2　不同模型在推广数据集上的预报误差

模型	MAE	MRE/%	RMSE	TIC
D-FNN	0.0453	1.85	0.0505	0.0102
ACO-D-FNN	0.0351	1.41	0.0438	0.0089
A-ACO-D-FNN	0.0318	1.29	0.0395	0.0080

各个神经网络模型分别对推广数据集上的预报结果曲线对比如图 10.2所示。从预报结果对比可以看出，经过优化后的模型比原始 D-FNN 模型的预报结果更接近于熔融指数实际值，具有良好的泛化性能。

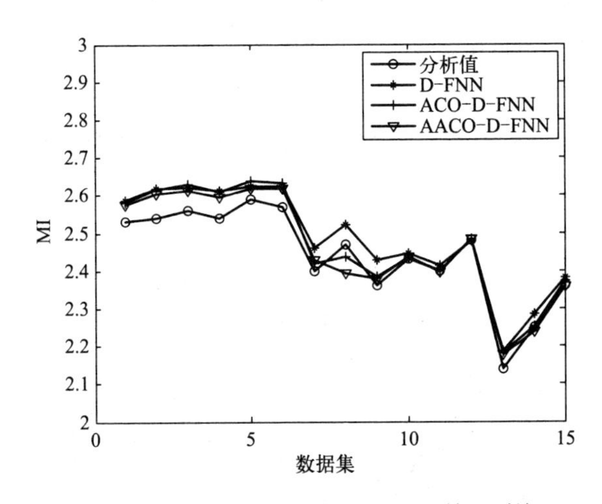

图 10.2　模型对推广数据集的预报结果对比

通过以上模型在验证数据集和推广数据集上的预报误差以及预报曲线图，可以看到 A-ACO-D-FNN 模型具有最好的预报性能。得到的 A-ACO-D-FNN 模型在验证数据集和推广数据集上都具有极好的熔融指数预报性能，一方面证明了 A-ACO-D-FNN 模型的预报准确性，另一方面也说明了模型具有很好的推广泛化能力。

本章提出的熔融指数预报 A-ACO-D-FNN 模型与其他已发表文献中结果的对比情况如表 10.3 所示。其中文献［27］、［241］、［242］中建立熔融指数预报模型所用的数据和本书是不一致的，因此它们的预报结果只能作为一种参考。而文献［26］、［110］中使用的数据和本书是完全相同的。基于相同的研究数据，文献［110］中预报结果的 MRE 为 1.97%，

RMSE 为 0.0938，而本节建立的熔融指数预报 A-ACO-D-FNN 模型的 MRE 和 RMSE 分别为 0.81%和 0.0286，分别降低了 58.88%和 69.51%，显示了该模型的优越性。

表 10.3　D-FNN 模型与国内外熔融指数预报研究的对比

文献	模型	MAE	MRE/%	RMSE	TIC
Han[27]	SVM	—	—	1.51	—
Yeo[241]	RPLS	—	—	0.1466	—
Cao[242]	Adaptive RBF	0.10	—	0.62	—
Shi 和 Liu[26]	WLS-SVM	0.0754	3.27	—	0.0223
Jiang 等[110]	AC-ICPSO-LSSVM	0.0518	1.97	0.0938	0.0188
本书	A-ACO-D-FNN	0.0206	0.81	0.0286	0.0057

本节围绕 D-FNN 熔融指数预报模型，探讨了基于 ACO 和 A-ACO 的优化 D-FNN 模型。先介绍了适用于连续优化问题的实数编码小生境 ACO 算法，随后提出了自适应 ACO 算法，以改进 ACO 的局部搜索策略。详细介绍了这两种熔融指数预报模型的原理和实现步骤，最后应用在熔融指数预报上。仿真实验表明，A-ACO-D-FNN 模型预报效果明显好于 ACO-D-FNN 模型，证明了自适应 ACO 算法的优越性。

10.2 基于 PSO 算法模型优化研究

上一节研究了使用 ACO 算法来解决 D-FNN 参数优化的问题，通过模型对实际工业数据的预报结果，证明了 A-ACO 算法的有效性，说明人工智能优化算法能够很好地优化 D-FNN 的参数。本节将对粒子群算法（PSO）在熔融指数预报 D-FNN 模型中的参数优化问题进行讨论。

10.2.1 PSO-D-FNN 优化模型

PSO 算法是模拟鸟群觅食行为的一种随机搜索算法，寻优迭代过程如下：

$$v_{k+1}^i = w_k v_k^i + c_1 r_1 (p_{\text{best}} - x_k^i) + c_2 r_2 (g_{\text{best}} - x_k^i) \tag{10.13}$$

$$x_{k+1}^i = x_k^i + v_{k+1}^i \tag{10.14}$$

$$w_k = w_{\max} - (w_{\max} - w_{\min}) \times (k-1)/\text{iter}_{\max} \tag{10.15}$$

其中，k 则表示迭代代数，i 表示第 i 个粒子，w_i 表示粒子 i 的速度惯性系数，c_1、c_2 是学习因子，r_1、r_2 是介于［0,1］之间的随机数。

使用 PSO 算法对熔融指数预报 D-FNN 模型中的参数寻优，每一个粒子的位置 x 表示的是一组 D-FNN 的参数。粒子群中个体的适应度值可通过其位置 x 来进行计算，它反映的是 x 对应的 D-FNN 模型对训练数据集的预报性能，预报误差越小，x 的适应度值越大。

使用 PSO 算法对 D-FNN 模型中的参数进行寻优的算法步骤：

① 根据 D-FNN 的 $d_{\max}$、$d_{\min}$、γ、β、σ_0、$e_{\max}$、$e_{\min}$、k、k_ω 和 k_{err} 等参数确定粒子位置的维度；

② 设定粒子群规模 p，最大迭代次数 Max，初始化各个粒子的位置 x、速度 v、迭代次数 $k=1$，并计算各个粒子的适应度值，确定群体最优个体 gbest 以及各个粒子的历代最优解 pbest_i；

③ 根据式(10.13)、式(10.14) 更新粒子的位置 x 与速度 v，迭代次数 $k=k+1$；计算各个粒子的适应度值，更新群体最优个体 gbest 和各个粒子的历代最优解 pbest_i；

④ 若迭代次数达到设定值 Max，则输出 gbest，否则转至步骤③；

⑤ 根据步骤④得到的 gbest 确定其对应的 D-FNN 模型的参数，得到优化的熔融指数 D-FNN 预报模型。

10.2.2 混沌 GA/PSO 优化模型

混沌 GA/PSO 混合优化算法（chaotic GA/PSO hybridalgorithm，CHA 算法），结合了 PSO 的标准位置和速度更新规则以及 GA 算法的选择、交叉和变异操作。一个介于［0,1］之间的附加参数，增殖比 ϕ(breeding ratio) 决定了在当前迭代过程中继续通过遗传算法繁殖的比例。

总数为 m 的粒子在每次迭代中，适应度位于后 $m\phi$ 个的粒子会被从当前所在种群中删除。剩下的适应度高的 $m(1-\phi)$ 个粒子通过位置和速度更新后进入下个迭代过程。被删除的 $m\phi$ 个粒子，需要通过速度推进平均交叉（velocity propelled averaged crossover，VPAC）和变异从剩余的粒子中补充。整个过程重复进行直到达到终止条件。

VPAC 操作得到的子粒子的位置介于父粒子之间，但会沿着父粒子速度的反方向进行一定的逃离，以期望保持粒子的多样性。粒子通过 VPAC 的具体更新方式如以下四个公式所示：

$$x_k^i=(x_k^{i1},x_k^{i2},\cdots,x_k^{iD}) \tag{10.16}$$

$$v_k^i=(v_k^{i1},v_k^{i2},\cdots,v_k^{iD}) \tag{10.17}$$

$$c_1(x_k^i)=(p_1(x_k^i)+p_2(x_k^i))/2.0-\varepsilon_1 p_1(v_k^i) \tag{10.18}$$

$$c_2(x_k^i)=(p_1(x_k^i)+p_2(x_k^i))/2.0-\varepsilon_2 p_2(v_k^i) \tag{10.19}$$

其中，k 为迭代次数，D 是粒子的维数，x_k^i 是第 i 个位置向量，$c_1(x_k^i)$和 $c_2(x_k^i)$ 是第 k 次迭代的子粒子，$p_1(x_k^i)$ 和 $p_2(x_k^i)$ 是第 k 次迭代父粒子的位置向量，$v_1(x_k^i)$ 和 $v_2(x_k^i)$ 是第 k 次迭代父粒子的速度向量，ε 是基于［0,1］之间的随机值。子粒子继承了父粒子的速度，即 $c_1(v_k^i)=p_1(v_k^i),c_2(v_k^i)=p_2(v_k^i)$。

为了增强通过 CAPC 操作获得的粒子的全局搜索能力，混沌的概念被用到了粒子的初始化和变异过程中。混沌现象指的是一种确定的但不可预测且对初始条件极其敏感的状态[240]。本书采用 tent 映射来产生混沌变量。tent 映射定义如下：

$$z^{n+1}=\mu(1-2|z^n-0.5|),\quad 0\leqslant z^0\leqslant 1,\quad n=0,1,2,\cdots \tag{10.20}$$

其中 $\mu\in(0,1)$是分岔参数。当 $\mu=1$ 时，tent 映射会在区间［0,1］表现出混沌动态特性。这里，tent 映射用来初始化群体的初始值。重写上式，产生混沌变量：

$$z^{i(j+1)}=\mu(1-2|z^{ij}-0.5|)\quad j=1,2,\cdots,D \tag{10.21}$$

$$z^i=(z^{i1},z^{i2},\cdots,z^{iD}) \tag{10.22}$$

其中，z^i 表示第 i 个混沌变量，j 表示混沌变量的第 j 维。设置 $i=0$，通过式(10.21) 产生 D 个混沌变量。依次设置 $i=1$，2，…，m，产生初始群体。

然后，以上的混沌变量 z^{ij}，$i=1,2,\cdots,m$，$j=1,2,\cdots,D$,会被映射到决定变量的搜索范围内：

$$x^{ij}=x_{\min}^j+z^{ij}(x_{\max}^j-x_{\min}^j),\quad j=1,2,\cdots,D \tag{10.23}$$

这样，粒子群就得到了初始化。

此外，GA 中的变异也是通过混沌再次初始化已有变量值实现的。

根据以上分析，CHA-D-FNN 模型的具体参数优化过程如图 10.3 所示，具体步骤如下：

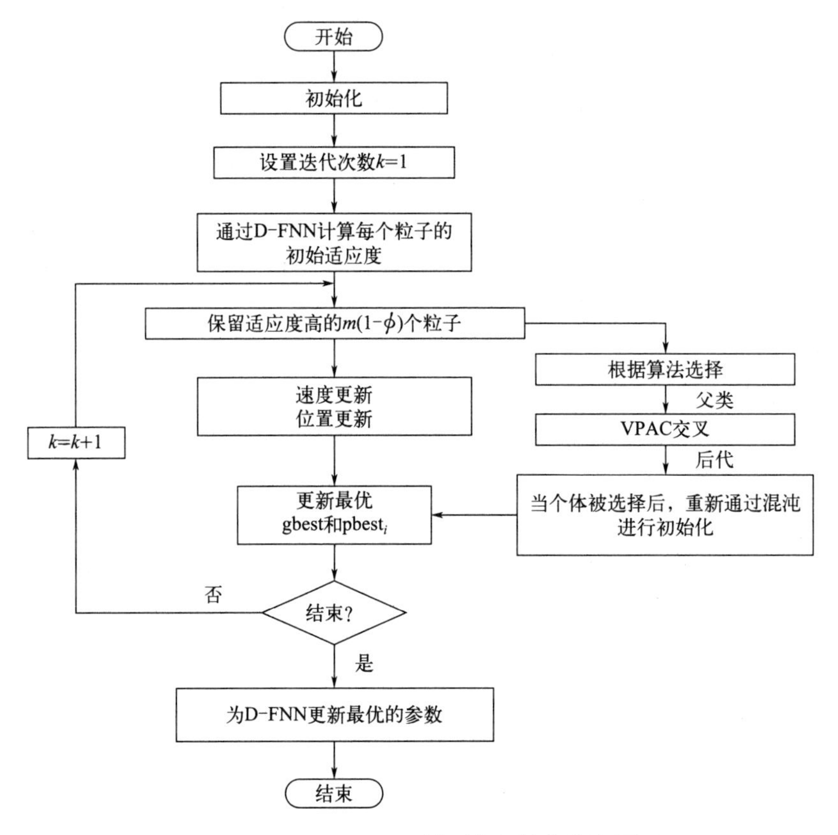

图 10.3　CHA-D-FNN 模型的参数优化流程图

① 初始化参数 m，ϕ，D，c_1，c_2，$w_{\max}$，$w_{\min}$，r_1，r_2，$\mathrm{iter}_{\max}$ 和所有粒子的初始位置。

② 设置迭代次数 $k=1$，通过 D-FNN 模型计算每个粒子的初始适应度值，并将粒子按适应度从高到低排序。

③ 删除适应度低的 $m\phi$ 个粒子，保留适应度高的 $m(1-\phi)$ 个粒子。

④ 根据式(10.15) 计算出惯性系数。

⑤ 根据式(10.13) 和式(10.14) 分别更新粒子的位置和速度。如果 $v_k^i > v_{\max}$，设置 $v_k^i = v_{\max}$；如果 $v_k^i < -v_{\max}$，设置 $v_k^i = -v_{\max}$。

⑥ 根据轮盘赌法从剩下的 $m(1-\phi)$ 个粒子中选择 $m\phi$ 个粒子，经

历 VPAC操作产生子粒子。当被选择进行变异时，根据式(10.21)～式(10.23)进行。

⑦ 迭代次数 $k=k+1$。计算各个粒子的适应度值，更新群体最优个体 gbest 和各个粒子的历代最优解 $pbest_i$。若迭代次数达到设定值 Max，则输出 gbest；否则转至步骤③。

⑧ 根据步骤⑦得到的 gbest 确定其对应的 D-FNN 模型的参数，得到优化的熔融指数 D-FNN 预报模型。

10.2.3 PSO 算法优化效果分析

针对本书研究的待优化问题——熔融指数预报 D-FNN 模型中的参数优化问题，本节讨论了一种混沌 GA/PSO 算法来予以解决。算法的效果根据算法搜索到的最优解对应的 D-FNN 预报模型（该模型称为 CHA-D-FNN 模型）的预报误差来判断，模型的预报误差越小，表示算法具有越好的优化能力。

(1) 模型在验证数据集上的预报结果

表 10.4 中列出了 D-FNN 模型、PSO-D-FNN 模型和 CHA-D-FNN 模型在验证数据集上的预报误差情况。通过 PSO 算法优化 D-FNN 模型参数后得到的 PSO-D-FNN 模型在预报性能上比 D-FNN 模型提高了很多：MAE 减少了 34.1%，MRE 减少了 32.8%，RMSE 减少了 33.0%，TIC 减少了 32.6%；而经过改进的 PSO 算法优化 D-FNN 参数后得到的 CHA-D-FNN 模型的预报性能比 PSO-D-FNN 模型更好，MAE 进一步减少了 19.5%，MRE 减少了 19.3%，RMSE 减少了 18.9%，TIC 减少了 20.0%。

表 10.4　模型在验证数据集上的预报误差

模型	MAE	MRE/%	RMSE	TIC
D-FNN	0.0334	1.31	0.0449	0.0089
PSO-D-FNN	0.0220	0.88	0.0301	0.0060
CHA-D-FNN	0.0177	0.71	0.0244	0.0048

图 10.4 直观地给出了验证数据集上的样本点的 MI 实际值以及 D-FNN 模型、PSO-D-FNN 模型和 CHA-D-FNN 模型的预报值之间的对比

情况。D-FNN模型具有较好的预报效果，在少数样本点误差较大、偏离实际值较远；PSO-D-FNN模型预报比D-FNN模型要准确得多，在大部分点都很好地跟踪实际值；CHA-D-FNN模型预报的准确性进一步提高，且在大部分采样点上的预报值与MI实际值几乎重合。

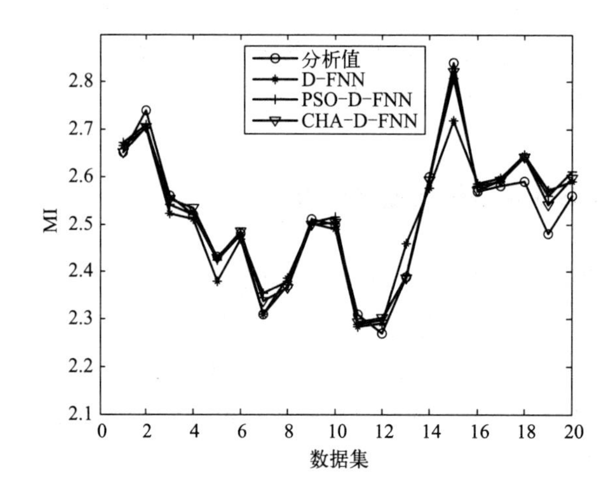

图 10.4　模型对验证数据集的预报结果对比

（2）模型在推广数据集上的预报结果

表10.5中列出了D-FNN模型、PSO-D-FNN模型和CHA-D-FNN模型在推广数据集上的预报误差情况。与D-FNN模型相比，PSO-D-FNN模型的MAE减少了24.7%，MRE减少了25.4%，RMSE减少了21.4%，TIC减少了20.6%；CHA-D-FNN模型的预报准确性比PSO-D-FNN模型更高，MAE进一步减少了15.0%，MRE减少了15.2%，RMSE减少了13.9%，TIC减少了13.6%。

表 10.5　模型在推广数据集上的预报误差

模型	MAE	MRE/%	RMSE	TIC
D-FNN	0.0453	1.85	0.0505	0.0102
PSO-D-FNN	0.0341	1.38	0.0397	0.0081
CHA-D-FNN	0.0290	1.17	0.0342	0.0070

图10.5直观地给出了推广数据集上的样本点的MI实际值以及D-FNN模型、PSO-D-FNN模型和CHA-D-FNN模型的预报值之间的对比

情况。CHA-D-FNN 模型预报的准确性要高于其他模型，具有很好的推广泛化能力。

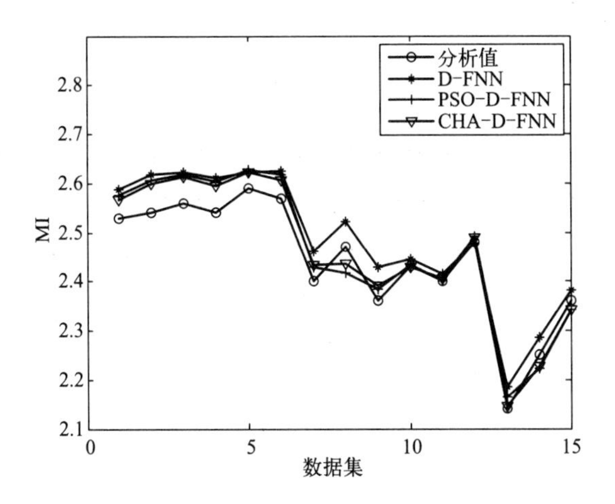

图 10.5　模型对推广数据集的预报结果对比

表 10.6 显示了本章建立的 CHA-D-FNN 模型以及 D-FNN 模型和 A-ACO-D-FNN 模型，与其他已发表文献中熔融指数预报研究的对比情况。其中文献 [26]、[110] 中使用的数据和本书使用的是相同的。而文献 [27]、[241]、[242] 中所使用的数据和本文是不一致的，因此它们的预报结果列在这里只作为一种参考。基于相同的数据，文献 [110] 的预报结果的 MRE 为 1.97%，而本章建立的 CHA-D-FNN 模型的 MRE 为 0.71%，降低了 63.96%，显示了该模型的优越性。

表 10.6　本节预报模型与国内外熔融指数预报研究的对比

文献	模型	MAE	MRE/%	RMSE	TIC
Han[27]	SVM	—	—	1.51	—
Yeo[241]	RPLS	—	—	0.1466	—
Cao[242]	Adaptive RBF	0.10	—	0.62	—
Shi 和 Liu[26]	WLS-SVM	0.0754	3.27	—	0.0223
Jiang 等[110]	AC-ICPSO-LSSVM	0.0518	1.97	0.0938	0.0188
本文	D-FNN	0.0334	1.31	0.0449	0.0089
	A-ACO-D-FNN	0.0206	0.81	0.0286	0.0057
	CHA-D-FNN	0.0177	0.71	0.0244	0.0048

本章小结

本章基于另外一种智能优化算法——PSO优化算法，对D-FNN熔融指数预报模型的参数进行优化。先介绍了标准的PSO算法，随后提出了混沌GA/PSO优化算法，以增强PSO的全局收敛性。仿真实验表明，CHA-D-FNN模型预报效果在PSO-D-FNN模型的基础上得到了提高，证明了混沌GA/PSO算法的有效性。

思考题

1. 请简述ACO算法和PSO算法的基本原理是什么？

2. 请简要分析自适应ACO算法相对于ACO算法的提升是什么？

3. 请简要分析混沌GA/PSO算法相对于PSO算法的改进在哪？

4. 自行寻找数据集，简单实现一下自适应ACO算法或混沌GA/PSO算法。

参 考 文 献

[1] Chan C M, Wu J, Li J X, et al. Polypropylene/calcium carbonate nanocomposites [J]. Polymer, 2002, 43 (10): 2981-2992.

[2] 乔金樑. 聚丙烯和聚丁烯树脂及其应用 [M]. 北京: 化学工业出版社, 2011.

[3] 赵敏. 改性聚丙烯新材料 [M]. 北京: 化学工业出版社, 2010.

[4] 洪定一. 聚丙烯: 原理、工艺与技术 [M]. 北京: 中国石化出版社, 2011.

[5] 沙裕. 聚丙烯工艺技术进展 [J]. 化学工业与工程, 2010, 27 (5): 465-470.

[6] 王延一. 聚丙烯工艺技术进展及其国内应用情况 [J]. 企业导报, 2015 (21): 2.

[7] Mogilicharla A, Mitra K, Majumdar S. Modeling of propylene polymerization with long chain branching [J]. Chemical Engineering Journal, 2014, 246: 175-183.

[8] Kim T Y, Yeo Y K. Development of polyethylene melt index inferential model [J]. Korean Journal of Chemical Engineering, 2010, 27: 1669-1674.

[9] Chen X Z, Shi D P, Gao X, et al. A fundamental CFD study of the gas-solid flow field in fluidized bed polymerization reactors [J]. Powder Technology, 2011, 205 (1-3): 276-288.

[10] 田华阁, 车荣杰, 田学民. 聚丙烯双环管反应器熔融指数机理建模 [J]. 控制工程, 2010, 17 (2): 4.

[11] Ratanasak M, Rungrotmongkol T, Saengsawang O, et al. Towards the design of new electron donors for Ziegler-Natta catalyzed propylene polymerization using QSPR modeling [J]. Polymer, 2015, 56: 340-345.

[12] 田华阁, 田学民, 邓晓刚. 基于 Kalman-OLS 的聚丙烯熔融指数软测量 [J]. 控制工程, 2010 (S1): 4.

[13] Ahmed F, Kim L H, Yeo Y K. Statistical data modeling based on partial least squares: Application to melt index predictions in high density polyethylene processes to achieve energy-saving operation [J]. Korean Journal of Chemical Engineering, 2013, 30: 11-19.

[14] Farsang B, Baloghb I, Németha S, et al. PCA based data reconciliation in soft sensor development-application for melt flow index estimation [J]. Chemical Engineering, 2015, 43.

[15] Liu Y, Liang Y, Gao Z. Industrial polyethylene melt index prediction using ensemble manifold learning-based local model [J]. Journal of Applied Polymer Science, 2017, 134 (29): 45094.

[16] Chan L L T, Chen J. Melt index prediction with a mixture of Gaussian process regression with embedded clustering and variable selections [J]. Journal of Applied Polymer Science, 2017, 134 (40): 45237.

[17] 魏宇杰，尚超，高莘青，等．基于动态过程划分的熔融指数软测量建模 [J]. 化工学报，2014，65 (8)：9.

[18] 孔薇，杨杰．基于径向基神经网络的聚丙烯熔融指数预报 [J]. 化工学报，2003 (08)：1160-1163.

[19] Zhang J，Jin Q，Xu Y. Inferential estimation of polymer melt index using sequentially trained bootstrap aggregated neural networks [J]. Chemical Engineering & Technology：Industrial Chemistry-Plant Equipment-Process Engineering-Biotechnology，2006，29 (4)：442-448.

[20] Lou H，Su H，Xie L，et al. Inferential model for industrial polypropylene melt index prediction with embedded priori knowledge and delay estimation [J]. Industrial & Engineering Chemistry Research，2012，51 (25)：8510-8525.

[21] Chen H，Liu X. Melt Index Prediction Based on Two Compensation by Compound Basis Function Neural Network and Hidden Markov Model [C] //2014 International Conference on Mechatronics，Electronic，Industrial and Control Engineering (MEIC-14). Atlantis Press，2014：856-863.

[22] Liu X，Zhao C. Melt index prediction based on fuzzy neural networks and PSO algorithm with online correction strategy [J]. AIChE Journal，2012，58 (4)：1194-1202.

[23] Li J，Liu X，Jiang H，et al. Melt index prediction by adaptively aggregated RBF neural networks trained with novel ACO algorithm [J]. Journal of Applied Polymer Science，2012，125 (2)：943-951.

[24] 王宇红，狄克松，张姗，等．基于 DBN-ELM 的聚丙烯熔融指数的软测量 [J]. 化工学报，2016，67 (12)：5163-5168.

[25] Jumari N F，Mohd-Yusof K. Comparison of product quality estimation of propylene polymerization in loop reactors using artificial neural network models [J]. Jurnal Teknologi，2016，78 (6-13)：95-100.

[26] Shi J，Liu X. Melt index prediction by weighted least squares support vector machines [J]. Journal of Applied Polymer Science，2006，101 (1)：285-289.

[27] Han I S，Han C，Chung C B. Melt index modeling with support vector machines，partial least squares，and artificial neural networks [J]. Journal of Applied Polymer Science，2005，95 (4)：967-974.

[28] Park T C，Kim T Y，Yeo Y K. Prediction of the melt flow index using partial least squares and support vector regression in high-density polyethylene (HDPE) process [J]. Korean Journal of Chemical Engineering，2010，27：1662-1668.

[29] Wang W，Liu X. Melt index prediction by least squares support vector machines with an adaptive mutation fruit fly optimization algorithm [J]. Chemometrics and Intelligent

Laboratory Systems, 2015, 141: 79-87.

[30] Sun Y, Wang Y, Liu X, et al. A novel Bayesian inference soft sensor for real-time statistic learning modeling for industrial polypropylene melt index prediction [J]. Journal of Applied Polymer Science, 2017, 134 (40): 45384.

[31] Zhang Z, Wang T, Liu X. Melt index prediction by aggregated RBF neural networks trained with chaotic theory [J]. Neurocomputing, 2014, 131: 368-376.

[32] Kadlec P, Gabrys B, Strandt S. Data-driven soft sensors in the process industry [J]. Computers & Chemical Engineering, 2009, 33 (4): 795-814.

[33] Gahein A, Wahab M M A, Gaheen M A, et al. Simulation of nuclear accident caesium-137 contamination using FLEXPART mode [J]. International Journal of Advanced Research, 2013, 1 (8): 516-526.

[34] Helland K, Berntsen H E, Borgen O S, et al. Recursive algorithm for partial least squares regression [J]. Chemometrics and Intelligent Laboratory Systems, 1992, 14 (1-3): 129-137.

[35] Zhang M, Liu X. A soft sensor based on adaptive fuzzy neural network and support vector regression for industrial melt index prediction [J]. Chemometrics and Intelligent Laboratory Systems, 2013, 126: 83-90.

[36] Embiruçu M, Lima E L, Pinto J C. Continuous soluble Ziegler-Natta ethylene polymerizations in reactor trains. I. Mathematical modeling [J]. Journal of Applied Polymer Science, 2000, 77 (7): 1574-1590.

[37] Lou H, Su H, Gu Y, et al. Simultaneous optimization and control for polypropylene grade transition with two-layer hierarchical structure [J]. Chinese Journal of Chemical Engineering, 2015, 23 (12): 2053-2064.

[38] Balchen J G. How have we arrived at the present state of knowledge in process control? Is there a lesson to be learned? [J]. Journal of Process Control, 1999, 9 (2): 101-108.

[39] Dubé M A, Soares J B P, Penlidis A, et al. Mathematical modeling of multicomponent chain-growth polymerizations in batch, semibatch, and continuous reactors: a review [J]. Industrial & Engineering Chemistry Research, 1997, 36 (4): 966-1015.

[40] Ray W H, Villa C M. Nonlinear dynamics found in polymerization processes—a review [J]. Chemical Engineering Science, 2000, 55 (2): 275-290.

[41] Hutchinson R A, Chen C M, Ray W H. Polymerization of olefins through heterogeneous catalysis X: Modeling of particle growth and morphology [J]. J Appl Polym Sci, 1992, 44 (8): 1389-1414.

[42] Debling J A. Modeling particle growth and morphology of impact polypropylene produced in the gas phase [D]. Madison: University of Wisconsin Madison, 1997.

[43] Zacca J J, Debling J A, Ray W H. Reactor residence time distribution effects on the multistage polymerization of olefins - I. Basic principles and illustrative examples, polypropylene [J]. Chem Eng Sci, 1996, 51 (21): 4859-4886.

[44] Di Drusco G, Rinaldi R. Polypropylene-process selection criteria [J]. Hydrocarb Process, 1984, 63 (11): 113-117.

[45] Floyd S, Heiskanen T, Ray W H. Solid catalyzed olefin polymerization [J]. Chem Eng Prog, 1988, 84 (11): 56-62.

[46] Schmeal W R, Street J R. Polymerization in expanding catalyst particles [J]. AIChE J, 1971, 17 (5): 1188-1197.

[47] Nagel E J, Kirillov V A, Ray W H. Prediction of molecular weight distributions for high-density polyolefins [J]. Ind Eng Chem Prod Res Dev, 1980, 19 (3): 372-379.

[48] Singh D, Merrill R P. Molecular weight distribution of polyethylene produced by ziegler-natta catalysts [J]. Macromolecules, 1971, 4 (5): 599-604.

[49] Galvan R, Tirrell M. Orthogonal collocation applied to analysis of heterogeneous Ziegler-Natta polymerization [J]. Comput Chem Eng, 1986, 10 (1): 77-85.

[50] Sarkar P, Gupta S K. Modelling of propylene polymerization in an isothermal slurry reactor [J]. Polymer, 1991, 32 (15): 2842-2852.

[51] Sarkar P, Gupta S K. Simulation of propylene polymerization: an efficient algorithm [J]. Polymer, 1992, 33 (7): 1477-1485.

[52] Sarkar P, Gupta S K. Steady state simulation of continuous-flow stirred-tank slurry propylene polymerization reactors [J]. Polym Eng Sci, 1992, 32 (11): 732-742.

[53] Kakugo M, Sadatoshi H, Sakai J, Yokoyama M. Growth of polypropylene particles in heterogeneous Ziegler-Natta polymerization [J]. Macromolecules, 1989, 22 (7): 3172-3177.

[54] Samson J J C, Bosman P J, Weickert G, Westerterp K R. Liquid-phase polymerization of propylene with a highly active Ziegler-Natta catalyst. Influence of hydrogen, cocatalyst, and electron donor on the reaction kinetics [J]. J Polym Sci Part A Polym Chem, 1999, 37 (2): 219-232.

[55] Planès J, Samson Y, Cheguettine Y. Atomic force microscopy phase imaging of conductive polymer blends with ultralow percolation threshold [J]. Appl Phys Lett, 1999, 75 (10): 1395-1397.

[56] Floyd S, Anen T H, Taylor T W, Mann G E, Ray W H. Polymerization of olefins through heterogeneous catalysis. VI. Effect of particle heat and mass transfer on polymerization behavior and polymer properties [J]. J Appl Polym Sci, 1990, 41 (7-8): 1933-1935.

[57] Hoel E L, Cozewith C, Byrne G D. Effect of diffusion on heterogeneous ethylene pro-

pylene copolymerization [J]. AIChE J，1994，40 (10)：1669-1684.

[58] Mckenna T F，Dupuy J，Spitz R. Modeling of transfer phenomena on heterogeneous Ziegler catalysts. III. Modeling of intraparticle mass transfer resistance [J]. J Appl Polym Sci，1997，63 (3)：315-322.

[59] Weickert G，Meier G B，Pater J T M，Westerterp K R. The particle as microreactor：catalytic propylene polymerizations with supported metallocenes and Ziegler-Natta catalysts [J]. Chem Eng Sci，1999，54 (15-16)：3291-3296.

[60] Parasu Veera U. Mass transport models for a single particle in gas-phase propylene polymerisation [J]. Chem Eng Sci，2003，58 (9)：1765-1775.

[61] 范顺杰，徐用懋．本体法聚丙烯 CSTR 建模研究 [J]. 清华大学学报（自然科学版），2000，40 (1)：132-136.

[62] 里德 R C，普劳斯尼茨 J M，波林 B E. 气体和液体性质 [M]. 北京：石油工业出版社，1994.

[63] 张旭之．丙烯衍生物工学 [M]. 北京：化学工业出版社，2019.

[64] McAuley K B，MacGregor J F，Hamielec A E. A kinetic model for industrial gas-phase ethylene copolymerization [J]. AIChE J.，1990，36 (6)：837-850.

[65] 方崇智，萧德云．过程辨识 [M]. 北京：清华大学出版社，1988.

[66] McAuley K B，Macdonald D A，McLellan P J. Effects of operating conditions on stability of gas-phase polyethylene reactors [J]. AIChE J.，1995，41 (4)：868-879.

[67] 古德温 G C，孙贵生．自适应滤波、预测与控制 [M]. 北京：科学出版社，1992.

[68] Sun Y，Liu X，Zhang Z. Quality prediction via semisupervised Bayesian regression with application to propylene polymerization [J]. J. Chemom.，2018，32 (10)．

[69] Vapnik V，Lerner A. Pattern recognition using generalized portrait method [J]. Autom. Remote Control，1963，24：774-780.

[70] Vapnik. Statistical learning theory [M]. New York：Wiley，1998.

[71] Vapnik V N，Chervonenkis A Y. On the uniform convergence of relative frequencies of events to their probabilities [C] //Meas. Complex. Festschrift Alexey Chervonenkis. 2015：11-30.

[72] Jia J，Liu Z，Xiao X，Liu B，Chou K C. iPPI-Esml：An ensemble classifier for identifying the interactions of proteins by incorporating their physicochemical properties and wavelet transforms into PseAAC [J]. J. Theor. Biol.，2015，377：47-56.

[73] Lin H，Deng E Z，Ding H，Chen W，Chou K C. IPro54-PseKNC：A sequence-based predictor for identifying sigma-54 promoters in prokaryote with pseudo k-tuple nucleotide composition [J]. Nucleic Acids Res.，2014，42 (21)：12961-12972.

[74] Liu Z，Xiao X，Qiu W R，Chou K C. IDNA-Methyl：Identifying DNA methylation sites via pseudo trinucleotide composition [J]. Anal. Biochem.，2015，474：69-77.

[75] Chou K C. Some remarks on protein attribute prediction and pseudo amino acid composition [J]. J. Theor. Biol. , 2011, 273 (1): 236-247.

[76] Chou K C, Cai Y D. Predicting protein quaternary structure by pseudo amino acid composition [J]. Proteins Struct. Funct. Bioinforma. , 2003, 53 (2): 282-289.

[77] Svante W, Michael S, Lennart E. PLS-regression: a basic tool of chemometrics [J]. Chemom Intell Lab Syst. 2001, 58: 109-130.

[78] Shi J, Liu X, Sun Y. Melt index prediction by neural networks based on independent component analysis and multi-scale analysis [J]. Neurocomputing, 2006, 70 (1-3): 280-287.

[79] Shi J, Liu X. Melt index prediction by neural soft-sensor based on multi-scale analysis and principal component analysis [J]. Chin J Chem Eng, 2005, 13 (6): 849-852.

[80] Cheng Z, Liu X. Optimal online soft sensor for product quality monitoring in propylene polymerization process [J]. Neurocomputing, 2015, 149 (PC): 1216-1224.

[81] Cheng Z, Liu X. Quality control in the polypropylene manufacturing process: An efficient, data-driven approach [J]. J. Appl. Polym. Sci. , 2015, 132 (3) .

[82] Xia L, Pan H. Inferential estimation of polypropylene melt index using stacked neural networks based on absolute error criteria [C] //2010 Int. Conf. Comput. Mechatronics, Control Electron. Eng. C. , 2010, 3: 216-218.

[83] Zadeh LA. The concept of a linguistic variable and its application to approximate reasoning-I [J]. Inf. Sci. (Ny) . , 1975, 8 (3): 199-249.

[84] Zadeh LA. Outline of a new approach to the analysis of complex systems and decision processes [J]. IEEE Trans. Syst. Man. Cybern. , 1973, 1 (1): 28-44.

[85] Mamdani EH, Assilian S. An experiment in linguistic synthesis with a fuzzy logic controller [J]. Int. J. Man. Mach. Stud. , 1975, 7 (1): 1-13.

[86] Takagi T, Sugeno M. Fuzzy identification of systems and its applications to modeling and control [J]. IEEE Trans. Syst. Man. Cybern. , 1985, (1): 116-132.

[87] Wang W, Chen H, Zhang M, Liu X, Zhang Z, Sun Y. Application of Takagi-Sugeno fuzzy model optimized with an improved Free Search algorithm to industrial polypropylene melt index prediction [J] . Trans. Inst. Meas. Control, 2017, 39 (11): 1613-1622.

[88] Ding YS, Zhang TL, Chou KC. Prediction of protein structure classes with pseudo amino acid composition and fuzzy support vector machine network [J] . Protein Pept. Lett. , 2007, 14 (8): 811-815.

[89] Shen HB, Yang J, Chou KC. Fuzzy KNN for predicting membrane protein types from pseudo-amino acid composition [J]. J. Theor. Biol. , 2006, 240 (1): 9-13.

[90] Shen HB, Yang J, Liu XJ, Chou KC. Using supervised fuzzy clustering to predict pro-

tein structural classes [J]. Biochem. Biophys. Res. Commun., 2005, 334 (2): 577-581.

[91] Wang P, Xiao X, Chou KC. NR-2L: a two-level predictor for identifying nuclear receptor subfamilies based on sequence-derived features [J]. PLoS One, 2011, 6 (8): e23505.

[92] Xu S, Liu X. Melt index prediction by fuzzy functions with dynamic fuzzy neural networks [J]. Neurocomputing, 2014, 142: 291-298.

[93] Wu S, Er MJ. Dynamic fuzzy neural networks-a novel approach to function approximation [J]. IEEE Trans. Syst. Man. Cybern. part B, 2000, 30 (2): 358-364.

[94] Chen Y, Yang B, Dong J. Time-series prediction using a local linear wavelet neural network [J]. Neurocomputing, 2006, 69 (4-6): 449-465.

[95] Zhao H, Gao S, He Z, Zeng X, Jin W, Li T. Identification of nonlinear dynamic system using a novel recurrent wavelet neural network based on the pipelined architecture [J]. IEEE Trans. Ind. Electron., 2013, 61 (8): 4171-4182.

[96] Abiyev RH, Kaynak O, Kayacan E. A type-2 fuzzy wavelet neural network for system identification and control [J]. J. Franklin Inst., 2013, 350 (7): 1658-1685.

[97] Solgi Y, Ganjefar S. Variable structure fuzzy wavelet neural network controller for complex nonlinear systems [J]. Appl. Soft Comput., 2018, 64: 674-685.

[98] Yilmaz S, Oysal Y. Fuzzy wavelet neural network models for prediction and identification of dynamical systems [J]. IEEE Trans Neural Netw, 2010, 21 (10): 1599-1609.

[99] Zhang M, et al. A novel modeling approach and its application in polymer quality index prediction [J]. Trans Inst Meas Control, 2019, 41 (7): 2005-2015.

[100] Huang GB. An insight into extreme learning machines: Random neurons, random features and kernels [J]. Cognit Comput, 2014, 6 (3): 376-390.

[101] Huang G B, Zhou H, Ding X, Zhang R. Extreme learning machine for regression and multiclass classification [J]. IEEE Trans Syst Man Cybern Part B, 2011, 42 (2): 513-529.

[102] Wang D, Alhamdoosh M. Evolutionary extreme learning machine ensembles with size control [J]. Neurocomputing, 2013, 102: 98-110.

[103] Deo R C, Şahin M. Application of the extreme learning machine algorithm for the prediction of monthly Effective Drought Index in eastern Australia [J]. Atmos Res, 2015, 153: 512-525.

[104] Zhang M, Liu X, Zhang Z. A soft sensor for industrial melt index prediction based on evolutionary extreme learning machine [J]. Chinese J Chem Eng, 2016, 24 (8): 1013-1019.

[105] Li J，Liu X. Melt index prediction by RBF neural network optimized with an adaptive new ant colony optimization algorithm [J]. J Appl Polym Sci，2011，119 (5)：3093-3100.

[106] Huang M，Liu X，Li J. Melt index prediction by RBF neural network with an ICO-VSA hybrid optimization algorithm [J]. J Appl Polym Sci，2012，126 (2)：519-526.

[107] Lou W，Liu X G. Melt index prediction of polypropylene by neural networks model based on PCA-GA-RBF [J]. Shiyou Huagong Gaodeng Xuexiao Xuebao/Journal Petrochemical Univ，2007，20 (3)：82-85.

[108] Li J，Liu X. Melt index prediction by RBF neural network optimized with an MPSO-SA hybrid algorithm [J]. Neurocomputing，2011，74 (5)：735-740.

[109] Wang W，Zhang M，Liu X. Improved fruit fly optimization algorithm optimized wavelet neural network for statistical data modeling for industrial polypropylene melt index prediction [J]. J Chemom，2015，29 (9)：506-513.

[110] Jiang H，Yan Z，Liu X. Melt index prediction using optimized least squares support vector machines based on hybrid particle swarm optimization algorithm [J]. Neurocomputing，2013，119：469-477.

[111] Zhang M，Liu X. A real-time model based on optimized least squares support vector machine for industrial polypropylene melt index prediction [J]. J Chemom，2016，30 (6)：324-331.

[112] Suykens J A K，Vandewalle J. Least squares support vector machine classifiers [J]. Neural Process Lett，1999，9 (3)：293-300.

[113] Vapnik V N. The Nature of Statistical Learning Theory [M]. Springer，2000.

[114] Suykens J A K，De Brabanter J，Lukas L，Vandewalle J. Weighted least squares support vector machines：robustness and sparse approximation [J]. Neurocomputing，2002，48 (1)：85-105.

[115] Tipping M E. Sparse bayesian learning and the relevance vector machine [J]. J Mach Learn Res，2001，1：211-244.

[116] Wold S，Söström M，Eriksson L. PLS-regression：a basic tool of chemometrics [J]. Chemom Intell Lab Syst，2001，58 (2)：109-130.

[117] Zhang M，Liu X. Melt Index Prediction by Fuzzy Functions and Weighted Least Squares Support Vector Machines [J]. Chem Eng Technol，2013，36 (9)：1577-1584.

[118] Zhang M，Zhou L，Jie J，Liu X. A multi-scale prediction model based on empirical mode decomposition and chaos theory for industrial melt index prediction [J]. Chemom Intell Lab Syst，2019，186：23-32.

[119] Ge Z, Chen T, Song Z. Quality prediction for polypropylene production process based on CLGPR model [J]. Control Eng Pract, 2011, 19 (5): 423-432.

[120] Wang T, Liu X, Zhang Z. Characterization of chaotic multiscale features on the time series of melt index in industrial propylene polymerization system [J]. J Franklin Inst, 2014, 351 (2): 878-906.

[121] Zhang M, Zhao B, Liu X. Predicting industrial polymer melt index via incorporating chaotic characters into Chou's general PseAAC [J]. Chemom Intell Lab Syst, 2015, 146: 232-240.

[122] Baghban A, et al. Estimation of oil and gas properties in petroleum production and processing operations using rigorous model [J]. Pet Sci Technol, 2016, 34 (13): 1129-1136.

[123] Hummels DM, Ahmed W, Musavi MT. Adaptive detection of small sinusoidal signals in non-Gaussian noise using an RBF neural network [J]. IEEE Trans Neural Networks, 1995, 6 (1): 214-219.

[124] Poggio T, Girosi F. Networks for approximation and learning [J]. Proc IEEE, 1990, 78 (9): 1481-1497.

[125] Shen J, Wang L, Lin J. 水处理过程的RBF和BP神经网络建模 [J]. 微计算机信息（测控自动化）, 2007, 23 (12-1): 294-296.

[126] Harpham C, Dawson CW, Brown MR. Time series prediction using evolving radial basis function networks with new encoding scheme [J]. Neural Comput Appl, 2004, 13 (3): 193-201.

[127] Du H, Zhang N. Time series prediction using evolving radial basis function networks with new encoding scheme [J]. Neurocomputing, 2008, 71 (7-9): 1388-1400.

[128] Dhahri H, Alimi AM. The Modified Differential Evolution and the RBF (MDE-RBF) Neural Network for Time Series Prediction [M]. In: The 2006 IEEE International Joint Conference on Neural Network Proceedings, 2006, 2938-2943.

[129] Suresh S, Sundararajan N, Saratchandran P. A sequential multi-category classifier using radial basis function networks [J]. Neurocomputing, 2008, 71 (7-9): 1345-1358.

[130] Zhou S, Peng Y, Cao C. 基于广义遗传优化的RBF算法在铁水脱硫中的应用 [J]. 重庆大学学报（自然科学版）, 2005, 28 (2): 77-80.

[131] Zhou P, Tao X, Fu Z, Wang C. 基于GA的RBF网络用于旱涝灾害因素预测研究 [J]. 计算机应用, 2001, 21 (1): 7-9.

[132] Zou X, Zhao J, Pan Y, Huang X. 基于遗传RBF网络的电子鼻对苹果质量的评定 [J]. 农业机械学报, 2005, 36 (1): 61-64.

[133] Poggio T, Girosi F. A theory of networks for approximation and learning [J]. Proc

IEEE，1989，78（9）：1481-1497.

[134] Zhu S，Zhang R. BP和RBF神经网络在人脸识别中的比较［J］. 仪器仪表学报，2007，28（2）：375-379.

[135] Tian Y，Wang B，Zhou D. BP及RBF人工神经元网络对臭氧生物活性炭水处理系统建模的比较［J］. 中国环境科学，1998，18（5）：394-397.

[136] Jolliffe I. Principal Component Analysis［M］. Springer，1986.

[137] 张立，张宇声．核动力装置控制系统神经网络故障诊断［J］. 海军工程大学学报，2002，14（5）：76-79.

[138] 李春富，王桂增，叶昊．基于操作域划分的聚丙烯熔融指数软测量［J］. 化工学报，2005，56（10）：1915-1921.

[139] 何朝军．径向基网络的优化及其在化工建模中的应用［D］. 杭州：浙江大学，2004.

[140] Gao J B，Gunn S R，Harris C J. SVM regression through variational methods and its sequential implementation［J］. Neurocomputing，2003，55（1-2）：151-167.

[141] Wang S，Xu J，Zhai Y. Generalized predictive control of neural network based on LM optimization［J］. Appl Mech Mater，2011，66-68：2164-2169.

[142] Kang M G，Park S W，Cai X. Integration of hydrologic gray model with global search method for real-time flood forecasting［J］. J Hydrol Eng，2009，14（10）：1136-1145.

[143] Vapnik V N. An overview of statistical learning theory［J］. IEEE Trans Neural Networks，1999，10（5）：988-999.

[144] 包哲静，皮道映，孙优贤．基于并行支持向量机的多变量非线性模型预测控制［J］. 控制与决策，2007，22（8）：922-926.

[145] 张日东，王树青，李平．基于支持向量机的非线性系统预测控制［J］. 自动化学报，2007，33（10）：1066-1073.

[146] 李元乐，陶兰．基于小波核支持向量机的蛋白质二级结构预测［J］. 深圳大学学报理工版，2006，23（2）：117-121.

[147] 郑永康，陈维荣，戴朝华．小波支持向量机与相空间重构结合的短期负荷预测研究［J］. 继电器，2008，36（7）：29-33.

[148] Tipping M E. The Relevance Vector Machine. Adv Neural Inf Process Syst［C］. 2000，12：652-658.

[149] MacKay D J C. The evidence framework applied to classification networks［J］. Neural Comput，1992，4（5）：720-736.

[150] Kennedy J，Eberhart R. Particle swarm optimization. Proc IEEE Int Conf Neural Networks［C］. 1995，4：1942-1948.

[151] Wise B M，Gallagher N B. The process chemometrics approach to process monitoring and fault detection［J］. J. Process Control，1996，6（6）：329-348.

[152] 刘普寅，吴孟达．模糊理论及其应用 [M]. 长沙：国防科技大学出版社，1998.

[153] Gustafson D E，Kessel W C. Fuzzy Clustering With a Fuzzy Covariance Matrix. Proc. IEEE Conf. Decis. Control [C]. 1978：761-766.

[154] Zadeh L A. Fuzzy sets [J]. Inf. Control，1965，8 (3)：338-353.

[155] 胡宝清．模糊理论基础 [M]. 武汉：武汉大学出版社，2004.

[156] Babuška R，Verbruggen H B. Constructing Fuzzy Models by Product Space Clustering [C]. Fuzzy Model Identif，1997：53-90.

[157] Wang W，Li D Z，Vrbanek J. An evolving neuro-fuzzy technique for system state forecasting [J]. Neurocomputing，2012，87：111-119.

[158] Mamdani E H，AssilianS. An experiment in linguistic synthesis with a fuzzy logic controller [J]. Int. J. Man. Mach. Stud，1975，7 (1)：1-13.

[159] Uncu Ö，Türkşen I. B. A novel fuzzy system modeling approach：Multidimensional structure identification and inference [C]. IEEE Int. Conf. Fuzzy Syst，2001，2：557-561.

[160] Demirci M. Foundations of fuzzy functions and vague algebra based on many-valued equivalence relations，part I：Fuzzy functions and their applications [J]. Int. J. Gen. Syst，2003，32 (2)：123-155.

[161] Türkşen I B. Fuzzy functions with LSE [J]. Applied Soft Computing，2008，8 (3)：1178-1188.

[162] Bezdek J C. Pattern recognition with fuzzy objective function algorithms [M]. Springer Science & Business Media，2013.

[163] 王士同．模糊系统、模糊神经网络及应用程序设计 [M]. 上海：上海科学技术文献出版社，1998.

[164] Juang C F，Hsieh C D，Hong J L. Fuzzy clustering-based neural fuzzy network with support vector regression [C] //2010 5th IEEE Conference on Industrial Electronics and Applications. IEEE，2010：576-581.

[165] Chuang C C. Fuzzy weighted support vector regression with a fuzzy partition [J]. IEEE Transactions on Systems，Man，and Cybernetics，Part B (Cybernetics)，2007，37 (3)：630-640.

[166] Chiu S L. Fuzzy model identification based on cluster estimation [J]. Journal of Intelligent & Fuzzy Systems，1994，2 (3)：267-278.

[167] Lei K S，Wan F. Applying ensemble learning techniques to ANFIS for air pollution index prediction in Macau [C] //Advances in Neural Networks-ISNN 2012：9th International Symposium on Neural Networks，Shenyang，China，July 11-14，2012. Proceedings，Part I 9. Springer Berlin Heidelberg，2012：509-516.

[168] Dietterich T. Overfitting and undercomputing in machine learning [J]. ACM

computing surveys (CSUR), 1995, 27 (3): 326-327.

[169] Kosko B. Fuzzy associative memories [C] //NASA, Lyndon B. Johnson Space Center, Proceedings of the 2nd Joint Technology Workshop on Neural Networks and Fuzzy Logic, Volume 1, 1991.

[170] 张凯，钱锋，刘漫丹．模糊神经网络技术综述 [J]. 信息与控制，2003，32 (5): 431-435.

[171] Jang J S R. ANFIS: adaptive-network-based fuzzy inference system [J]. IEEE transactions on systems, man, and cybernetics, 1993, 23 (3): 665-685.

[172] Wan F, Hu C. Generation of Takagi-Sugeno fuzzy systems with minimum rules in modeling and identification [C]//2011 IEEE International Conference on Fuzzy Systems (FUZZ-IEEE 2011). IEEE, 2011: 1910-1917.

[173] 王东生，曹磊．混沌、分形及其应用 [M]. 合肥：中国科学技术大学出版社，1995.

[174] Kolmogorov A N. On preservation of conditionally periodic motions under a small change in the Hamiltonian function [C] //Dokl. Akad. Nauk SSSR, 1954, 98 (4): 527-530.

[175] Biegler L T, Grossmann I E. Retrospective on optimization [J]. Computers & Chemical Engineering, 2004, 28 (8): 1169-1192.

[176] Monin A S. On the nature of turbulence [J]. Soviet Physics Uspekhi, 1978, 21 (5): 429.

[177] Li T Y, Yorke J A. Period three implies chaos [J]. The Theory of Chaotic Attractors, 2004: 77-84.

[178] May R M. Simple mathematical models with very complicated dynamics [J]. Nature, 1976, 261 (5560): 459-467.

[179] Feigenbaum M J. Quantitative universality for a class of nonlinear transformations [J]. Journal of Statistical Physics, 1978, 19 (1): 25-52.

[180] Packard N H, Crutchfield J P, Farmer J D, et al. Geometry from a time series [J]. Physical Review Letters, 1980, 45 (9): 712.

[181] Takens F, Rand D A, Young L S. Dynamical systems and turbulence [J]. Lecture Notes in Mathematics, 1981.

[182] Grassberger P, Procaccia I. Characterization of strange attractors [J]. Physical Review Letters, 1983, 50 (5): 346.

[183] Takens F. An introduction to chaotic dynamical systems [J]. Acta Applicandae Mathematica, 1988, 13 (1-2): 221-226.

[184] Banks J, Brooks J, Cairns G, et al. On Devaney\'s definition of chaos [J]. American Mathematical Monthly, 1992, 99 (4): 332-334.

[185] Colin S, Lorenz equations bifurcation, chaos, and strange attractors [M]. New

York: Springer Verlag, 1982.

[186] Cuomo K M, Oppenheim A V, Strogatz S H . Synchronization of Lorenz-based chaotic circuits with applications to communications [J]. IEEE Transactions on Circuits & Systems II Analog & Digital Signal Processing, 1993, 40 (10): 626-633.

[187] Rakesh S, Kaller A A, Shadakshari B C, et al. Image encryption using block based uniform scrambling and chaotic logistic mapping [J]. International Journal on Cryptography & Information Security, 2012, 2 (1): 49-57.

[188] Seifritz W . Functional logistic mapping [J]. Chaos Solitons & Fractals, 1996, 7 (9): 1417-1425.

[189] Lu J, Chen G, Cheng D, et al. Bridge the gap between the lorenz system and the chen system [J]. International Journal of Bifurcation & Chaos, 2002, 12 (12): 2917-2926.

[190] Liu Z, Li Y, Chen G. The basin of attraction of the Chen attractor [J], Chaos, Solitons and Fractals, 2007, 34 (5): 1696-1703.

[191] Letellier C, Rossler O. Rossler attractor [J]. Scholarpedia, 2006, 1 (10): 1721.

[192] Kuznetsov NV, Mokaev TN, Vasilyev PA. Numerical justification of Leonov conjecture on Lyapunov dimension of Rossler attractor [J] . Commun. Nonlinear Sci. Numer. Simul. , 2014, 19 (4): 1027-1034.

[193] Adachi M, Aihara K. Associative dynamics in a chaotic neural network [J]. Neural Networks, 1997, 10 (1): 83-98.

[194] Lapedes A, Farber R. How neural nets work [J] . Evol. Learn. Cogn. , 1989: 331-346.

[195] Casdagli M. Nonlinear prediction of chaotic time series [J]. Phys. D Nonlinear Phenom. , 1989, 35 (3): 335-356.

[196] Ardalani-Farsa M, Zolfaghari S. Chaotic time series prediction with residual analysis method using hybrid Elman-NARX neural networks [J]. Neurocomputing, 2010, 73 (13-15): 2540-2553.

[197] Chen D, Han W. Prediction of multivariate chaotic time series via radial basis function neural network [J]. Complexity, 2013, 18 (4): 55-66.

[198] Najibi E, Rostami H. SCESN, SPESN, SWESN: Three recurrent neural echo state networks with clustered reservoirs for prediction of nonlinear and chaotic time series [J]. Appl. Intell. , 2015, 43 (2): 460-472.

[199] Li Q, Lin RC. A new approach for chaotic time series prediction using recurrent neural network [J]. Math. Probl. Eng. , 2016: 3542898.

[200] An X, Jiang D, Liu C, Zhao M. Wind farm power prediction based on wavelet decomposition and chaotic time series [J] . Expert Syst. Appl. , 2011, 38 (9):

11280-11285.

[201] Yang J，Zhou Y，Zhou J，Chen Y. Prediction of bridge monitoring information chaotic using time series theory by multi-step BP and RBF neural networks [J]. Intelligent Automation & Soft Computing，2013，19 (3)：305-314.

[202] Li S，Liu L，Xie Y. 遗传算法优化 BP 神经网络的短时交通流混沌预测 [J]. 控制与决策，2011，26 (10)：1581-1585.

[203] Rong T，Xiao Z. Nonparametric interval prediction of chaotic time series and its application to climatic system [J]. International Journal of Systems Science，2013，44 (9)：1726-1732.

[204] Chai S H，Lim J S. Forecasting business cycle with chaotic time series based on neural network with weighted fuzzy membership functions [J]. Chaos，Solitons & Fractals，2016，90：118-126.

[205] Wang C，Zhang H，Fan W，Ma P. A new chaotic time series hybrid prediction method of wind power based on EEMD-SE and full-parameters continued fraction [J]. Energy，2017，138：977-990.

[206] Fang L，Zou W. 多种单位根检验法的比较研究 [J]. 数量经济技术经济研究，2007，24 (1)：151-160.

[207] Hurst H E. Long-term storage capacity of reservoirs [J]. Transactions of the American Society of Civil Engineers，1951，116 (1)：770-799.

[208] Carbone A，Castelli G，Stanley H E. Time-dependent Hurst exponent in financial time series [J]. Physica A：Statistical Mechanics and its Applications，2004，344 (1-2)：267-271.

[209] Kennel M B，Brown R，Abarbanel H D I. Determining embedding dimension for phase-space reconstruction using a geometrical construction [J]. Physical Review A，1992，45 (6)：3403-3411.

[210] Sloane N J A，Wyner A D. Prediction and entropy of printed English [J]. In：Claude E. Shannon，2010.

[211] Hanchuan P，Fuhui L，Chris D. Feature selection based on mutual information：Criteria of max-dependency，max-relevance and min-redundancy [J]. IEEE Transactions on Pattern Analysis and Machine Intelligence，2005，27 (8)：1226-1238.

[212] Cao L. Practical method for determining the minimum embedding dimension of a scalar time series [J]. Physica D：Nonlinear Phenomena，1997，110 (1-2)：43-50.

[213] 吕金虎. 混沌时间序列分析及其应用 [M]. 武汉：武汉大学出版社，2002.

[214] 姜爱萍. 混沌时间序列的小波神经网络预测方法及其优化研究 [M]. 上海：上海大学出版社，2013.

[215] Rosenstein M T，Collins J J，De Luca C J. A practical method for calculating largest

Lyapunov exponents from small data sets [J]. Physica D: Nonlinear Phenomena, 1993, 65 (1-2): 117-134.

[216] 张洪宾，孙小端，贺玉龙．短时交通流复杂动力学特性分析及预测 [J]. 物理学报，2014，63 (4)：51-58.

[217] Benettin G, Galgani L, Strelcyn J M. Kolmogorov entropy and numerical experiments [J]. Phys. Rev. A, 1976, 14 (6): 2338-2345.

[218] 王秋平，舒勤，黄宏光．含有误差校正的小波神经网络交通流量预测 [J]. 计算机测量与控制，2016，24 (2)：168-170.

[219] Rashedi E, Nezamabadi-pour H, Saryazdi S. GSA: A gravitational search algorithm [J]. Inf. Sci. (Ny), 2009, 179 (13): 2232-2248.

[220] Rashedi E, Nezamabadi-Pour H, Saryazdi S. Filter modeling using gravitational search algorithm [J]. Eng. Appl. Artif. Intell., 2011, 24 (1): 117-122.

[221] Laine A F, Schuler S, Fan J, Huda W. Mammographic feature enhancement by multiscale analysis [J]. IEEE Trans. Med. Imaging, 1994, 13 (4): 725-740.

[222] Zhu G Y, Sen Yan H. Combination forecasting method based on model evaluation and selection from forecasting-model-base [J]. Kongzhi yu Juece/Control Decis., 2004, 19 (7): 726-731.

[223] Daubechies I, Barlaud M, Mathieu P. Image coding using wavelet transform [J]. IEEE Trans. Image Process., 1992, 1 (2): 205-220.

[224] Daubechies I, Heil C. Ten Lectures on Wavelets [J]. Comput. Phys., 1992, 6 (6): 697.

[225] Grossmann A, Morlet J. Decomposition of hardy functions into square integrable wavelets of constant shape [J]. J. Math. Anal., 1984, 15: 723-736.

[226] Huang N E, Shen Z, Long S R, et al. The empirical mode decomposition and the Hilbert spectrum for nonlinear and non-stationary time series analysis [J]. Proc. R. Soc. A, 1996, 454 (1971): 903-995.

[227] Huang H, Pan J. Speech pitch determination based on Hilbert-Huang transform [J]. Signal Processing, 2006, 86 (4): 792-803.

[228] Wu Z, Huang N E. A study of the characteristics of white noise using the empirical mode decomposition method [J]. Proc. R. Soc. A Math. Phys. Eng. Sci., 2004, 460 (2046): 1597-1611.

[229] Xiao L, Wang J, Dong Y, Wu J. Combined forecasting models for wind energy forecasting: A case study in China [J]. Renew. Sustain. Energy Rev., 2015, 44: 271-288.

[230] Souza F A A, Araújo R, Mendes J. Review of soft sensor methods for regression applications [J]. Chemom. Intell. Lab. Syst., 2016, 152: 69-79.

[231] Jin H，Pan B，Chen X，QianB，Ensemble just-in-time learning framework through evolutionary multi-objective optimization for soft sensor development of nonlinear industrial processes [J]. Chemom. Intell. Lab. Syst：2019，184：153-166.

[232] Wu D，et al. Self-training semi-supervised classification based on density peaks of data [J]. Neurocomputing ，2018，275：180-191.

[233] Zhang Y，Wen J，Wang X，Jiang Z. Semi-supervised learning combining co-training with active learning [J]. Expert Syst. Appl，2014，41 (5)：2372-2378.

[234] Dornaika F，Traboulsi Y El . Learning flexible graph-based semi-supervised embedding [J]. IEEE Trans. Cybern. ，2016，46 (1)：206-218.

[235] Zhou S，Xue Z，Du P. Semisupervised stacked autoencoder with cotraining for hyperspectral image classification [J]. IEEE Trans. Geosci. Remote Sens. 2019，57 (6)：3813-3826.

[236] Reitmaier T，Calma A，Sick B. Transductive active learning - A new semi-supervised learning approach based on iteratively refined generative models to capture structure in data [J]. Inf. Sci. (Ny) . ，2015，293：275-298.

[237] Gupta H，Ghosh B. Transistor size optimization in digital circuits using ant colony optimization for continuous domain [J]. Int. J. Circuit Theory Appl. ，2014，42 (6)：642-658.

[238] Liao T，Stützle T，M. A. Montes De Oca，Dorigo M. A unified ant colony optimization algorithm for continuous optimization [J]. Eur. J. Oper. Res. ，2014，234 (3)：597-609.

[239] Chen Z，Wang C. Research on continuous ant colony optimization algorithm and application in neural network modeling [J]. J. Mult. Log. Soft Comput. ，2014，22 (3)：317-340.

[240] Lee Z J，Su S F，Chuang C C，Liu K H. Genetic algorithm with ant colony optimization (GA-ACO) for multiple sequence alignment [J]. Appl. Soft Comput. ，2008，8 (1)：55-78.

[241] Ahmed F，Nazir S，Yeo Y K. A recursive PLS-based soft sensor for prediction of the melt index during grade change operations in HDPE plant [J]. Korean J. Chem. Eng. ，2009，26 (1)：14-20.

[242] 曹劲，王桂增，徐博文 . 基于鲁棒自适应 RBF 网络的聚丙烯熔融指数预报 [J]. 控制与决策，1999 (04)：52-56.

图索引

表索引